新疆塔里木河流域洪旱灾害模拟分析及时空演变特征研究

Modeling analysis of drought regimes
and related spatio-temporal patterns
in the Tarim River Basin，Xinjiang in China

孙　鹏　张　强　著

科学出版社

北　京

内 容 简 介

全书由三篇共 15 章构成。第一篇主要从实测和遥感角度介绍新疆地区气候变化时空演变特征，并分析 TRMM 降水数据的不确定性。第二篇重点研究塔里木河流域干旱时空演变特征，介绍不同频率分布函数在塔里木河流域的适用性，定量化开展不同尺度的干旱风险评估，分析塔里木河气象干旱与水文干旱的转换机制和干旱演变特征。第三篇研究塔里木河流域非平稳性洪水时空演变特征，揭示流域洪水发生时间集聚性、发生频率和洪水变化特征，识别影响该研究的主要因素。

本书可供水文水资源学科的科研人员、大学教师和相关专业的研究生以及水利工程规划与管理专业的技术人员参考。

审图号：新 S（2018）057 号

地图审核：新疆维吾尔自治区测绘地理信息局

图书在版编目（CIP）数据

新疆塔里木河流域洪旱灾害模拟分析及时空演变特征研究/孙鹏，张强著. —北京：科学出版社，2018.11

　ISBN 978-7-03-056068-1

　Ⅰ. ①新… 　Ⅱ. ①孙… ②张… 　Ⅲ. ①塔里木河-流域-水灾-研究 ②塔里木河-流域-干旱-研究 　Ⅳ. ①P426.616

中国版本图书馆 CIP 数据核字（2017）第 314955 号

责任编辑：周　丹　沈　旭　赵　晶/责任校对：杜子昂
责任印制：张克忠/封面设计：许　瑞

科 学 出 版 社 出版
北京东黄城根北街 16 号
邮政编码：100717
http://www.sciencep.com
三河市春园印刷有限公司 印刷
科学出版社发行　各地新华书店经销

＊

2018 年 11 月第　一　版　　开本：720×1000　1/16
2018 年 11 月第一次印刷　　印张：20 1/2
字数：408 000

定价：159.00 元
（如有印装质量问题，我社负责调换）

前　　言

在全球气候变化背景下，极端气候事件日趋频发，其对社会、生态、环境等的影响引起了学术界、各国政府和社会公众的广泛关注。气候变化和人类活动对水循环、极端洪旱灾害及水资源管理等的影响是气象水文学领域重要研究内容，更是国内外气象水文学研究的热点与国际学术的前沿。中国作为人口第一大国及世界第二大经济体，重大气候灾害造成的损失日趋严重，已成为制约我国经济社会持续稳定发展的重要瓶颈之一。

新疆塔里木河流域地处欧亚大陆腹地，降水稀少，蒸发强烈，水资源匮乏，生态环境脆弱，是典型的干旱半干旱地区。新疆塔里木河流域的土地资源、光热资源和石油天然气资源十分丰富，是我国重要的棉花生产基地、石油化工基地和21世纪能源战略接替区。国家发展和改革委员会、外交部、商务部三部委联合发布《推动共建丝绸之路经济带和21世纪海上丝绸之路的愿景与行动》，明确提出："发挥新疆独特的区位优势和向西开放重要窗口作用，深化与中亚、南亚、西亚等国家交流合作，形成丝绸之路经济带上重要的交通枢纽、商贸物流和文化科教中心，打造丝绸之路经济带核心区。"但是随着流域内工农业生产的发展和人口的不断增加，人类活动日益加剧，新疆塔里木河流域水资源供需和生态环境发生重大变化，特别是塔里木河干流下游20世纪70年代起30年长期断流，生态环境恶化，干旱发生频繁。干旱是塔里木河流域农业遇到的最普遍、最主要的一种自然灾害，对塔里木河流域经济建设、人民生活特别是对农业生产产生危害。塔里木河流域所在的南疆地区是一个幅员广阔、环境问题严峻、生态系统脆弱、经济发展滞后、贫困面大的地区，长期以来大规模的水土开发导致源流和干流、绿洲经济系统与荒漠生态系统水资源配置失衡。

在新疆塔里木河流域的气象水文过程研究中，有大量的重要科学问题需要深入探讨。自2008年开始关注新疆塔里木河流域的相关研究，对新疆塔里木河流域区域水循环过程、地表水文过程及洪旱灾害等科学问题开始全面而系统的研究。先后在国家杰出青年科学基金项目（51425903）、国家自然科学基金项目（41601023，41771536）和国家自然科学基金创新研究群体项目（41621061）等科研项目的资助下，针对气候变化和人类活动影响，在多源数据融合的新疆气象要素的时空演变规律，塔里木河流域的气象、水文和农业干旱的趋势变化、转换机制及响应规律，干旱风险评估及分平稳性条件下的洪水变化特征、发生率和洪水发生时间集聚性等一系列具体科学问题,开展了全面、系统而深入的学术研究。在国内外学术期刊发表一系列学术成果,受到国内外学者的广泛关注。本书正是基于上述研究成果,经过进一步梳理、分析、总结、提升后成书,是作者对塔里木河流域气象水文过程研究的阶段性成果总结。

本书共分三篇,共计十五章。第一篇为新疆地区气候变化时空演变特征,重点分析新疆地区气象降水的变化趋势,定量分析气象降水的时空变异特征,探讨TRMM 卫星降水数据在新疆地区的适用性,并结合 NDVI 数据对 TRMM 降水数据进行降尺度分析,提高 TRMM 降水数据的精度。第二篇主要从对塔里木河流域的枯水径流从趋势、周期和频率等方面进一步的研究,揭示各气候因子与径流量的相关关系。在此研究基础上,通过可变模糊评价法和以标准化降水指数为干旱指标的评价体系来对塔里木河流域的干旱风险进行评估。同时,建立基于气象干旱指标 SPI 和水文干旱指标 SRI 的二维变量的干旱指数,结合不同尺度的马尔可夫链模型,揭示流域气候变化和人类活动对塔里木河流域干旱的影响。第三篇主要采用 9 种洪水指标,从多个时间尺度展开新疆塔里木河流域洪水特征的研究,并统计 1950 年以来暴雨型、升温型以及溃坝型等三种主要成因下塔里木河流域各行政区域洪水发生次数以及造成灾害量级的变化,并结合塔里木河流域 21 种极端降水和气温指标深入分析洪水变化的气候成因。同时,从洪水发生时间和发生次数两个方面分析洪水过程的时间集聚性。

在本书的编写过程中,许多人员都为之做了大量的工作,付出了辛勤的劳动;在本书的出版过程中,除了作者以外,顾西辉、黄家俊等付出了艰辛的劳动。另外,新疆水利水电科学研究院张江辉、白云岗、刘玉浦和卢震林等对本书的出版提供了大量支持与协助,在此一并表示最衷心的感谢!

本书是基于现阶段研究工作和创新成果的总结,由于水平有限,书中不当之处在所难免,恳请业内专家、同行批评指正,以促进气象水文学体系更加完善,为我国的水文水资源可持续发展做出更大贡献!

作 者

2017 年 12 月

目　　录

第1章 绪　　论

1.1　研究背景与意义

水资源是基础性自然资源，是生态环境关键控制性因素之一，同时也是战略性经济资源，是一个国家综合国力的有机组成部分。20 世纪 70 年代以来，随着世界人口剧增，经济高速发展，全球用水量急剧增长，水污染日益严重。展望未来，水资源正日益影响着全球的环境与发展，甚至可能导致国家间出现冲突。探讨 21 世纪水资源的国家战略及其相关科学问题，是 21 世纪全球共同关注和各国政府的重点议题之一（Council，2000；钱正英和张光斗，2001；陈志恺，2003；张利平等，2009）。当前以气温上升为显著特点的全球气候变化导致水循环加剧，从而使区域乃至全球范围内的水资源时空分布不均，极端气候水文事件发生频率增加，其中以旱涝灾害最为突出，人类社会正面临着区域乃至全球范围内日益频繁的旱涝灾害等气候水文极值事件的严重影响，以极端水灾害与气象灾害发生规律和机理为重大科学问题的全球变化研究已成为当今重大的科学前沿之一（Easterling et al.，2000；Milly and Wetherald，2002；Palmer and Räisänen，2002；Gu et al.，2017）。

干旱是一种最难理解、最难研究的自然灾害之一。干旱发展时间比洪水发展时间缓慢，干旱的影响是较长时间的累积过程，因此干旱的起止时间难以界定。干旱成因复杂，从其自身的发生发展来说，干旱也是所有自然灾害中影响因素最为复杂、人类对其认识最少、监测和预警预测最为困难的自然灾害之一。干旱分为气象干旱、农业干旱、水文干旱和社会经济干旱。水文干旱通常是由降水和地表或地下水不平衡造成的异常水分短缺现象，水文干旱处于自然干旱发展的次级阶段，是气象干旱和农业干旱的延续和发展，是最终、最彻底的干旱（Panu and Sharma，2002；严登华等，2014）。在全球气候变化和人类活动的影响下，全球面临着严重的干旱问题，1996～2004 年美国大范围干旱，平均每年的直接经济损失高达 60 亿～80 亿美元（宋莉莉和王秀东，2012），2002 年澳大利亚 70%的州都遭受了重度干旱，严重的干旱带来了巨大的经济损失（Botterill，2003），欧洲分别在 2002～2003 年、2005 年和 2007～2008 年也发生了重度干旱（王劲松等，2009）。中国是季风最显著的国家之一，复杂多样的地形地貌和气候特征决定了中国水文干旱频发，因此中国是世界上典型的"气候脆弱区"之一。据统计，由不良天气引发的气象灾害占中国所有自然灾害的 70%以上（Wilhite，2000；秦大河，2016）。中国干旱灾害发生频繁，且近几十年呈增加趋势。1949～2001 年，全国农业因旱灾受灾面积累计达 11.33 亿 hm² 左右，因旱灾损失的粮食产量占各种自然灾害损失的粮食总量的 50%以上，西北地区的旱灾成灾面积比例为 62.6%，位列全国第一（刘颖秋等，2005）。21 世纪以来，我国干旱呈显著增加趋势，2006 年重庆发生极端干旱，2008～2009 年华北持续干旱，2010 年西南五省发生百年一遇的极端干旱，耕地受旱面积达 1.01 亿亩①，有 2088 万人、1368 万头大牲畜因旱饮水困难（王莉萍，2010），干旱对国家和社会经济的影响引起了国内外学者的广泛关注。

全球变暖也导致湿润区和干旱区极端降水强度增加、极端降水次数更频繁（Ingram，2016；Donat et al.，2016），极端降水强度增加的同时导致洪涝灾害等极端水文事件风险的概率增加（Winsemius et al.，2016）。Winsemius 等学者的研究表明，如果没有有效措施减少洪水带来的损失，至 21 世纪末全球洪水造成的经济损失可能会比当前增加 20 倍，且社会经济增长也进一步增加了洪水造成的损失（Donat et al.，2016；Winsemius et al.，2016）。在中国，洪水对国家经济和人民生命财产的威胁也随着全球气候变化变得更加严峻（陈晓宏等，2010；陈亚宁等，2009）。持续进行水利工程等基础设施建设可以有效缓解洪水发生的风险，国家在 2011 年的中央一号文件中明确提出要加强农田水利工程，提高农业的抗旱防涝能力。基于传统频率分析方法计算的水利工程设计标准是确定水利工程建设规模及制定管理运行策略的重要依据。传统频率分析方法在研究洪峰序列时应满足平稳性要求。然而，在变化的环境下，由于洪峰序列出现了"突变"或"显著趋势"等特征（邓铭江，2009），平稳性假设已经"死亡"（Salas，1993；Milly et al.，2008）。这意味着采用传统频率分析设计的水利工程可能无法满足未来防洪的需求，因此人类将面临由变化环境带来的风险（Milly et al.，2008）。叶长青等（2013a，2013b）研究了珠江流域主要支流——东江流域洪水风险的变化特征，发现基于传统频率分析方法得到的 100a 一遇的洪水设计值均表现出其重现期由水利工程建设前的小于 100a 一遇变化到 2000 年后的大于 400a 一遇，用水文情势发生变化前估计的洪水重现期不能很好地描述变化后洪水频率的特征。因此，构建适应变化环境下的非平稳性洪水频率分析模型及重现期评估方法是工程水文学领域关键的科学问题，具有重要的现实意义。

降水是全球气候变暖响应最为重要的气候要素，也是全球水文循环、生态系统、地表物质和气象水文时空演变等过程中最活跃的要素，其决定一个地区的水分和热量状况，是气候分析、水资源评价和水文模型等计算研究中必不可少的输入参数（Zhang et al.，2011b；刘俊峰等，2011）。因此，高空间分辨率降水数据

① 1 亩≈666.7m²。

对于了解区域降水时空分布特征具有重要意义（马金辉等，2013）。在实际降水观测中，由于雨量台站分布的空间不均匀性及山区雨量台站分布稀疏等特点，降水时空分布特征研究的难度及不确定性有所增加（赵传成等，2011），在一些地处干旱半干旱区、地形复杂且雨量台站较为稀疏的区域，该问题更为突出。因此，对降水模式的模拟和遥感数据反演的研究越来越受到重视（Wang et al.，2009；Yang et al.，2009；赵传成等，2011）。近年来，热带降雨测量任务（tropical rainfall measuring mission，TRMM）卫星数据在无资料地区获取了大量降水信息，在很大程度上弥补了地面降水数据观测的不足。然而，TRMM 空间分辨率为 0.25°×0.25°，属于低空间分辨率，TRMM 产品在区域尺度或流域尺度等方面的应用中存在较大限制。国内外学者一直致力于研究地表参数的降尺度方法，即低空间分辨率变量与另一个高空间分辨率变量之间的对应关系，如土壤水分（Agam et al.，2007；Merlin et al.，2010b）和地表温度（Merlin et al.，2009，2010a，2010b）等。而降水与植被状况呈明显的正相关关系（Malo and Nicholson，1990；Martiny et al.，2006；Nicholson et al.，1990；孙艳玲等，2010），因此构建降水与不同环境因子间的最优尺度下的最优相关关系是降水数据降尺度研究的关键问题（嵇涛等，2015）。新疆地区地势复杂的站点空间分布少且不均，开展新疆 TRMM 降水数据的研究，进一步解释新疆地区对气候变化的响应关系，为西北地区水资源合理利用和开发提供了一定的参考依据。

塔里木河流域位于新疆南部塔里木盆地，在地域上包括塔里木盆地周边向中心聚流的阿克苏河水系、喀什噶尔河水系、叶尔羌河水系、和田河水系、开都河-孔雀河水系、迪那河水系、渭干河-库车河水系、克里雅河小河水系和车尔臣河小河水系共九大水系 144 条河流和塔里木河干流。塔里木河流域地处欧亚大陆腹地，降水非常稀少，蒸发强烈，水资源匮乏，生态环境脆弱，属于典型的干旱半干旱地区。塔里木河流域内的土地资源、光热资源和石油天然气资源十分丰富，是我国重要的棉花生产基地、石油化工基地和 21 世纪能源战略接替区。目前，塔里木河流域仅剩下上游的和田河、叶尔羌河和阿克苏河，以及中游的开都河-孔雀河 4 条源流流向干流供水，与塔里木河干流形成"四源一干"。"四源一干"是新疆地区最重要的水源之一，是保障塔里木河流域绿洲经济、自然生态和各族人民生活的生命线，被誉为"生命之河"；塔里木河流域历史上形成的天然绿洲是阻挡塔克拉玛干沙漠风沙侵袭、保护人类生存环境的天然屏障。

但是，随着流域内工农业生产的发展和人口的不断增加，人类活动日益加剧，塔里木河流域水资源供需和生态环境发生重大变化，特别是 20 世纪 70 年代起塔里木河干流下游曾有 30 年断流，生态环境恶化，干旱发生频繁。干旱是塔里木河流域农业最普遍、最主要的一种自然灾害，对塔里木河流域经济建设、人民生活，特别是对农业生产具有危害。流域内农业是典型的灌溉农业区，"荒漠绿洲、灌溉农业"是该区域的显著特点。塔里木河流域是最为复杂、问题和矛盾最为突出的河流之一，流域所在的南疆地区是一个幅员辽阔、环境问题严峻、生态系统脆弱、经济发展滞后、贫困面大的地区，长期以来大规模的水土开发导致源流和干流、绿洲经济系统与荒漠生态系统水资源配置失衡。据统计（温克刚和史玉光，2006；新疆维吾尔自治区地方志编纂委员会，2002），1978～2007 年，新疆旱灾平均受灾面积和平均成灾面积分别为 27.76 万 hm² 和 13.28 万 hm²，而 2000～2007 年的旱灾平均受灾面积和平均成灾面积分别为 36.06 万 hm² 和 26.6 万 hm²，旱灾发生的范围和成灾面积呈逐年增加的趋势，塔里木河流域经济、社会可持续发展已受到干旱灾害的严重制约。

对于台风、洪涝等自然灾害来说，人们总觉得防风、防涝比防旱重要，但是与其他自然灾害相比，旱灾覆盖范围大、危及行业广、涉及人员多、持续时间长，造成的严重后果是台风、洪涝所无法比拟的，干旱始终困扰着我国经济、社会，特别是农业生产的发展。2008 年发生的全球粮食危机造成多个国家政局动荡，让我们认识到粮食安全的重要性。我国是一个人口大国，粮食问题始终是关系国家安全、社会稳定的重大战略问题，而旱灾造成的粮食损失占到全部自然灾害粮食损失的一半以上。因此，旱灾成为影响我国粮食安全与社会安全的重要因素。塔里木河流域的干旱影响范围广、持续时间长，新疆作为重要的商品粮基地之一和后备土地资源，其粮食生产情况直接影响到国家的粮食安全问题。

大量研究证明，西北地区及塔里木河流域的气候有转向暖湿的强劲信号（施雅风等，2002，2003），塔里木河流域气温在 1987 年呈跳跃性增长，温度增加趋势显著，加速了山区冰雪资源的消融，加大了冰雪融水对径流量的补给（陈亚宁和徐宗学，2004；陈忠升等，2011）。但是，塔里木河流域内各子流域的降水、气温和径流的年内变化并不一致，塔里木河流域各子流域径流量的补给类型不同，冰雪融水和山区降水是径流量的主要补给来源（韩萍等，2005；邓铭江，2009），降水和气温的增加一方面增加了区域的降水量，但是气温增加也相应地引起蒸发量的增加（黄领梅等，2002），蒸发量如果远高于降水量，则地表变干，从而干旱发生。因此，塔里木河流域蒸发、降水、温度和出山口径流变化对塔里木河流域干旱时空演变的综合影响，需要进一步展开月尺度的研究。塔里木河流域的农业类型是典型的灌溉农业和绿洲农业，"荒漠绿洲、灌溉农业"是该区域的显著特点，因此对塔里木河流域干旱的研究，并不能仅依靠气象干旱来揭示塔里木河流域的干旱情况，必须将气象干旱和水文干旱结合起来来分析塔里木河流域的干旱特征。除了对干旱的时空演变特征进行分析之外，预测某一特定干旱出现的时间及可能带来的影响对于干旱早期预警和抗旱部门提出合适的应对措施是非常重要的（Buchanan and Davies，1995）。

除了干旱外，新疆地区洪水也呈频发趋势。施雅风等（2002）认为，西北地区气候可能由暖干转向暖湿。冯思等（2006）进一步指出，气温上升导致水循环加速，进而引起新疆地区降水量增加。慈晖等（2014）采用多个极端降水指标分析新疆极端降水过程，发现强降水过程变幅增大易导致洪旱灾害等极端气象水文事件发生。以上研究着眼于整个新疆地区的变化，而在新疆地区内，由于地形等因素的影响，降水分布也有较大的区域差异：北疆相比南疆湿润，发生强降水的概率较大，并且山区降水量多于平原（张强等，2011）；南疆在夏季的湿润化趋势比北疆明显，而北疆在冬季的湿润化趋势更强（李剑锋等，2012）。新疆降水机制的变化导致洪涝灾害在近几十年呈显著上升趋势（Zhang et al.，2012d）。之前的研究已经表明，新疆洪水发生频次增加，洪峰流量增大（陈亚宁等，2009），并且洪灾导致的受灾面积也呈显著增加趋势（姜逢清和杨跃辉，2004；王秋香等，2008）。该研究对在当前气候变化与人类活动的双重影响下，科学理解塔里木河流域洪旱灾害形成机理和时空分布特征具有一定科学价值与现实意义，为塔里木河地区抗灾减灾、农业生产规划和进行科学决策提供了有价值的依据。

1.2　国内外研究动态与趋势

1.2.1　径流频率分析研究进展

径流频率分析是水文极值研究中的一项重要内容，其主要目的是通过使用概率分布来揭示极值事件的数值与它们发生频率的相互关系（Chow et al.，1988）。从国内外的研究进展来看，能用于径流频率分析的理论模型有十几种。在水文分析中哪一种频率曲线最适合，国内外尚无明确定论。虽然我国规定频率计算建议使用 P-III 型分布，但是每个地区的下垫面和气候条件不一样，每个 P-III 型分布为设计洪水计算的标准分布函数。每个地区枯水径流特征值发生的真实概率分布是未知的，通过所观测的资料去拟合理论频率曲线，并经过误差检验，寻找一条拟合最好的理论曲线，代表枯水发生的频率曲线。

国外研究动态：Tasker（1987）运用对数皮尔逊III分布和韦布尔（Weibull）分布函数分析 $7Q_{10}$ 和 $7Q_{20}$ 枯水流量，$7Q_{10}$ 表示连续最小 7 天的 10 年一遇的重现期流量，是美国常用的枯水流量指标；Pearson（1995）分析新西兰 500 个河流站点的年最小 1 天、7 天和 30 天的平均流量序列，结果表明，二参数和三参数的分布函数并不能很好地描述该地区的枯水特性；Durrans（1996）运用韦布尔分布函数分析枯水流量；Kroll 和 Vogel（2001）对美国 1505 个河流站点的枯水径流进行深入分析，建议对常年有水的河流使用对数正态分布（lognormal，LN3）、对季节河流使用对数皮尔逊III分布；Smakhtin（2001）发表了一篇关于枯水流量的综述，系统地介绍了前人的研究成果，分别从气象、大气、农业、水利和水资源管理的角度来解释枯水的定义，还系统地分析了枯水流量的来源和去向，并讨论了自然因素和人类活动对枯水流量的形成机理和驱动因素的影响，总结了枯水频率曲线的研究进展；近几年来，Nyabeze 和 Washington（2004）用分布式模型来估计和解析津巴布韦地区水文干旱指标，并取得了良好的效果；Ashkar 和 Mahdi（2006）用广义矩来估计对数逻辑斯蒂（Logistic）的参数，并应用于枯水流量的计算；Shao 等（2008）用 3 种参数估计方法对 Burr III 分布函数进行参数估计，同时分析澳大利亚的枯水径流；Mamun 等（2010）将马来西亚半岛划分为 7 个区域，对枯水流量进行频率分析，结果表明，对数皮尔逊 III 分布和韦布尔分布函数拟合最好；Gottschalk 等（2013）发展枯水流量理论，应用新的阈值方法对枯水流量进行分析。

国内研究动态：冯国章和王双银（1995）对备选分布曲线 P-III 型分布、对数 P-III 型分布、二参数对数正态分布和耿贝尔（Gumbel）分布、截尾正态分布、三参数对数正态分布进行选取，结果表明，P-III 型分布最优，三参数对数正态分布次之；梁虹和王在高（2002）选择了对数正态分布、P-III 型分布、对数 P-III 型分布及耿贝尔分布 4 种理论分布的线型来分析贵州 18 个流域的枯水径流频率计算时所适用的理论频率曲线，结果表明，对数正态分布最适合贵州喀斯特地貌；陈永勤和黄国如（2005）以常见的 5 种三参数分布函数广义帕累托分布（generalized Pareto，GP）、广义极值分布（generalized extreme-value，GEV）、广义逻辑斯蒂分布（generalized Logistic，GL）、对数正态分布和 P-III 型分布（Pearson type III，P-III）为研究对象，对东江流域区域枯水频率进行分析，结果表明，LN3 为最适合东江流域的区域枯水分布；周芬等（2006）概述了枯水频率分析的研究进展，采用 P-III 分布、耿贝尔分布、广义逻辑斯蒂分布、广义帕累托分布和韦布尔分布等五种线型拟合枯水流量系列，结果表明，在变差系数较小时，二参数分布能获得较优的结果，当变差系数较大时，三参数分布的模拟精度高于二参数分布；孟钲秀和陈喜（2009）应用 4 种常用的频率曲线，对贵州 15 个典型喀斯特流域的枯水径流频率进行分析，发现耿贝尔分布比 P-III 型分布更适用于喀斯特流域枯水径流频率计算；孙鹏等运用多种频率曲线对鄱阳湖流域和塔里木河流域枯水径流进行分析，结果表明，五参数的韦克比分布更适合于拟合枯水流量频率计算（孙鹏等，2011a；张强等，2013）。

总体来看，国内外学者发展很多模型来模拟枯水的频率变化，并且在频率曲线的参数估计方法上做了很多改进和发展，使得理论曲线更接近于实际频率曲线。全球气候变化导致水循环加剧，从而使区域乃至全球范围内的水资源时空分布不均，极端气候水文事件发生频率增加。除了气候变化影响水资源外，随着社会经济的发展，流域内剧烈的人类活动对水资源和极端水灾害事件的影响显著，将会给传统的频率曲线的模拟造成一定误差，将来的研究要侧重于极端事件对洪枯水频率的影响。

单变量频率分析往往只挑选某一特征来进行分析,无法全面反映事件的真实特征。研究问题的复杂性使单变量分析难以达到设计的要求。近年来,多变量联合分析成为水文计算领域的一个研究热点,并被证实比单变量分析能更好地描述水文事件的内在规律和分析各个特征属性之间的相互关系。郭生练等(2008)总结的国内外学者研究和应用比较成熟的多变量水文分析计算方法有多元正态分布、特定边缘分布构成的联合分布、非参数方法、将多维联合分布转换成一维分布的方法、经验频率法。上述方法并不能很好地拟合多变量的频率计算,而且不能计算呈负相关性的变量,20 世纪 90 年代 Copula 统计方法被引入水文领域并且得以迅速发展。经过 20 多年的深入研究,国内外 Copula 函数在多变量水文分析计算中的应用具体包括洪水频率分析计算、降水频率分析计算、干旱特征分析、洪水或降水遭遇问题、水文随机模拟等,本书重点研究 Copula 函数在枯水频率分析计算中的应用及遭遇的问题。

Shiau(2006)根据标准化降水指数(SPI)来对干旱进行定义,并用二维 Copula 函数拟合干旱历时和干旱程度的联合分布;Serinaldi 等(2009)利用 Copula 函数计算干旱频率,计算的经验和理论之间的联合重现期具有良好的一致性;Dupuis(2007)讨论了水文相关变量的二维极值分布,并运用 Copula 方法研究了枯水事件的特征变量;以标准化降水指数为干旱指标,通过 Copula 函数构造干旱历时和干旱程度的联合分布来分析干旱的基本特征,结果表明,联合分布考虑了两变量之间的各种组合,能够更全面地反映干旱的特征(熊立华等,2005;闫宝伟等,2007);莫淑红等(2009)采用 Copula 函数,构建了渭河干流及其支流年径流的联合概率分布模型,结果发现,干支流同时出现丰水年的概率大于同时出现平、枯水年的概率;许月萍等(2010)运用 Copula 函数对干旱烈度和干旱历时进行联合概率分析;张强等(2011)运用 Copula 函数对鄱阳湖的极值流量遭遇的问题进行分析;肖名忠等(2012)在两变量 Copula 函数的基础上,运用三变量 Copula 函数对东江流域的干旱进行分析。

1.2.2 气象、水文干旱指标研究进展

尽管公布过超过 150 种有关干旱的定义(Ashkar and Mahdi,2006),但是它们都有一个共同的主题:干旱是一种供水不能满足水需求的状态(Redmond,2002;Wilhite,2005)。供水和水需求随着研究对象的不同而不同,因此要描绘干旱特征和触发干旱是否出现需要不同的指示因子和量化的触发值。干旱通常可以划分为气象干旱、水文干旱、农业干旱和社会经济干旱(Wilhite and Glantz,1985),干旱指标主要是指评估干旱和定义不同干旱影响参数的变量,包括强度、持续时间、严重程度和空间范围(Mishra and Singh,2010)。干旱特征变量(干旱强度、干

旱历时和干旱影响范围等）对不同时间尺度长时间序列的干旱响应关系是干旱定量化研究的关键，干旱分析最常用的时间尺度是一年，其次是季节尺度、月尺度。虽然年的时间尺度长，但可以整体上反映区域的干旱状态，而月时间尺度更适合于监测干旱对农业影响的情况（Panu and Sharma，2002）。诸多的干旱类型中使用最广泛的是与水资源可利用量和用水相关的气象和水文干旱指标。气象干旱与降水、温度和蒸发等气象变量有关，气象干旱指数包括 Palmer 干旱指数（PDSI）（Palmer，1965）、BM 干旱指数（Bhalme and Mooley drought index）（Bhalme and Mooley，1980）、标准化降水指数（McKee et al.，1993）、综合气象干旱指数和 Z 指数等，气象干旱指标受到数据缺乏、观测站点不足的影响。水文干旱主要与地下水文、径流、土壤湿度、水库蓄水量和积雪量等系统有关，水文干旱指数包括地表水供给指数（Shafer and Dezman，1982）、标准化径流指数（SRI）（Shukla and Wood，2008）和 Palmer 水文干旱指数（Karl，1986）等。水文干旱与气象干旱相比，其发展比较慢且持续时间比较长。径流作为干旱指数综合了其他指示因子，同时也受到人类活动的影响。水文干旱被认为能全面反映整个区域内的实际干旱情况，主要是因为水分在完成下垫面全部物理过程后，以径流的方式汇流出来。

随着一些学者对干旱指标研究的深入，单一的干旱指数不能够完全反映当地复杂的实际干旱情况，因此建立涉及不同干旱的多种干旱指标应运而生，Sun 等（2012a）建立综合干旱指数对加拿大农业进行风险评估；张波等（2009）根据降水量、流量和蒸发量的资料，确定其各自影响旱情严重程度的权重系数，构造出综合干旱指标，以等级来反映旱情的严重程度；闫桂霞等（2009）在 Palmer 干旱指数和标准化降水指数优点的基础上，提出综合气象干旱指数（DI），表明综合气象干旱指数能够较好地反映区域干旱受旱/成灾范围以及河道径流的丰枯状况，比单个气象干旱指数更能反映农业干旱和水文干旱；邹旭恺和张强（2008）以综合蒸散量、湿润度、降水量和标准化降水指数为基础，建立新的综合气象干旱指数（CI），在国家气候中心中国干旱逐日实时监测业务中得到广泛应用；王春林等（2011）针对 CI 的"不合理旱情加剧"问题，采用线性递减权重方法计算 90 天降水和可能蒸散，提出改进的综合气象干旱指数 CI$_{new}$。

塔里木河流域是典型的干旱半干旱区，干旱发生频繁，国内外对塔里木河流域干旱研究得较少，研究区域以西北地区或新疆地区为主，具体是张天峰等（2007）利用降水、蒸发资料，建立适合西北地区的干旱指数计算方法，结果表明，新疆南部秋季有一条东西向的少雨带，是干旱最严重的地方，新疆南部、甘肃西部、青海西部重度干旱频率最高，平均两年一遇；王劲松等（2007）用西北地区 140 个气象站 1971～2000 年的春季降水、蒸发资料计算了一种 K 干旱指数，结果发现，新疆南部是重度干旱的高发区，并证明改进的 Palmer 干旱指数对西北地区干旱的监测有一定局限；李剑锋等（2012）运用标准化降水指数，对新疆地区不同干旱等级发生概率的空间分布变化规律进行了研究，结果表明，南疆易发生轻度干旱，南疆南部干旱强度和干旱历时有轻微上升，南疆夏季干旱有减弱趋势；庄晓翠等（2011）比较标准化降水指数和 K 干旱指数，发现标准化降水指数能较准确地反映该地区的旱涝趋势，尤其是 3～6 个月时间尺度的标准化降水指数值能较好地反映该地区的干旱发展情况。对塔里木河地区气象干旱的研究较多，但是仅限于新疆区域或西北区域，单独对塔里木河流域的研究不多，同时对于塔里木河的研究仅局限于气象干旱，关于水文干旱的研究并没有，因此开展水文干旱研究显得十分必要。

1.2.3 马尔可夫链理论在干旱应用中的研究进展

在随机过程理论中，马尔可夫过程（Isaacson and Madsen，1985）是一类具有普遍意义的随机过程，在随机模拟和预测等方面占有重要地位，它在水资源科学、地质学、大气科学、生物学和近代物理等领域得到广泛应用。1906～1912 年，马尔可夫提出并研究了一种模型——马尔可夫链模型，该模型的重要特征就是随机过程的无后效性。对于一个系统，由一个状态转移到另一个状态存在着转移概率，而转移概率只与前一个状态有关，与该系统的原始状态和此次转移前的马尔可夫过程无关。近年来，马尔可夫链理论与方法已经被广泛应用于自然科学、工程技术和公用事业中，特别是在水资源学科中也得到了广泛应用（王文圣等，2008；施仁杰，1992）。

Lohani 等首次将马尔可夫链模型应用于干旱预警，利用非齐次马尔可夫链模型计算美国弗吉尼亚州两个气候区长历时 Palmer 干旱指数的干旱特征及其干旱历时。Lohani 等将 Palmer 干旱指数划分为 7 个等级，计算重度干旱发生概率、平均干旱历时及干旱平均回归时间，并预测未来 1～3 个月的干旱情况（Lohani and Loganathan，1997；Lohani et al.，1998）；Steinemann（2003）将标准化降水指数、Palmer 干旱指数和 Palmer 水文干旱指数划分为 6 个等级，利用齐次马尔可夫链描述随机变量的固定概率、状态转移矩阵和状态历时，该研究结果为流域干旱研究提供了重要的理论依据；Banik 等（2002）运用马尔可夫链模型，分析从干旱周到非干旱周的转移概率或者某一区域发生干旱的概率；Ochola 和 Kerkides（2003）运用马尔可夫链模型预测干旱期的历时；Paulo 等运用马尔可夫链模型计算干旱状态转移概率，并预测未来 3 个月干旱发生的概率（Paulo and Pereira，2007，2008）。

么枕生（1966）在国内较早提出用正则马尔可夫链计算湿日与干日随机变化的概率，用高阶转移概率样本值来检查马尔可夫链的计算结果是否符合实际情况；陈明昌和张藕珠（1994）提出了一个日降水、最高气温、最低气温和日照时数的随机生成模型,在该模型中,降水过程用一阶马尔可夫链-偏斜正态分布模式描述,该模型的模拟结果非常理想;钟政林和曾光明(1997)运用随机理论,建立了一个马尔可夫链综合水质预报模型,并通过实例的应用分析,证明了该模型的可靠性,从而为水质预报的科学化提供了依据;陈育峰(1995)利用马尔可夫模型分析的原理和方法,在验证了我国旱涝空间型序列具有马尔可夫性质的基础上,计算出各状态的转移概率,进而分析了旱涝空间型序列的静态和动态结构,并揭示出旱涝空间型各状态演化的优势倾向;严华生等(2001)也利用马尔可夫模型分析的方法,计算年际各状态间的转移概率及其优势成分、各状态间的可置换性和持续性,探讨了近百年雨带类型的气候变化规律及成因;江志红等(2013)利用马尔可夫链模型,初步研究了中国 160 个代表测站逐日天气状态演变过程的极限分布,结果表明,转移概率的极限分布不仅有明显的空间差异,而且也存在季节性差异。马尔可夫链模型在区域的旱涝分析及预测未来区域的旱涝方面得到广泛应用,于玲玲等(2010)基于马尔可夫理论的原理,将各种致灾因素变化过程视作马尔可夫过程,分析了 1990~2008 年陕西旱作农区的旱灾结构变化,并预测了今后 10 年的旱灾变化情况;李凤娟和刘吉平(2015)应用马尔可夫链数学模型,对长春市近百年的旱涝气象数据进行处理和分析,认为重度干旱状态在演化过程中较稳定,一般干旱极易转移到其他状态。

除了干旱以外,马尔可夫链模型还应用于矿区降水灾害预测、水污染状态风险评价、城镇洪涝灾害分析、水文预测等各个领域(夏乐天,2005;夏乐天和朱元甡,2007)。上述研究成果主要侧重于马尔可夫链模型在各个领域中的应用,其中马尔可夫链模型对于旱涝的研究主要集中在干旱指标或者径流量的丰枯状态,而且主要研究马尔可夫链的状态转移概率、固定概率、期望滞留时间和平均首达时间等,马尔可夫链模型并没有考虑季节性或月尺度变化对干旱状态的影响。基于此,在马尔可夫链模型研究的基础上,建立月尺度马尔可夫链模型对塔里木河流域干旱进行分析。

1.2.4 TRMM 降水数据及降尺度方法研究现状

TRMM 降水数据覆盖面积广,能覆盖全球 50°S~50°N,TRMM 自服务以来已经积累了大量的高时空分辨率降水数据,其被国内外众多学者用于与降水相关的研究中。Fleming 等(2011)在澳大利亚对 TRMM 3B43 月降水数据与气象观测数据进行了一致性检测,结果表明,TRMM3B43 月降水数据与观测数据之间具有较高的线性相关性;Krishnamurti 和 Kishtawal(2000)通过将 TRMM 卫星和Meteosat-5 降水资料相结合,估算出亚洲范围内夏季风影响下降水的日变化分布情况;Lonfat 等(2004)基于 TRMM 的传感器微波成像(TMI)和降雨雷达(PR)资料,详细地分析了台风的降水水平分布、降水粒子的垂直分布,以及热带气旋加热等情况；Liu 等（2000）通过分析 QuikSCAT 的海表面风资料，并结合 TRMM 降水资料进行研究，认为飓风动力和水过程是相互作用、相互影响的；丁伟钰和陈子通（2004）利用 TRMM 降水资料，分析在广东登陆的热带气旋降水的时空分布特征；牛晓蕾等（2006）分别以桑达热带风暴和 1999 年的 9908 号热带风暴为研究对象，通过结合 TRMM 降水资料，定量分析西北太平洋上热带气旋降水与水汽、潜热的相关关系；刘俊峰等（2011）利用中国 650 个台站降水数据，在日、月、年尺度上，分析了多卫星降水分析数据（TMPA 3B42）在中国大陆 50°N 以南地区的适用性，结果表明，随着时间尺度的增加，TRMM 数据的精度逐渐提高。

高精度降水数据在水文预报、水文过程模拟和水资源评价等方面起着至关重要的作用。目前，降水数据的获取主要依靠地面气象站点和卫星遥感，然而大量研究显示，地面气象站点的观测降水数据不能实际地反映降水的空间变化特征，尤其是在地势复杂的区域；卫星遥感具有相对精确的空间栅格数据，能够提高实测降水的精度。但是，原始的遥感降水数据不能满足需要更高分辨率的水文研究，而降尺度法进一步提升了降水数据的空间分辨率。

降尺度法主要包括简单降尺度法、统计降尺度法、动力降尺度法以及动力和统计相结合的降尺度法（Wilby and Wigley，1997）。简单降尺度法，即数据点插值，由于研究区地势一般较复杂，空间插值结果与实际情况误差很大，所以简单降尺度法欠缺空间代表性。动力降尺度法由于具有明确的物理意义，并且观测资料对其影响较小，因此在不同尺度的降水研究中较为广泛（郭靖，2010）。Dickinson 等使用全球气候模型（GCM）作为区域气候模式的边界，对美国西部的气候进行模拟，使输出的气候模型空间分辨率由 500km 降到 60km（da Silva et al.，2010）；Jia 等（2011）基于 TRMM 降水数据与归一化植被指数（NDVI）之间的回归关系，对柴达木盆地的降水进行了降尺度研究；王凯等（2015）通过采用多元回归方程和残差插值的方法，对石羊河流域上游的 TRMM 月尺度降水数据和 DEM 数据进行统计降尺度研究。

1.2.5　非平稳性洪水频率分析理论方法

在气候变化和人类活动的影响下，河道内径流过程发生了显著变化。然而，过去几十年水利工程设计标准依赖于径流序列的平稳性假设：天然河流在严格的变化范围内正常波动。人类活动，如水利工程设施、河道整治、土地利用和土地覆盖变化等影响洪水发生的频率、河道供水及水体质量，干扰了水资源管理系统的平稳性假设。海洋和冰原缓慢的动态变化加剧了自然气候变化和低频气候变化（Webb and Betancourt，1992；Woodhouse et al.，2006），这两个外在条件（有时难以进行区分）对平稳性也构成了挑战。

为此，2010 年 1 月，水文学家、气候学家、工程学家和科学家齐聚美国博尔德市商讨水文过程平稳性假设是否"死亡"及其对水资源设计和规划的影响（Galloway，2011）。然而，此次会议并没有达成是否用非平稳性假设代替平稳性假设的共识。一方面，水文学家对收集的数据显示河流呈显著性变化的特征持怀疑态度。另一方面，气候学家指出，气候变化和呈现的转折现象表明未来洪水和干旱等极端气候更加复杂和混乱。所以，此次会议指出，研究者需要付出更多的努力和工作来探索水文水资源系统中平稳和非平稳性变化，并为水资源管理、规划、设计和运行提供更多可靠的信息。

1）洪水序列非平稳性识别

准确判断洪峰序列是否满足平稳性假设是水资源系统设计和规划的基础。Salas（1993）定义水文序列具有以下特征则满足平稳性假设：不存在显著的趋势、变异和周期性。因此，目前很多研究者通过检测洪峰序列是否存在显著趋势或变异特征来判别是否满足平稳性假设。Villarini 等检查了美国 50 个站点 100 年以上洪峰序列的趋势和变异特征来判别是否满足平稳性假设（Koutsoyiannis，2006）。以同样的方式，他们又判别奥地利洪峰序列的平稳性假设是否得到满足（Markonis and Koutsoyiannis，2016）。国外学者也以相似的方式开展了大量研究（Villarini et al.，2009b，2012）。然而，洪峰序列的尺度特征使得上述平稳性假设变得极有争议。另外一种观点认为，广泛存在的长期持续性效应使得水文序列出现的显著趋势或变异特征在更长的时间尺度上可能是正常的波动（李新等，2014；李庆平等，2015）。由于实测洪峰序列往往只有几十年，最多不过上百年，因此仅仅检测趋势和变异特征对于判别平稳性假设是否合理是不够的，还需要进一步检测洪峰序列的长期持续效应。

洪峰序列趋势、变异和长期持续效应检测方法较为丰富。在时间趋势检测方面，由于非参数方法不用假设服从某一分布且对序列中异常值不敏感，因此被广泛应用，主要有 Mann-Kendall 法（孙鹏等，2010）、线性趋势相关系数检验法（庄常陵，2003）、斯皮尔曼秩次相关系数检验法（潘承毅和何迎晖，1992）和肯德尔秩次相关检验法（周芬，2005）等。变异点检测方法多达几十种，雷红富等（2007）采用数值模拟的方法，对其中 10 种变异点检测方法的性能进行了比较。无论是趋势检测方法，还是变异点检测方法，由于不同方法的检测原理不同和本身局限性等影响，检测结果往往有差异，因此采用多种方法进行集成检测，综合判定洪峰序列的趋势和变异特征（谢平等，2010）。长期持续效应的检测方法也多达十几种，Montanari 等（1999）也通过数值模拟的方法比较了不同方法的检测性能。

2）非平稳性洪水频率分析

针对洪峰序列中由显著趋势或变异带来的非平稳性特征，一些学者提出相应的解决方案，即非平稳性洪水频率分析方法。针对洪峰序列中存在的显著趋势特征，Vogel 等（2011）提出了一个二参数对数正态分布模型，考虑了水文趋势对洪水频率分析的影响。叶长青等（2013a）构建了 4 种趋势模型，评价洪峰序列水文统计特征变化对洪水频率分布参数的影响。针对洪峰序列中存在的显著突变特征，多以突变点为时间序列分割点，将洪峰序列分为突变前、突变后两个子序列，并认为分割后的两个子序列均满足平稳性假设，分别采用传统的频率分析方法进行分析（胡义明等，2014）。此外，冯平等（2013）则用考虑洪峰序列变异的混合分布进行洪水频率分析。谢平等（2005）综合考虑了洪峰序列中水文统计特征，并将其分为相对一致的随机性成分和非一致的确定性成分，采用分解-合成方法进行非平稳性洪水频率分析。洪水过程包含多种要素，不仅包含洪峰，还包含洪量、历时等要素，Martins 等对多变量的非平稳性洪水频率分析也进行了相应的研究（冯平和李新，2013；Martins and Stedinger，2001）。

国内学者主要关注洪峰序列的水文统计特征本身对洪水频率分析的影响，包括非平稳性在洪峰极值分布参数估计中的不确定性（冯平和黄凯，2015）。相比之下，国外学者较为关注外部驱动机制对洪水过程的影响及如何构建考虑外部因素的非平稳性洪水频率分析模型。Polemio 和 Petrucci（2012）将降水和温度因子纳入非平稳洪水频率分析框架中，并在意大利南部流域进行了试验。Villarini 等（2012）将低频气候变化，如北大西洋涛动（NAO）等纳入非平稳性分析框架中，分析自然气候变率对洪水频率分析的影响。López 和 Franés（2013）构建了反映水库对洪水过程影响的指标，并分析了水库对西班牙洪水频率的影响。Villarini 等（2009a）选择了受城市化主导影响的小流域，采用人口数量反映城市化程度，并分析了城市化对洪水频率的影响。Gilroy 和 McCuen（2012）则构建了考虑气候变化和土地利用的非平稳性洪水频率分析模型。考虑外部驱动因子的洪水频率模型更具有物理机制，其为预测未来洪水频率变化特征、调整水利工程设计标准、增强水资源系统对未来气候变化和人类活动的适应性提供了一定参考。

1.3 研 究 内 容

气候变化及其造成的影响是当今世界面临的主要环境问题之一，气候变化对水资源系统的影响是最重要的，也是最为直接的。气候变化和人类活动对水循环的影响、极端洪旱灾害及水资源管理是水文水资源领域重要的研究内容，更是国内外气象水文学研究的热点与国际学术前沿。围绕变化环境下水旱灾害应对的重大实践需求，以流域水循环与水资源演变为主线，在系统地整理和收集了新疆及塔里木河流域主要水文站点和气象站点、水库资料和灌区等多源数据的基础上，结合自然条件、水利工程、人类活动和气候因子对洪旱事件的影响特征，研究了无资料地区的降水时空分布特征，识别了新疆洪旱灾害的形成机理及影响因素，揭示了非平稳性过程中各气候因子与径流量的相关关系，提出了不同类型干旱之间的转换方法，开展了基于灌溉农业的风险分析。其具体包括以下 3 个方面的研究内容。

1）基于 TRMM 的新疆地区的降水时空变异特征研究

基于信息熵理论对新疆降水序列的时空变异性进行研究。利用边际熵研究不同时间尺度降水序列的变化特征。利用分配熵和强度熵分别研究降水量和降水天数年内与年代际（10 年）的分配情况。利用改进的 Mann-Kendall 趋势检验法分析新疆降水过程不确定性变化趋势，探讨新疆降水过程的不均匀性。基于 TRMM 3B43 卫星数据，构建 6 种空间尺度下的回归方程，对 TRMM 降水产品进行降尺度计算，将低分辨率的 TRMM 降水产品估算到 8km 高分辨率的 TRMM 降水数据，并以 51 个气象站点的实测降水数据为"真值"进行结果验证。采用泰森多边形、相关系数法及散点斜率法，对运用 TRMM 降水数据估计新疆地区月、季和年尺度上降水变化及其适用性、精度等做了全面的分析，同时研究了高程和坡度对 TRMM 月尺度验证结果的影响。该部分研究为 TRMM 数据在西北干旱区降水变化及估计无资料区降水过程提供了重要的理论依据，也为新疆水资源管理与农业生产区划和规划提供了重要的科学依据与理论支撑。

2）新疆塔里木河干旱时空演变特征分析

运用水文统计方法开展塔里木河流域枯水径流的单变量频率和多变量频率分析，探讨 1987 年前后枯水频率的变化特征及其影响因素，揭示流域气候变化（降水、气温和蒸发量）和人类活动对枯水径流的影响，建立塔里木河流域的干旱风险评估模型，对塔里木河流域的干旱风险进行评估。选取不同尺度的标准化降水指数构建干旱危险度指标，以 9 个干旱易损度指标建立塔里木河流域干旱易损度指标，基于干旱危险度指标和干旱易损度指标构建塔里木河流域的干旱风险评估模型，干旱易损度指标很好地反映了区域的抗旱水平、农业生产力等人类活动对干旱的影响。为了进一步分析不同县（市）的干旱风险评估，采用级差加权法确定 4 种干旱指标的权重系数，分析不同尺度干旱指标对干旱的贡献，同时运用可变模糊法评价塔里木河流域各县（市）的干旱等级，并分析塔里木河流域干旱时空演变特征。在标准化降水指数和标准化径流指数的基础上，建立基于气象干旱指标标准化降水指数和水文干旱指标标准化径流指数的二维变量状态，通过一阶马尔可夫链模型对二维变量干旱指数的等级进行概率、重现期和历时分析，同时预测未来非水文干旱到水文干旱的概率。在此基础上，建立月尺度的马尔可夫链模型，对塔里木河枯水、平水和丰水状态之间的转移概率、期望停留时间和平均首达时间进行计算，并预测未来径流丰枯情况发生的概率。

3）新疆塔里木河洪水特征研究

开展了实测与历史时期洪水量级和频率变化的特征分析，分析流域性大洪水在发生时间和空间上的聚集特征，通过比较实测期和历史时期灾难性流域性洪水发生风险的大小，揭示洪水演变规律。识别洪水序列趋势和进行变异特征诊断，分析洪峰序列时空趋势和变异特征，探索变异点对趋势特征检测的影响，进一步检查洪峰序列的长期持续效应特征，综合判别平稳性假设是否得到满足，分别分析水文变异和水文趋势对洪水频率分析的影响。探索考虑外部驱动机制的非平稳性洪水频率分析模型，研究低频率气候变化和水库对设计洪峰流量的影响，探讨考虑物理机制的非平稳性洪水频率分析模型的预测能力。基于传统重现期定义和推导公式，构建非平稳条件下重现期的计算公式，并对已修建的防洪工程进行防洪风险评估。

第一篇　新疆地区气候变化时空演变特征

第2章 新疆研究区概况和研究方法

2.1 新疆区域概括

2.1.1 地理位置

新疆位于欧亚大陆中部，地处中国西北边陲，东经 73°40′～96°23′，北纬 34°25′～49°10′，幅员辽阔，总面积为 166.49 万 km²，约占全国陆地面积的 1/6，其中 102.3 万 km² 属内陆荒漠区，而绿洲面积只有 7.07 万 km²，新疆地形复杂，气候上属于典型的干旱半干旱地区，生态系统脆弱（Zhang et al., 2012b）（图 2-1）。

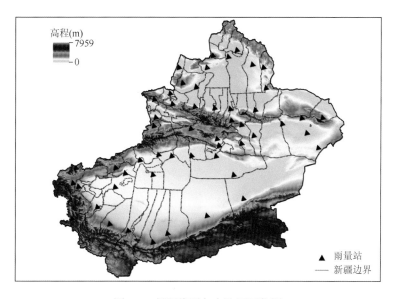

图 2-1　新疆维吾尔自治区区位图

2.1.2 地貌条件

新疆具有特殊的地形，"三山夹两盆"，南北山峰耸立，中间盆地海拔低。新疆南部有昆仑山、喀喇昆仑山和阿尔金山，北部有阿尔泰山。天山横贯中部，形成南部塔里木盆地和北部准噶尔盆地的分割线。天山以南为南疆，天山以北为北疆。新疆境内独具特色的大冰川分布于天山，总面积约为 2.4 万 km²，占全国冰川面积的 42%，冰储量为 2.58 亿 m³（Liu et al.，2008），是新疆天然的"固体冰库"（富飞，2012）。

新疆三大山脉的积雪、冰川孕育汇集成 500 多条河流，大多数分布于天山南北的盆地，其中较大的河流有塔里木河、伊犁河、额尔齐斯河、玛纳斯河、乌伦古河和开都河等 20 多条。新疆有众多自然景观优美的湖泊，总面积达 0.97 万 km²，其中有著名的十大湖泊：布伦托海、博斯腾湖、艾比湖、阿其格库勒湖、阿雅格库里湖、吉力湖、赛里木湖、阿克萨依湖、艾西曼湖、鲸鱼湖。

新疆大沙漠占全国沙漠面积的 2/3，其中塔克拉玛干沙漠的面积为 33.76 万 km²，是我国最大的沙漠，准噶尔盆地的古尔班通古特沙漠的面积为 4.8 万 km²，为我国第二大沙漠，沙漠中蕴藏着丰富的矿产资源和油气资源（韩春光，2009）。

2.1.3 气候特征

1. 光热充足，降水稀少

新疆位于中纬地区，属典型的大陆性气候，冬冷夏热，气温年、日较差大，光照充足，年太阳总辐射量为 5440～6280MJ/m²，年平均日照时数为 2500～3400h，是全国日照时数最多的地区之一。由于新疆远离海洋，被高山环绕，来自海洋的水分在长途输送过程中逐渐减少，致使降水稀少，同时蒸发强烈，进而使干热风与沙尘暴频发，因此，缺乏灌溉就没有农业。

2. 温度区域差异明显

天山能阻挡冷空气南下，是气候的分界线，因此南疆气温高于北疆气温。新疆年平均气温为 4～14℃，南疆平原气温为 10～13℃，北疆平原低于 10℃。极端最高气温，吐鲁番曾达 48.9℃；极端最低气温，富蕴县可可托海曾达−51.5℃。日平均大于 10℃的年累积气温，天山北麓达 3000～3600℃，而南疆高达 4700℃。南疆平原无霜期有 200～220 天，北疆平原一般少于 150 天。山地夏季气温垂直递减明显，递减率为 6～8℃/km。

3. 降水北疆多于南疆

新疆降水空间分布十分不均匀，如年平均降水量，总体上北疆多、南疆少，西北部多、东南部少；山区多，平原、盆地少；迎风坡多，背风坡少。北疆平原区年降水量一般为 200mm 左右，南疆为 50～100mm。其原因是新疆降水主要来源于大西洋的盛行西风气流，其次来自北冰洋的冷湿气流，来自太平洋和印度洋的季风难以进入新疆。新疆年均降水量仅有 145mm，约是全国平均降水量（630mm）的 23%。

2.1.4　水文

新疆水资源总量为 871.64 亿 m^3，其中地表水资源量为 784.19 亿 m^3，平原区地下水资源量为 87.45 亿 m^3（扣除与地表水重复部分 305.36 亿 m^3），平原区地下水主要来自地表水出山口后的入渗补给。地表水资源量和水资源总量在全国各省（自治区）中都位居第 12 位，但空间分布不均衡，西北地区多于东南地区。而地下水资源量在全国各省（区、市）中排列第四位，仅次于西藏、云南、四川 3 个省（自治区），与广东相当，属于地下水资源较丰富的省（自治区）之一。

2.1.5　植被类型

（1）荒漠：由于新疆年均降水量少，所以超旱生小型木本植物比较多，占全疆总面积的 42%。荒漠的种类有灌木荒漠、小半乔木荒漠、半灌木荒漠、小半灌木荒漠和高寒荒漠。代表植被有麻黄群系、梭梭、沙拐枣和猪毛菜群系。

（2）草原：由多年生旱生、中度干旱生的草本植物组成荒漠草原，夏草原、草甸草原、寒生草原以针茅、羊茅、早熟禾、银穗草为代表。

（3）森林：以乔木树种为植物主要构成层次，下层主要由灌木、乔木幼树、各种小灌木、多年生杂草、藓类、地衣等构成，一般可分为山地针叶林、落叶阔叶林、西伯利亚红松群系和西伯利亚冷杉群系。

（4）灌丛：以中生、旱中生和潜水旱生的灌木为建群种，可分为针叶灌丛和落叶灌丛。

（5）草甸：由多年生中生草本植物组成，可分为高山草甸、亚高山草甸、山地草甸、低地河漫滩草甸。

（6）沼泽和水生植被：属于草本沼泽，可分为淡沼泽和盐沼泽。

（7）高山植被：高山冻原、高山草甸植被、高山石堆稀疏植被。

2.1.6　气象灾害概况

新疆所具有的独特的地形地势、地质构造及脆弱的生态环境，导致新疆灾害多发，主要包括气象灾害，如洪水灾害、干旱灾害、风沙灾害、雪灾，地质灾害，如地震、泥石流，以及其他自然灾害，如作物病虫害、草原蝗灾等。

1. 洪水灾害

尽管新疆位于内陆干旱区，降水普遍稀少，但境内天山、昆仑山等高大山体能拦截湿润气流，往往在迎风坡上形成降水，从而孕育众多冰川，使其成为众多河流的源泉。当降水或冰川融水量超过界限时，往往形成洪水，冲毁河流中下游的农田及交通道路等，给工农业生产和人民生活造成巨大伤害。新疆洪水的最大特点是历时短、突发性强。

统计资料显示（新疆维吾尔自治区统计局），中华人民共和国成立以来新疆各地共发生大小洪灾 2000 多次。新疆以暴雨洪灾为主，其次是冰雪融化引发洪水。1950～1997 年，新疆洪水灾害累计直接经济损失约为 76.54 亿元，平均每年损失 1.6 亿元，其中，损失最大的年份是 1996 年，损失高达 48.28 亿元；洪灾农田总成灾面积为 79.26 万 hm^2，平均每年约为 1.651 万 hm^2；总受灾人口达 1021.21 万人，平均每年约为 21.28 万人。

2010 年 2 月下旬，受较强冷空气影响，北疆的塔城、伊犁哈萨克自治州（简称伊犁）等地，以及南疆的巴音郭楞蒙古自治州（简称巴州）、和田等地连续遭受暴雨、雪灾、泥石流和强沙尘暴灾害。当年 3 月气温急剧回升，前期雪灾区再次遭受融雪型洪涝灾害影响，造成大量民房倒塌。据统计，灾害造成全疆130.5 万人受灾，紧急转移安置 18.4 万人，倒塌房屋 4.1 万间，直接经济损失达 12.7 亿元。

2. 干旱灾害

虽然新疆境内高山区的冰川融水对河川径流起到了一定的调节补偿作用，使区内水资源保证率较高、变率较低，但一旦发生极端干旱气象事件，再加上当代绿洲农业规模的急剧扩张，以及生态与环境建设（植树种草保护绿洲）的迫切需求，水资源供需矛盾还是会经常发生，并且近年来变得越来越尖锐（姜逢清等，2002a）。干旱作为新疆最为严重的自然灾害，其最大的特点是影响范围广、持续时间长、春旱严重（西北内陆河区水旱灾害编委会，1999；新疆减灾四十年编委会，1993；新疆自然灾害研究课题组，1994）。据统计（刘星，1999；姜逢清等，2002b），1950～1997 年新疆受旱农田面积约为 1002 万 hm^2，成灾面积为 575.01 万 hm^2，受灾人口为 1371.02 万人。1991 年，新疆受旱农田面积最大，约为 75.07 万 hm^2，成灾面积达 30.93 万 hm^2，受灾人口达 113 万人次。

3. 风沙灾害

新疆沙漠面积约为 42.6 万 km^2，占全国沙漠面积的 59.2%，同时新疆有 29.8 万 km^2 的戈壁。新疆属多风地区，北疆西北部、东疆和南疆东部是大风高发区。

沙多、风大决定了新疆风沙灾害的严重性。风沙灾害主要表现为风蚀、沙打、沙割、风积、沙埋等。

新疆风沙灾害的类型：一是干旱（热）风危害，由于新疆沙漠遍布广、沙漠地区温度高、蒸发量大，所以农作物蒸发严重，从而使作物枯萎受害，影响农作物稳产高产；二是沙打、沙割，刮大风时的沙粒打割农作物，使农作物枯焦或死亡，强劲的风沙流还会打割房屋和牲畜，甚至攻击到人类，具有强大的破坏力；三是风蚀危害，风蚀是指在一定的风力条件下，风对地表的吹蚀作用，其危害是使土壤粒度变粗，导致土壤养分、肥力损失，影响农业生产，并对铁路、公路的路基有不同程度的破坏，影响交通运营；四是沙子堆积危害，风沙流在运行过程中受局部地形或机械障碍物阻挡时，沙粒从气流中坠落发生堆积，并沿着风影区逐渐向背风方向堆积延伸，形成舌状堆积或片状堆积，对处在下风方向的公路、农田、林带等造成危害；五是沙丘移动危害，流动沙丘在风力作用下不断向前移动，易造成沙埋农田的危害；六是空气浮尘危害，浮尘危害的直接后果是空气质量骤减，严重影响人畜健康，同时对农作物影响巨大，浮尘天气使太阳辐射和日照时数减少，对农业生产有一定影响，并且大量降尘使植物覆盖尘土，影响植物的生长、授粉及牲畜的采食。

4. 雪灾

新疆作为我国雪灾多发区之一（史玉光，2008），其雪灾遍及南北疆，给当地的农牧业、交通业及人民生命财产等造成重大损失（张殿发和张祥华，2003）。据历史资料统计，1960 年、1966 年、1969 年、1977 年、1979 年、1985 年、1995年、2000 年、2001 年新疆都曾发生过大范围的严重雪灾。仅 1969 年年初伊犁、塔城的雪灾就损失牲畜 144 万多头（只），全疆损失达 230 万头（只），畜牧业生产几年得不到恢复（徐羹慧等，2007）。自 2009 年 12 月 22 日以来，新疆阿勒泰、塔城、伊犁、哈密、昌吉、吐鲁番、巴州、克孜勒苏柯尔克孜自治州（简称克州）、喀什 9 个地区先后出现 7 次强降雪大风寒潮天气，阿勒泰、塔城部分地区的最低气温达−42～−35℃。阿勒泰、塔城出现 60 年一遇的寒潮暴雪灾害，降雪持续时间之长、降雪量之大、积雪之厚、气温之低，为历史罕见。

新疆从 2015 年 12 月底开始，连续遭遇低温和暴雪，尤其是新疆北部的阿勒泰地区，交通受阻、房屋倒塌、牲畜冻死，受灾人口超过 6 万人，还有 2.5 万人被大雪围困，大部分地区的降雪厚度达 40cm，一些沿山地区的积雪厚度更是达到了 1米多深。连续数次强降温、降雪寒潮天气使新疆灾情加剧，据资料显示，灾情已造成 140 余万人受灾，致 13 人死亡，受灾各地紧急转移安置 16 万人，因灾伤病 1000余人，倒塌房屋 7100 多间，损坏房屋达两万间，受损棚圈及蔬菜大棚 8000 座，死伤大小牲畜 10 万头，有 300 多万头牲畜觅食困难，直接经济损失达 5.7 亿元。

5. 地质灾害

新疆地域广袤,沙漠、戈壁遍布,岩石裸露,地表植被稀疏,加之风沙肆虐,在融雪期间和夏季洪水季节很容易发生地质灾害。新疆地质灾害的主要类型包括滑坡、崩塌、泥石流、地面塌陷等。新疆是地质灾害多发区和重灾区之一,地质灾害是干旱半干旱气候条件下多发的一种自然灾害,主要包括暴雨洪水型、冰川洪水型、融雪洪水型、融化冻土型、溃决洪水型、复合洪水型。其中,暴雨洪水型、融雪洪水型、溃决洪水型危害性最大。

新疆地域辽阔,区内分布有多条巨型山脉构造。由于特殊的构造环境,区内构造运动强烈,地震活动强度大、频度高,并具有一定的韵律性。新疆地震活动分布广,除两大盆地之外,几乎遍及全疆,其主要分布在两大盆地与山区衔接的区域,呈带状分布。天山与塔里木盆地和准噶尔盆地衔接的山麓地带是新疆地震最活跃的地区之一。

根据地质构造和地震活动特征,将天山分为北天山地震带和南天山地震带。北天山地震带位于天山北侧,横穿新疆,沿东西方向伸展,是新疆主要的地震带之一;南天山地震带位于天山南侧,东起库尔勒,经库车呈东西向延伸至阿克苏转为北东南西向,经乌恰向西进入吉尔吉斯斯坦和塔吉克斯坦。南天山地震带,特别是乌恰地区是新疆地震频度最高、强度最大的地区。

6. 公路灾害

新疆地域辽阔,自然环境复杂,公路分布主要具有翻山越岭、穿越沙漠、在山麓和平原连续跨沟、绿洲区公路密度大等特点。公路灾害是伴随公路工程行为而产生的,因此,它具有沿公路呈带状分布的规律。新疆公路灾害严重,滑坡、崩塌、山洪、泥石流、雪灾、大风等自然灾害都会造成公路灾害。

7. 森林大火

尽管新疆森林覆盖率低,但新疆夏季温度高、水汽蒸发快、空气湿度低,导致在高温低湿的条件下,火灾发生概率骤增。据不完全统计,2001～2007 年,新疆每年发生大小火灾近 50 次,受灾面积超过 100hm² (2002 年火场总面积达 4130hm²),每年因森林火灾造成的经济损失达数十万元,2004 年最多达到 451.31 万元,其损失还不包括森林破坏所造成的环境压力,以及对新疆气候、生态的影响。

2.1.7 社会经济概况

新疆人口增速快,据 2010 年全国第六次人口普查统计,新疆人口总数约为

2200 万人，是中华人民共和国成立初期的 5 倍多。但新疆人口分布不均匀，主要集中在天山的南坡、北坡及喀什地区。新疆自古以来就是一个多民族聚居的地方，共包含 47 个民族，主要生活着维吾尔族、汉族和哈萨克族等 13 个民族。目前，新疆经济的发展现状主要表现在以下 6 个方面。

1. 经济结构的逐渐优化

自改革开放以来，新疆经济发展迅速、综合实力明显增强。2000 年国家开始实施西部大开发战略，把促进新疆发展摆在更加突出的位置。近年来，新疆工业化进程加快，已取代农业成为主要产业。2008 年，新疆第一、第二、第三产业占地区生产总值的比重分别为 16.4%、49.7%、33.9%。

2. 农村经济全面发展

新疆农业资源开发成效显著，逐步实现资源优势向经济优势的转型，种植业（粮食、棉花、林果等）和畜牧业等产业已成为农村优势产业。2008 年，新疆农业增加值达 691 亿元，高出 2000 年 1.4 倍。

3. 基础设施建设不断加强

新疆大型水利工程的建立增加了全区引水量、水库库容和有效灌溉面积；国道、公路、铁路横贯天山、环绕盆地、穿越沙漠、连通南北疆；航空事业发展迅速，是国内航站最多、航线最长的省（自治区）；邮电通信体系完整，现代化传输网络覆盖面广。

4. 现代工业体系逐步形成

新疆新型现代工业进程快、门类齐全，形成了"天山北坡经济带""乌昌一体化经济区"等 32 个国家和自治区级工业园区。2008 年，新疆工业对国民经济增长的贡献率达 52.3%，增加值高出 2000 年 3.98 倍。

5. 矿产资源有效开发

石油、天然气等能源及化工业的快速发展，不仅满足了新疆经济发展对能源和石化产品的需求，而且有力地带动了相关产业的发展，刺激了服务业增长，对促进区域经济结构的形成和升级、解决就业及推动城市化进程等发挥了重要作用。

6. 开放水平不断提高

新疆拥有国家批准的一类口岸 17 个，自治区批准的二类口岸 12 个。截至 2008 年年底，新疆已与 167 个国家和地区开展了经济贸易合作与科技文化交流。

2.2 数 据 来 源

2.2.1 气象站点数据

本章采用由国家气象信息中心提供的新疆地区 51 个站点 1960~2010 年的逐日降水资料（表 2-1），数据中缺测部分的处理方法如下（Zhang et al.，2011b）：对于 1~2 天缺测数据，采用相邻天数的平均降水量进行插值；对于连续缺测天数较长（连续超过 2 天缺测）的情况，采用其他年份同时期的平均降水量进行插值。本章对插值前和插值后的计算结果进行比较，相差甚微，说明缺测数据及插值方法对最终结果的影响不显著。

表 2-1　新疆地区气象站点降水数据

站点	名称	北纬（°）	东经（°）	资料长度（年份）	缺失资料天数（天）	多年平均降水量（mm）
51931	于田	36.85	81.65	1960~2010	87	55.98
51839	民丰	37.07	82.72	1960~2010	128	47.13
51828	和田	37.13	79.93	1960~2010	8	47.66
51818	皮山	37.62	78.28	1960~2010	69	60.07
51804	塔什库尔干	37.77	75.23	1960~2010	147	92.72
51855	且末	38.15	85.55	1960~2010	123	28.18
51811	莎车	38.43	77.27	1960~2010	20	58.36
52313	红柳河	41.53	94.67	1960~2010	74	53.63
51777	若羌	39.03	88.17	1960~2010	5	44.75
51709	喀什	39.47	75.98	1960~2010	127	75.83
51705	乌恰	39.72	75.25	1960~2010	137	211.65
51716	巴楚	39.80	78.57	1960~2010	117	66.15
51720	柯坪	40.50	79.05	1960~2010	70	121.85
51701	吐尔尕特	40.52	75.40	1960~2010	128	281.81
51730	阿拉尔	40.55	81.27	1960~2010	28	50.97
51765	铁干里克	40.63	87.70	1960~2010	105	32.37
51711	阿合奇	40.93	78.45	1960~2010	126	264.81
51628	阿克苏	41.17	80.23	1960~2010	73	84.15
51644	库车	41.72	82.97	1960~2010	49	75.04
51656	库尔勒	41.75	86.13	1960~2010	28	53.26
51633	拜城	41.78	81.90	1960~2010	21	144.56
51642	轮台	41.78	84.25	1960~2010	121	73.06
51567	焉耆	42.08	86.57	1960~2010	34	81.14

续表

站点	名称	北纬（°）	东经（°）	资料长度（年份）	缺失资料天数（天）	多年平均降水量（mm）
51526	库米什	42.23	88.22	1960～2010	100	60.28
51467	巴仑台	42.73	86.30	1960～2010	99	236.32
52203	哈密	42.82	93.52	1960～2010	61	51.02
51573	吐鲁番	42.93	89.20	1960～2010	132	16.15
51542	巴音布鲁克	43.03	84.15	1960～2010	43	309.38
51437	昭苏	43.15	81.13	1960～2010	100	555.71
51495	七角井	43.22	91.73	1960～2010	111	24.05
51477	达坂城	43.35	88.32	1960～2010	150	88.51
52101	巴里塘	43.60	93.05	1960～2010	62	244.58
51463	乌鲁木齐	43.78	87.65	1960～2010	75	319.32
51431	伊宁	43.95	81.33	1960～2010	64	339.82
51379	奇台	44.02	89.57	1960～2010	110	210.08
51365	蔡家湖	44.20	87.53	1960～2010	138	161.52
51346	乌苏	44.43	84.67	1960～2010	8	206.31
51334	精河	44.62	82.90	1960～2010	29	116.62
51330	温泉	44.97	81.02	1960～2010	24	278.10
51232	阿拉山口	45.18	82.57	1960～2010	102	136.78
51288	北塔山	45.37	90.53	1960～2010	23	189.62
51243	克拉玛依	45.62	84.85	1960～2010	77	126.95
51241	托里	45.93	83.60	1960～2010	116	273.11
51186	青河	46.67	90.38	1960～2010	17	198.54
51133	塔城	46.73	83.00	1960～2010	64	302.58
51156	和布克赛尔	46.78	85.72	1960～2010	141	157.96
51087	富蕴	46.98	89.52	1960～2010	94	218.16
51068	福海	47.12	87.47	1960～2010	111	125.78
51059	吉木乃	47.43	85.87	1960～2010	104	230.09
51076	阿勒泰	47.73	88.08	1960～2010	73	227.58
51053	哈巴河	48.05	86.40	1960～2010	62	224.56

2.2.2　TRMM 降水数据

　　本章采用的 TRMM 降水数据为 3B43 V7 产品，是 TRMM 多卫星降水分析（TMPA）在 50°N～50°S 提供的"最好"的空间分辨率降水数据之一，降水数据来自美国国家航空航天局（NASA），其空间分辨率为 0.25°×0.25°，时间分辨率为 1 个月，选取时段同实测降水数据。

2.2.3　归一化植被指数

本章所分析的归一化植被指数（NDVI）主要依据全球监测与模型研究组（Global Inventor Modeling and Mapping Studies，GIMMS），利用 NOAA 系列卫星（NOAA 7、NOAA 9、NOAA 11、NOAA 14 和 NOAA16），合成分辨率为 8km 的 15 天最大值 NDVI 数据集（截取时间为 1998 年 1 月～2010 年 12 月），数据经过几何粗较正、辐射较正和大气校正等预处理，再进一步对每日、每轨图像进行几何精校正、除云、除坏线等处理。为避免不同来源的白噪点，GIMMS-NDVI 半月数据融合到逐月时，选上半月与下半月中的最大值作为逐月值（Vicente et al.，2013）。一般认为，生长季节 NDVI 大于 0.1 的区域才有植被覆盖，NDVI 增加表示绿色植被增加；NDVI 在 0.1 以下表示地表无植被覆盖，如建设用地、裸土、沙漠、戈壁、水体、冰雪和云等（宋怡和马国明，2008）。

2.2.4　基础地理数据

本章采用的 DEM 数据为由美国航空航天局（NASA）提供的航天飞机雷达地形测绘使命（shuttle radar topography mission，SRTM），其空间分辨率为 $90m \times 90m$，具有较高的可靠性和精度。

2.3　研　究　方　法

对新疆地区降水时空分布特征进行研究，充分考虑 TRMM 降水数据的适用性，探讨内容如下：①采用修正的 Mann-Kendall 检验法、信息熵理论，对新疆实测降水数据的时空分布变异点进行系统检测；②采用泰森多边形、相关系数法及散点斜率法，对 TRMM 降水数据在月、季和年尺度上的降水变化及其适用性进行全面分析；③利用 TRMM 降水数据和 NDVI 之间的正相关关系，构建 6 种空间尺度下（分辨率分别为 $0.25° \times 0.25°$、$0.50° \times 0.50°$、$0.75° \times 0.75°$、$1.00° \times 1.00°$、$1.25° \times 1.25°$ 和 $1.50° \times 1.50°$）的回归方程，对 TRMM 降水产品进行降尺度计算，将低分辨率的 TRMM 降水产品估算到 8km 高分辨率的 TRMM 降水数据，并以 51 个气象站点的实测降水数据为"真值"进行结果验证。

2.3.1　信息熵理论

Shannon 在 1948 年提出了"信息熵"的概念，解决了对信息量度量的问题，随后 Singh 于 1997 年将熵运用于水文水资源问题的研究（Hamed and Rao，1998）。信息熵计算公式如下：

$$H(X) = -\sum_{k-1}^{K} p(x_k) \log_2 [p(x_k)] \tag{2-1}$$

式中，$H(X)$ 为熵值；K 为间隔数；x_k 为与 k 对应的事件；$p(x_k)$ 为事件发生的概率。熵值 $H(X)$ 也称为单变量 X 的边际熵。

熵是度量不确定性和无序性的一种方法，变量的不确定性越大，熵就越大，信息量也就越大。一个系统越有序，信息熵就越低；相反，一个系统越混乱，信息熵就越大。

1. 边际熵

边际熵（marginal entropy，ME）是具有概率分布 $p(X)$ 的随机变量 X 的平均信息量，用于度量不确定性。本章分别用年、季节、月份 3 个时间尺度计算降水序列的边际熵，研究新疆降水的时空不确定性，可用式（2-1）计算。

2. 强度熵

强度熵（intensity entropy，IE）用于估计各月降水强度。首先统计某年第 i 月降水天数 $n_i(i=1,2,3,\cdots,12)$ 和全年降水天数 $N = \sum_{i=1}^{12} n_i$，再求概率 $p_i = n_i / N$，其中 $m=12$，则强度熵表示为

$$\mathrm{IE} = -\sum_{i=1}^{m} (n_i / N) \log_2 \left(\frac{n_i}{N} \right) \tag{2-2}$$

3. 分配熵

分配熵（apportionment entropy，AE）用于度量年降水量在各月分配的不均匀性。首先统计某年第 i 月的降水量 $r_i(i=1,2,3,\cdots,12)$ 和全年的降水量 $R = \sum_{i=1}^{m} r_i$，其中 $m=12$，则分配熵表示为

$$\mathrm{AE} = -\sum_{i=1}^{m} \frac{r_i}{R} \log_2 \left(\frac{r_i}{R} \right) \tag{2-3}$$

4. 年代分配熵

年代分配熵（decadal apportionment entropy，DAE）用于度量 10 年间某降水序列的无序度，该序列可以为年序列、季序列或月序列。年代分配熵既可用于描述降水量分布的无序度，也可用来描述降水天数分布的无序度。若要描述年代降

水量的无序度，首先统计第 i 年的降水量 $a_i(i=1,2,3,\cdots,10)$ ，然后求出 10 年的总降水量 $\mathrm{DR}=\sum\limits_{i=1}^{10}a_i$ ，并求出 $d_i=a_i/\mathrm{DR}$ ，则年代降水量分布的年代分配熵表示为

$$\mathrm{DAE}=\sum_{i=1}^{10}d_i\log_2 d_i \tag{2-4}$$

2.3.2 熵的变异性

熵的变异性用无序指数（disorder index，DI）来描述。无序指数为熵的最大可能值与实测数据计算的熵值的差。当全部事件发生概率均等、信息熵达最大值（Ziegler et al.，2003）时包含的信息量最大，因此无序指数可用于表示序列的无序性。本章分别将边际熵、强度熵、分配熵和年代分配熵计算所得的无序指数定义为边际无序指数（MDI）、强度无序指数（IDI）、分配无序指数（ADI）和年代分配无序指数（DADI）。无序指数越大，变异性就越大。时空变异性可通过平均无序指数进行比较，即

$$\mathrm{MDI}=\frac{1}{N}\sum_{i=1}^{N}\mathrm{DI} \tag{2-5}$$

式中，N 为熵序列长度。

2.3.3 趋势检验方法

本章所用的趋势检验方法为改进的 Mann-Kendall 检验法（简称 MMK 法）（Hamed and Rao，1998）。趋势变化是研究气候及水文序列变化规律的重要内容。Mann-Kendall 检验法最初由 Mann 和 Kendall 提出，由于水文降水时间序列存在自相关性，使用 Mann-Kendall 检验法分析趋势会有误差，水文序列的这种自相关性会对 Mann-Kendall 检验的结果造成影响。Hamed（2007）考虑了水文序列中的自相关性，改进了 Mann-Kendall 检验法，这种改进的 Mann-Kendall 检验法可以得到更为稳健的序列趋势分析结果，具体做法如下。

对于时间序列 $X=\{x_1,x_2,\cdots,x_n\}$ ，首先计算其检验统计量 S 及其方差 $\mathrm{Var}(S)$ ：

$$S=\sum_{i=2}^{n}\sum_{j=1}^{i-1}\mathrm{sign}(X_i-X_j) \tag{2-6}$$

$$\mathrm{Var}(S)=\frac{n(n-1)(2n-5)}{18}-\sum_{j=1}^{m}\frac{t_j(t_j-1)(2t_j+5)}{18} \tag{2-7}$$

式中，sign（）为符号函数；m 为序列中秩次相同的组数；t_j 为第 j 组秩次相同所包含的观测值的个数。当 X_i-X_j 小于、等于或者大于 0 时，$\mathrm{sign}(X_i-X_j)$ 分别为 -1、0、1；Mann-Kendall 统计量 S 大于、等于、小于 0 时分别为

$$Z = \begin{cases} \dfrac{S-1}{\sqrt{\mathrm{Var}(S)}} & (S < 0) \\ 0 & (S = 0) \\ \dfrac{S+1}{\sqrt{\mathrm{Var}(S)}} & (S < 0) \end{cases} \qquad (2\text{-}8)$$

式中，Z 为正值表示增加趋势，Z 为负值表示减少趋势。Z 的绝对值在大于等于 1.28、1.96、2.32 时，分别通过了置信度 90%、95%、99% 的显著性检验。然后，计算基于序列秩次的趋势估计量 β：

$$\beta = \mathrm{median}\,\frac{x_j - x_i}{j - i} \quad (1 \leqslant i < j \leqslant n) \qquad (2\text{-}9)$$

并从序列 $X = \{x_1, x_2, \cdots, x_n\}$ 中去除该趋势项，获得与原序列相应的平稳序列 $\{y_i\}_{i=1}^n$：

$$y_i = x_i - \beta \times i \qquad (2\text{-}10)$$

然后，求序列 $\{y_i\}_{i=1}^n$ 对应的秩次序列，计算其自相关函数 $\rho_s(i)$。$\rho_s(i)$ 用 $r(i)$ 估计：

$$r(i) = \frac{\displaystyle\sum_{k=1}^{n-i}(R_k - R)(R_{k+i} - R)}{\displaystyle\sum_{k=1}^{n}(R_k - R)^2} \qquad (2\text{-}11)$$

式中，R_k 为 y_i 的秩次；R 为秩次的均值。最后，依据 $r(i)$ 求解具有相关性序列的趋势统计量 S 的新方差 $\mathrm{Var}^*(S)$：

$$\eta = 1 + \frac{2}{n(n-1)(n-2)} \times \sum_{i=1}^{n-1}(n-i)(n-i-1)(n-i-2)r(i) \qquad (2\text{-}12)$$

$$\mathrm{Var}^*(S) = \eta \times \mathrm{Var}(S) \qquad (2\text{-}13)$$

式中，$\mathrm{Var}(S)$ 为利用式（2-7）计算的假设序列独立情况下统计量 S 的方差估计量，将 $\mathrm{Var}^*(S)$ 带入式（2-8），求出 MMK 法的统计量 Z，可进一步依据所设定的显著性水平判定序列趋势的显著性。

当用 M-K 法来检测径流的变化时，统计量如下：设有一时间序列 $x_1, x_2, x_3, \cdots, x_n$，构造一秩序列 m_i，m_i 表示 $x_i > x_j (1 \leqslant j \leqslant i)$ 的样本累积数。定义 d_k：

$$d_k = \sum_{i}^{k} m_i \quad (2 \leqslant k \leqslant N) \qquad (2\text{-}14)$$

d_k 均值及方差定义如下：

$$E[d_k] = \frac{k(k-1)}{4} \qquad (2\text{-}15)$$

$$\mathrm{Var}[d_k] = \frac{k(k-1)(2k+5)}{72} \quad (2 \leqslant k \leqslant N) \tag{2-16}$$

在时间序列随机独立假定下，定义统计量：

$$\mathrm{UF}_k = \frac{d_k - E[d_k]}{\sqrt{\mathrm{Var}[d_k]}} \quad (k = 1, 2, 3, \cdots, n) \tag{2-17}$$

式中，UF_k 为标准正态分布，给定显著性水平 a_0，查正态分布表得到临界值 t_0，当 $\mathrm{UF}_k > t_0$ 时，表明序列存在一个显著的增长或减少趋势，所有 UF_k 将组成一条曲线 $Z1$，通过置信度检验可知其是否具有趋势。将时间序列 x 按逆序排列，把该方法引用到逆序排列中，再重复上述的计算过程，并使计算值乘以 -1，得出 UB_k，UB_k 在图中表示 $Z2$，当曲线 $Z1$ 超过置信度线时，即表示存在明显的变化趋势，若 $Z1$ 和 $Z2$ 的交点位于置信度区间，则该点可能是突变点的开始。

2.3.4　TRMM 降水数据精度评价方法

1. 适应性方法

采用相关系数（R）、百分比偏差（PBIAS）、均方根误差（RMSE）对 TRMM 降水数据进行检验。

相关系数（R）表示两组数据的相关程度：

$$R = \frac{\sum(x_i - \overline{x})(y_i - \overline{y})}{\sqrt{\sum(x_i - x)^2(y_i - y)^2}} \tag{2-18}$$

式中，R 为相关系数；x_i、y_i 分别为 TRMM 3B43 月降水数据和气象站观测数据；$\overline{x} = \frac{1}{N}\sum_{i=1}^{n} x_i$；$\overline{y} = \frac{1}{N}\sum_{i=1}^{n} y_i$；$n$ 为样本容量。R 的取值范围为 $0 \sim 1$，越接近于 1，数据一致性越好。

PBAIS 描述模拟降水与实测降水之间的总体变化趋势，具体的计算方法如下：

$$\mathrm{PBAIS} = \frac{\sum\limits_{i=1}^{n}(y_i - x_i)}{\sum\limits_{i=1}^{n} x_i} \times 100\% \tag{2-19}$$

式中，y_i 为 TRMM3B43 降水数据；x_i 为实测降水数据；n 为样本容量。PBAIS 描述 TRMM3B43 降水数据与气象站实测降水数据之间的总体变化趋势，值越接近于 0，表示卫星数据对实测数据检验越好，一般 $|\mathrm{PBIAS}| \leqslant 30\%$，即认为卫星数据对实测数据的检验较为满意；$30\% \leqslant |\mathrm{PBIAS}| \leqslant 60\%$，认为卫星数据可以接受。PBIAS 为正，表示实测数据比卫星数据大；PBIAS 为负，表示实测数据比卫星数据小（Garbrecht et al.，2003；Moriasi et al.，2007）。

TRMM 3B43 降水数据的误差大小可由 RMSE 来反映，RMSE 越小，表示误差越小（Li et al.，2008；Sheel et al.，2011）：

$$\text{RMSE} = \sqrt{\frac{1}{n}\sum_{i=1}^{n}(x_i - y_i)^2} \qquad (2\text{-}20)$$

式中，y_i 为实测降水数据；x_i 为 TRMM 3B43 降水数据；n 为样本容量。

散点斜率法以气象站观测降水量为自变量，TRMM 3B43 降水数据为因变量，做一元线性回归分析，线性函数的斜率 K 越接近于 1 偏差越小，K 大于 1 说明 TRMM 3B43 降水量大于实测降水量，K 小于 1 说明 TRMM 3B43 降水量小于实测降水量。

2. 回归分析

泰森多边形法（Thiessen polygons）是对离散的采样点进行区域化的主要方法（辛渝等，2009），因此以 35 个气象观测站为基准，使用泰森多边形法将研究区剖分成 35 个多边形，刻画出高程（elevation）与坡度（slope）在空间上的分布。综合考虑研究区复杂的地形条件对卫星数据 TRMM 降水数据的影响，分别以高程和坡度为自变量、以 R 与 PBIAS 绝对值为因变量进行回归分析，得出高程和坡度对相关系数及绝对误差的影响。

2.3.5　降水数据降尺度方法

根据 Agam 等（2007）利用 NDVI 锐化热影像达到减少误差的研究结果，本章假设 NDVI 与降水在不同空间尺度下存在不同的相关性，从 6 种不同的空间尺度（分辨率分别为 0.25°×0.25°、0.50°×0.50°、0.75°×0.75°、1.00°×1.00°、1.25°×1.25° 和 1.50°×1.50°）开展卫星降水 TRMM 与植被指数 NDVI 的相关性分析，采用其中最优的降尺度模型，保证降水降尺度的精确性。

本章将空间分辨率分为低分辨率（LR）和高分辨率（HR），其中 HR 是 NDVI 的分辨率（8km×8km），LR 是由 TRMM 3B43 原始分辨率（0.25°×0.25°）得到的 5 种重采样分辨率（0.50°×0.50°、0.75°×0.75°、1.00°×1.00°、1.25°×1.25° 和 1.50°×1.50°）。多年平均 TRMM 降水量与多年平均 NDVI_{LR} 存在幂函数回归关系：

$$P_e(\text{NDVI}_{\text{LR}}) = a \cdot \text{NDVI}_{\text{LR}}{}^b \qquad (2\text{-}21)$$

式中，a 和 b 为 NDVI 和 TRMM 在不同尺度回归模型中得到的拟合系数；P_e 为 NDVI_{LR} 预测得到的降水值（mm/a）。进一步计算得到 0.25°×0.25° 分辨率下降水预测值 P_e 与 TRMM 降水数据实测值之间的残差（$\Delta\text{TRMM}_{\text{LR}}$）：

$$\Delta\text{TRMM}_{\text{LR}} = \text{TRMM} - P_e(\text{NDVI}_{\text{LR}}) \qquad (2\text{-}22)$$

首先，对 0.25°×0.25° 栅格中各点的残差值通过插值方法得到高分辨率的残差值（$\Delta\text{TRMM}_{\text{HR}}$）。插值方法包括简单样条插值、反距离权重插值和克里金插值。

然后，估算高分辨率（8km×8km）的降水预测值 $P_e(\text{NDVI}_{\text{HR}})$：

$$P_e(\text{NDVI}_{\text{HR}}) = a \cdot \text{NDVI}_{\text{HR}}^{\ b} \qquad (2\text{-}23)$$

最后，基于获取高分辨率残差值修正得到降尺度估算的降水数据 P_{ds}：

$$P_{\text{ds}} = P_e(\text{NDVI}_{\text{HR}}) + \Delta\text{TRMM}_{\text{HR}} \qquad (2\text{-}24)$$

本章对 1998～2010 年年均降水、枯水年（2001 年）降水和丰水年（2010 年）降水进行降尺度分析。采用的降尺度方法可大致分为两步：①在 0.25°～1.50°空间分辨率中寻找 TRMM 与 NDVI 相关系数最高的幂函数回归方程；②通过选择精度最高的回归模型，利用高分辨率的 NDVI 和插值后的残差估算高精度的卫星降水。

2.3.6 标准化降水指标

标准化降水指标（SPI）由 Mckee 等（1993）提出，它从不同时间尺度评价干旱。由于 SPI 具有资料获取容易、计算简单、能够在不同地方进行干旱程度对比等优点，因而得到广泛应用（庄晓翠等，2011）。假设计算时间序列的尺度为 m 个月的 SPI（通常 m 取 1，3，6，12，24，…），先计算连续 m 个月的月降水总量，从而得到连续 m 月的累积降水时间序列。由于前一个月的降水会对下一个月的降水产生影响，年内各月份之间降水的自相关性会严重影响分布函数的拟合度，为了消除年内各月份之间的自相关性，提出分别计算不同年份相同月份的 SPI 值，然后整合起来得到整个序列的 SPI 值。

设 X 表示月降水时间序列，X_w 表示 w 时间尺度的累积月降水序列，其中 $w=1,3,6,\cdots$，X_w^{mon} 表示某月份对应的 w 时间尺度的累积月降水序列，其中 mon 表示月份，mon=1, 2, 3, …, 12，依次表示 1～12 月。例如，X_6^8 表示 6 个月时间尺度的 3～8 月的累积降水序列，则 SPI 的计算公式可以表示如下：

$$\text{SPI}_w^{\text{mon}} = \phi^{-1}[F(X_w^{\text{mon}})] \qquad (2\text{-}25)$$

式中，F 为 Gamma 分布函数；ϕ^{-1} 为标准正态分布的反函数。

由于 SPI 基于标准正态分布，因此不同等级 SPI 干旱具有对应的理论发生概率，其等于特定干旱等级中 SPI 上、下限值的标准正态分布累积概率之差。SPI 对应的干旱等级及发生的概率见表 2-2。

表 2-2 SPI 干旱等级

SPI	干旱等级	发生概率
(−1.0, 0]	轻度干旱	0.341
(−1.5, −1.0]	中度干旱	0.092
(−2.0, −1.5]	重度干旱	0.044
≤−2.0	极端干旱	0.023

2.3.7　旋转经验正交函数

旋转经验正交函数（REOF）是在经验正交函数（EOF）分析的基础上，对特征向量进行极大方差正交旋转（魏凤英，2007），EOF 分离出要素的方差贡献率尽量集中在前几个特征向量上，其分离出的空间分布结构不能清晰地表示不同地理区域的特征，同时取样大小不同也会导致反映真实分布结构的相似度不同（姚蕊和陈子燊，2013）；REOF 可以克服这些局限性，更好地反映不同区域的变化和相关的分布状况。设气象场 $A = f(t, x)$，其中 t 为时间，x 为空间点的标号，以 A_{ij}（$i = 1, 2, \cdots, m$；$j = 1, 2, \cdots, n$）为第 j 次时间第 i 个空间点上气象要素的观测值。其中，m 为时间序列的长度，n 为测站数。观测资料矩阵 $A_{m \times n}$ 可分解为两部分：

$$A_{m \times n} = V_{m \times n} \times T_{m \times n} \tag{2-26}$$

式中，$V_{m \times n}$ 的每一列为矩阵 $\dfrac{1}{m} AA^{\mathrm{T}}$ 的归一化特征向量，A^{T} 为 A 的转置矩阵；矩阵 $T_{m \times n}$ 为特征向量的权重系数，将 $T_{m \times n}$ 标准化，记为 $\varLambda^{-2} T$，其中 $\varLambda$ 为 $\dfrac{1}{m} AA^{\mathrm{T}}$ 的特征值构成的对角阵。记 $L = V \varLambda^2$，则

$$A = V \varLambda^2 \varLambda^{-2} T = LF \tag{2-27}$$

式中，L 为因子荷载阵；F 为因子阵。按照方差极大正交转动原则，将 F、L 进行转动，使得 L 中各列元素平方的方差之和达最大。若取前 P 个因子，则使 S 达最大。

$$S = \sum_{j=1}^{p} \left[\frac{1}{n} \sum_{i=1}^{n} \left(\frac{l_{ij}^2}{h_t^2} \right)^2 - \left(\frac{1}{n} \sum_{i=1}^{n} \frac{l_{ij}^2}{h_t^2} \right) \right] \tag{2-28}$$

式中，$h_t^2 = \displaystyle\sum_{j=1}^{p} l_{ij}^2$；$l_{ij}$ 为矩阵 A 的元素。

2.3.8　Morlet 连续小波变换、交叉小波与小波一致性分析

本节采用 Morlet 小波作为基小波分析塔里木河流域的年径流量、年降水量和年均温，湿季（4～9 月）和干季（10 月至翌年 3 月）的年径流量、年降水量和年均温的周期变化特征，通过交叉小波变换和小波相干谱的分析，进一步揭示年径流量、年降水量和年均温的响应机制及反馈特征。

小波变换作为一种强有力的时间序列分析工具而得以广泛运用（Nakken，1999；Gamage and Blumen，1993），小波分析通过将时间序列分解到时-频空间而对时间序列的变化模式，以及这些变化模式随时间的变化特征进行研究。小波分

析较传统的傅里叶（Fourier）分析在时间序列分析方面有其独特的优势，其优势在于小波分析在时域与频域两个方面均具有良好的局部性质，能将信号分解成多尺度成分，并对各种不同尺度成分取同等步长，从而能够不断聚焦至所研究对象的任意微小细节。本章所用的母小波函数为 Morlet 小波，$\psi_o(\eta) = \pi^{-1/4}e^{i\omega_o\eta}e^{-\eta^2/2}$。该函数均值为 0，并且在时-频空间上具有很好的对称性（Farge，1992；Torrence and Compo，1998）。该函数的计算方法与计算过程简述如下：

假定要分析的时间序列为 x_n（$n=0$，…，$N-1$），δt 为时间间隔，$\psi_o(\eta)$ 为时间参数 η 的母小波函数，本章所用的母小波函数为 Morlet 小波，Morlet 小波在时-频空间有着良好的对称性且均值为 0（Farge，1992；Torrence and Compo，1998），Morlet 小波函数定义如下：

$$\psi_o(\eta) = \pi^{-1/4}e^{i\omega_o\eta}e^{-\eta^2/2} \tag{2-29}$$

式中，ω_o 为频率，本章中取值为 6，以满足相容性条件（Farge，1992；Torrence and Compo，1998）。对于离散时间序列 x_n 的连续小波变换，是将信号与某一尺度的子波[$\psi_o(\eta)$]进行卷积运算而实现的。

$$W_n(s) = \sum_{n'}^{N-1} x_n \psi * \left[\frac{(n'-n)\delta t}{s}\right] \tag{2-30}$$

式中，*表示复数共轭。在分析中引入影响锥（cone of influence，COI）概念，以消除小波变换中的边界效应，因为小波变换在时间域上并非完全局域化。影响锥以外的小波能量递减为影响锥边界值的 e^{-2}，并不再有显著能量值（Torrence and Compo，1998；Grinsted et al.，2004）。小波能量显著性的确定是假定所分析的信号是在给定能量谱（P_k）的条件下产生的平稳过程，许多地球物理量均有可被一阶自相关过程（AR1）所模拟的红噪声特征。一阶自相关（α）AR1 的功率谱值可由式（2-27）得出（Grinsted et al.，2004；Allen and Smith，1996）：

$$P_k = \frac{1-\alpha^2}{|1-\alpha e^{-2i\pi k}|^2} \tag{2-31}$$

式中，k 为 Fourier 频率指数。Torrence 和 Compo（1998）运用 Monte Carlo 模拟研究认为，在给定功率谱值（P_k）的情况下，小波功率大于 p 的概率可由式（2-31）确定：

$$D\left[\frac{|W_n^X(s)|^2}{\sigma_X^2} < p\right] = \frac{1}{2}p_k\chi_v^2(p) \tag{2-32}$$

式中，当 $v=1$ 时为实数形式的小波，当 $v=2$ 时为复数形式的小波。

对于相位关系，通过确定在小波能量大于 95%置信度水平区域中的平均相位弧度值来确定。角度值（a_i，$i=1$，…，n）的平均弧度值可根据式（2-29）计算得出（Zar，1999）：

$$a_m = \arg(X, Y) \tag{2-33}$$

式中，$X = \sum_{i=1}^{n} \cos a_i$；$Y = \sum_{i=1}^{n} \sin a_i$。

交叉小波分析揭示了两时间序列拥有相同小波能量的区域。对于两时间序列的协方差，Torrence 和 Compo（1998）用小波变换 W_X 与 W_Y 定义了两时间序列的交叉谱：

$$W_{XY}(s,t) = W_X(s,t) W_Y^*(s,t) \tag{2-34}$$

式中，*表示复数共轭；W_{XY} 的相位角描述了 X 与 Y 在时-频空间的相位关系，用红噪声模型对其显著性进行统计检验。

交叉小波变化仅可以揭示两个时间序列共同的高能量区，并不能很好地揭示时-频空间中两个时间序列的低能量区。小波相干谱能很好地弥补交叉小波变换的不足，度量低能量区域两者的显著相关性。定义两个时间序列 X 和 Y 的小波相干谱为（Torrence and Webster，1999）

$$R_n^2(s) = \frac{\left| S\left[s^{-1} W_n^{XY}(s) \right] \right|^2}{S\left[s^{-1} \left| W_n^X(s) \right|^2 \right] \cdot S\left[s^{-1} \left| W_n^Y(s) \right|^2 \right]} \tag{2-35}$$

并运用 Monte Carlo 模拟，确定基于红噪声标准谱的小波一致性显著性检验（95%置信度水平）。在式（2-31）中，S 为函数按某一尺度进行平滑计算（Torrence and Webster，1999），其算法如下：

$$S_{\text{time}}(W)\big|_s = \left[W_n(s) * c_1^{\frac{-t^2}{2s^2}} \right]\bigg|_s \tag{2-36}$$

$$S_{\text{time}}(W)\big|_s = \left[W_n(s) * c_2 \prod(0.6s) \right]\big|_s \tag{2-37}$$

式中，c_1 与 c_2 为标准化常数；$\prod$ 为直角函数；0.6 为经验系数（Torrence and Webster，1999）。

第3章 基于信息熵的新疆降水时空变异特征研究

3.1 新疆降水量的年、季变异性

从图 3-1 可以看出，新疆年降水序列空间变异性小于季节序列；与其他季节相比，南疆南部，即昆仑山山脉一带秋季降水量变异性最大，其他季节降水量变异性相差不大；南疆其他地区以冬季降水量变异性最大，而春季与秋季降水量变异性次之，夏季最小；北疆冬季降水量变异性最大，夏季次之，春季与冬季最小。

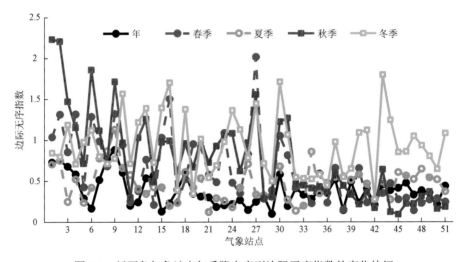

图 3-1   新疆各气象站点年季降水序列边际无序指数的变化特征

图 3-2 为年均降水量与年降水序列边际无序指数空间分布图。从图 3-2（a）可以看出，以天山山脉为界，北疆年降水量远大于南疆年降水量，其中北疆西部年降水量最大，北疆中部及东部地区次之。然而，从年降水量序列边际无序指数空间分布可以看出，准噶尔盆地与天山山脉的边际无序指数较小，而塔里木盆地西南部与昆仑山山脉边际无序指数较大，其中，天山南坡的边际无序指数最小，而昆仑山北坡的边际无序指数最大。年降水量较大的地区，年降水序列表现出较小的无序性，年降水量与年降水序列的无序性有一定的负相关关系。

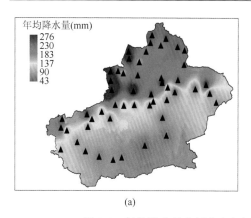 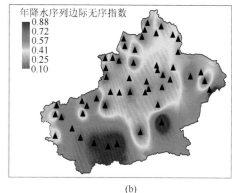

(a)　　　　　　　　　　　　　　(b)

图 3-2　年均降水量空间分布与年降水序列边际无序指数空间分布

　　表 3-1 为各站不同时间序列的边际无序指数的部分统计量。从表 3-1 中也可以得出，年边际无序指数的标准差和极差比各季小；而与组成季节的各月份的边际无序指数对比，各季节均表现出较小的边际无序指数。

表 3-1　年、季、月降水序列边际无序指数的部分统计量

时间	最小值	最大值	平均值	标准差	极差
春季	0.1383	2.0131	0.6279	0.4157	1.8748
3 月	0.2559	2.7597	1.3891	0.7243	2.5038
4 月	0.1301	2.5447	1.1651	0.7265	2.4145
5 月	0.0905	2.3286	0.9064	0.5756	2.2382
夏季	0.1179	1.1264	0.4653	0.2072	1.0085
6 月	0.1827	1.6193	0.7722	0.3463	1.4366
7 月	0.0754	1.7229	0.7871	0.3921	1.6475
8 月	0.1693	2.1658	0.8470	0.4240	1.9965
秋季	0.0923	2.2313	0.7647	0.5245	2.1390
9 月	0.2017	2.4247	1.0201	0.6025	2.2230
10 月	0.1823	2.7997	1.3060	0.7797	2.6175
11 月	0.1643	2.9394	1.4649	0.9069	2.7751
冬季	0.2743	1.7952	0.9248	0.3660	1.5208
12 月	0.2897	2.5224	1.3623	0.7434	2.2327
1 月	0.2203	2.6607	1.3088	0.5841	2.4405
2 月	0.4986	2.6607	1.3735	0.6539	2.1622
年	0.0968	0.8819	0.3822	0.1837	0.7851

3.2　新疆降水量的季节变异性

图 3-3 显示各季节降水量的边际无序指数空间分布，从图 3-3 中可以看出，春季降水量边际无序指数由东南向西北递减，大致以天山为界，北疆边际无序指数低于南疆；夏季降水量边际无序指数较大的地区主要为新疆边缘地区，边际无序指数较小的地区在新疆中部，主要为天山大部分地区，但南疆南部及北疆东北部也存在少数站点，其夏季降水量边际无序指数较小；秋季降水量边际无序指数空间分布与春季大致相同，但最高值比春季高，且最高值的站点集中在昆仑山山脉一带；冬季降水量边际无序指数无明显的空间分布规律，但仍以天山为界，北疆区域冬季降水量边际无序指数以低值为主，而南疆以高值为主。天山西部与准噶尔盆地中部的降水量边际无序指数较小，其余地方降水量的边际无序指数较高。

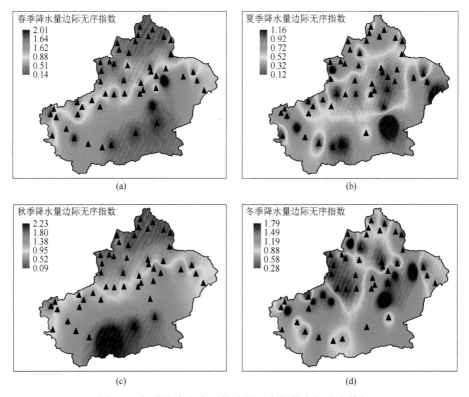

图 3-3　各季节降水序列的边际无序指数空间分布特征

相关研究表明，降水量的增加一方面有利于区域生态与环境的改善，另一方面也带来洪水灾害（姜逢清等，2002a）。然而，降水量增加在时空上存在的差异会导致洪旱灾害出现不同的时空分布特征。除少数站点外，四季的南疆降水量边际无序指数比较高。降水量边际无序指数越高，表明降水越不稳定，降水极有可能聚集在某一时间段发生，而其他时间段则无降水，与之相应的洪水干旱也随即发生。这种水资源量的不稳定性既不利于区域农业灌溉，也容易导致农业经济损失。

3.3 新疆降水量的月变异性

图 3-4 为新疆 51 个气象站点各季节及各月降水量边际无序指数。从图 3-4（a）可以看出，全疆范围内春季降水量的边际无序指数小于各月降水量的边际无序指数，对春季降水量的边际无序指数贡献最大的月份为 3 月，南疆春季降水量边际无序指数普遍比北疆高，但各月降水量边际无序指数相差较小；夏季各月降水量边际无序指数无明显差异；南疆秋季降水量边际无序指数较大的月份为 11 月，较小的月份为 9 月，所以 11 月对秋季降水量边际无序指数的贡献较大，而北疆各月降水量边际无序指数无较大差异；冬季各月降水量边际无序指数无明显差异。

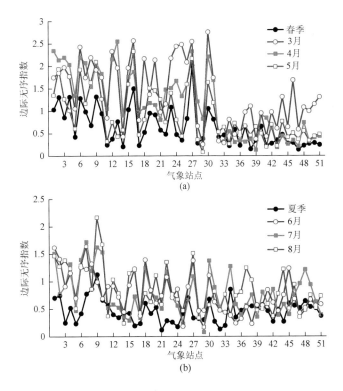

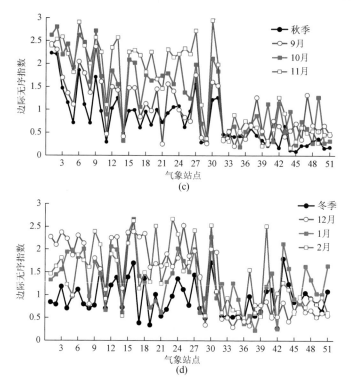

图 3-4　新疆春夏秋冬各季及各月降水序列的边际无序指数的比较

　　可见，南疆降水不稳定主要集中在 3 月和 11 月，而对于农业生产比较重要的春、秋季，降水不稳定会导致洪旱灾害风险增大，不利于农业生产。相反，北疆各月的降水量边际无序指数普遍偏小，表明其降水比南疆稳定。据资料显示，北疆的易旱季节主要是夏旱和春夏连旱，主要种植小麦、棉花等作物及果园。北疆降水稳定有利于农业需水量的储存，这对于新疆林果业和种植业有积极影响。

3.4　新疆年降水时空分布特征

3.4.1　年降水量与降水天数时间变异性

　　图 3-5 为新疆 51 个气象站点 1960～2010 年逐年降水平均分配无序指数（MADI）。由图 3-5（a）可以看出，1965～1973 年降水年内分配差异较大；2001～2006 年降水年内分配不均匀性较小。降水年内分配不均会导致洪旱灾害风险增加，因此可以判断 1965～1973 年发生洪涝及干旱灾害的可能性较大。姜逢清等（2002a）研究发现，新疆 20 世纪 60 年代中期至 70 年代中期洪灾面积最小、旱灾

面积次之,可以断定 1965～1973 年各月降水量年内分配差异较大的具体原因为降
水量减少且时空分布不均,所以导致 1965～1973 年新疆旱灾比洪灾严重。强度无
序指数主要表示某年降水天数在不同月份分布的变异性,某时段强度无序指数越
大,表明该时段降水天数分布变异性越大。由图 3-5(b)可以看出,新疆降水天
数分布变异较高的年份分别为 1965 年、1968 年、1997 年和 2007 年。其中,1997
年降水天数分布变异最高,表明 1997 年降水天数分布变异性最大,这与张强等
(2011)研究得出的结论相一致,即从 1987 年开始,新疆最大连续降水天数增
加,有走向极端的趋势。由此可见,降水天数与降水量年内分布不均在时间尺度
上相近。

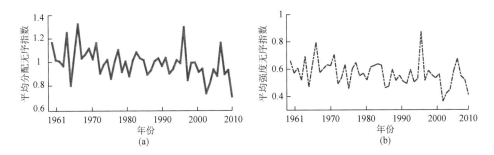

图 3-5 新疆逐年降水平均分配无序指数与逐年降水天数平均强度无序指数的变化

吴友均等(2011)发现,新疆 20 世纪 80 年代中前期主要发生洪涝灾害,80
年代中期至 90 年代中期洪涝灾害与干旱灾害相当,且交替出现,90 年代中期后
则以干旱灾害为主。这与图 3-5 所示 3 个时期大致相对应:1965～1973 年降水天
数无序指数较高,1980～1990 年降水天数平均强度无序指数(MIDI)波动频繁,
1998 年以后出现峰值且波动较大,表明降水量平均分配无序指数和降水天数平
均强度无序指数越大,降水的时间分配越不均匀,极易导致洪涝、干旱灾害的
发生。

3.4.2 年降水量与降水天数空间分布变异性分析

图 3-6 为平均分配无序指数的空间分布及各站点降水量对总降水量贡献率的
空间分布特征。由图 3-6(a)可以看出,新疆降水量平均分配无序指数由新疆南
部到北部呈显著减小趋势,表明南疆地区存在较为明显的年内分配不均的特征。
从降水量对区域总降水量的贡献[图 3-6(b)]可以看出,各站点降水量的对区域
总降水量的贡献具有由新疆南部到北部增大的特征,表明降水量较小的区域降水
年内分配更不均匀。

图 3-7 显示新疆降水天数平均强度无序指数的空间分布特征及各站点降水天数对总降水天数贡献率的空间分布特征。由图 3-7（a）可以看出，新疆降水天数平均强度无序指数呈现出由新疆南部到北部减小的基本态势，说明南疆地区存在较为明显的降水天数年内分配不均的特征。从各站点降水天数对区域总降水天数的贡献率［图 3-7（b）］可以看出，降水天数所占比例呈现出由新疆南部到北部增大的趋势，降水天数与降水量的年内分配不均匀性在空间上表现出较好的一致性。总体而言，降水量和降水天数比例越大，降水量平均分配无序指数和降水天数平均强度无序指数就越小。相比北疆而言，南疆降水更为不稳定，表明南疆降水时间较为集中，易发生洪旱灾害等极端气象事件，这将对区域水资源管理及农业生产灌溉产生负面影响，并易造成农业生产损失。

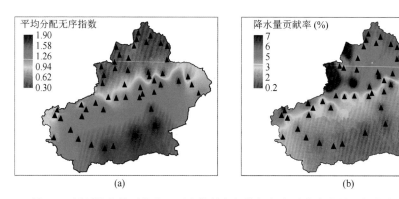

图 3-6　新疆降水量平均分配无序指数空间特征与各站点降水量贡献率空间特征

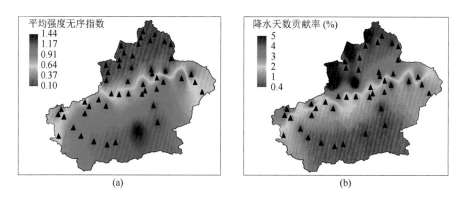

图 3-7　新疆降水天数平均强度无序指数空间分布与各站点降水天数贡献率空间特征

3.5　新疆降水年代变异性分析

本章将新疆降水时间段分为 5 段：1961～1970 年、1971～1980 年、1981～1990

年、1991~2000 和 2001~2010 年，计算并得出不同时段的降水量平均分配无序指数和降水天数平均强度无序指数（图 3-8）。由图 3-8 可以看出，降水量与降水天数年代变异性特征基本一致。从季度尺度来看，1961~1970 年与 1991~2000 年春、秋季降水量与降水天数变异性较高；从月尺度来看，所有年代 1~3 月降水量与降水天数变异程度较高，而 4~8 月变异程度有下降趋势，9~11 月又呈现出明显上升的趋势，最后在 12 月有回落迹象，表明新疆 1~4 月和 9~11 月的降水量和降水天数变异性明显高于其他月份。

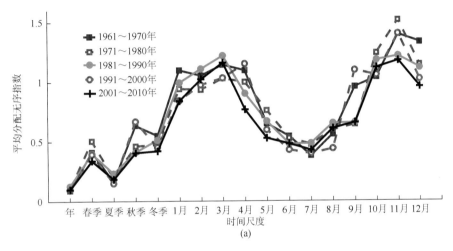

(a)

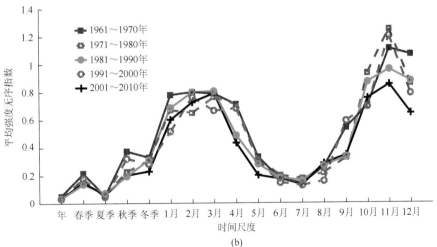

(b)

图 3-8　新疆各年代不同时间尺度上降水量平均分配无序指数与降水天数平均强度无序指数

　　纵观不同时间尺度的降水量平均分配无序指数和降水天数平均强度无序指数，随着时间的推进，降水不稳定性有下降趋势，说明近 10 年降水分布比以往

50 年更均匀，对于农业灌溉和水资源管理有着重要意义。从年内分布看，春、秋季的降水仍不稳定，洪旱灾害较易在 2～4 月和 10～12 月这两个时段内发生，因此，在这两个时段需进一步完善洪旱预测系统及水资源管理，强化这两个时段的防洪抗旱，减少洪旱灾害对农业生产造成的损失。

3.6　年降水变化分配熵无序指数趋势性分析

图 3-9 为新疆各站点年降水序列无序性变化趋势，可以看出，大部分站点年降水序列无序指数呈下降趋势，呈下降趋势的站点有 43 个，占总站点数的 84%，其中通过显著性检验的站点有 30 个，占总站点数的 58.8%，而呈上升趋势的站点有 8 个，占总站点数的 16%，其中通过显著性检验的站点有 1 个，占总站点数的 2%。呈显著下降的站点主要分布在南疆南部、天山地区和北疆北部，由此可见，新疆大部分地区降水的无序性将有所减弱，降水有着时空分布均匀化的趋势，干旱与洪涝发生的概率将会减小，从而有利于新疆大部分地区的农业生产和水资源管理。

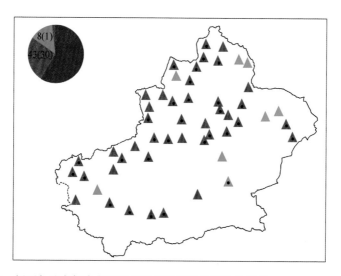

图 3-9　新疆各站点年降水序列分配熵无序指数变化趋势的 Mann-Kendall 检验

图中圆形内绿色表示增加趋势站点数；红色表示减小趋势的站点数；阴影表示显著趋势变化站点数
（置信水平为 95%）

第4章 基于 TRMM 3B43 卫星降水数据的新疆地区降水时空特征研究

本章节中，首先利用该区 51 个气象站点的实测降水，对 TRMM 3B43 V7 版本（下文简称 TRMM）降水数据在月、季、年时间尺度下进行空间分布分析，验证该卫星数据在新疆的可靠性和代表性；其次，定量分析高程与坡度对降水反演数据精度的影响。

4.1 数据时间尺度精度检验

4.1.1 月降水量检验

以 1998～2010 年新疆区内 51 个气象站点的实测月均降水量为自变量，气象站点所对应的 TRMM 月均降水量为因变量，通过一元线性回归方程的构建，对 TRMM 月均降水量的有效性进行检验（图 4-1）。

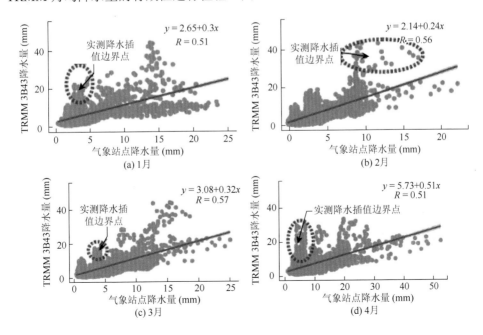

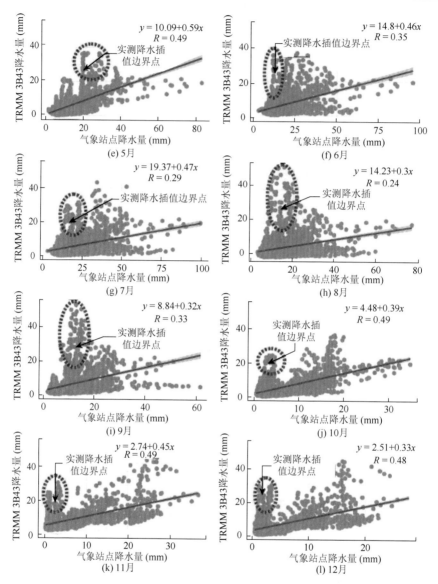

图 4-1 1998～2010 年新疆地区 TRMM 月均降水量与气象站点实测月均降水量散点趋势

从图 4-1 可以看出，大部分月份的相关系数 R 为 0.5 左右，表示多数月份拟合效果相近，3 月的相关系数 R 最大，为 0.57，拟合效果较好，说明卫星数据与实测值离散程度较其他月份小，而相关系数 R 最小的月份为 8 月，仅为 0.24，说明 8 月 TRMM 降水量与地面气象站点实测降水量有较大差别。造成 TRMM 降水量与地面气象站点实测降水量拟合效果普遍不好的原因是气象站点降水数据的插值存在站点分布与站点数量的问题，插值边界往往与实际降水有较大误差。图 4-1 中虚线圆圈标记点为实测降水插值边界点,其影响了卫星数据与实测值的拟合效果,导致卫星降水量与气象站点实测降水量的一致性发生偏差。从图 4-1 还可以看出,每个月一元线性回归方程的斜率都小于 1,说明 TRMM 月均降水量少于气象站点实测月均降水量。

4.1.2　季降水量检验

新疆属温带大陆性气候,夏季短且炎热,冬季长且严寒,春秋季天气变化剧烈,因而需要通过气象站点各季平均降水量对 TRMM 各季平均降水量进行精度检验。将 1998~2010 年新疆区内 51 个气象站点的降水数据按季节(春季:3~5 月;夏季:6~8 月;秋季:9~11 月;冬季:12 月至翌年 2 月)计算,并与 TRMM 对应同期的降水数据进行线性拟合(图 4-2)。

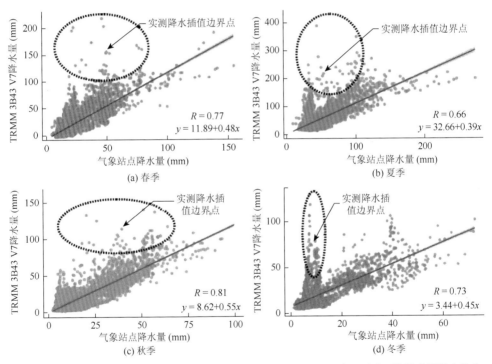

图 4-2　1998~2010 年新疆地区 TRMM 季节平均降水量与气象站点实测季节平均降水量散点趋势

从图 4-2 可以看出,秋季拟合效果最好(相关系数 R=0.81),其次为春季、冬季,夏季的拟合效果最差(相关系数 R=0.66)。4 个季度的相关系数都大于 0.5,说明 TRMM 降水数据能够较好地反映季节降水的特点。辛渝等(2009)采用新疆 88 个测站 1961~2006 年的月降水资料,通过 EOF 和 REOF 结合的方法,得出新疆大部分地区 1986 年后夏季降水量显著偏多,这与其上空大气可降水量(APW)

的增加有关。夏季降水不稳定，导致估算 TRMM 夏季降水数据时容易出现较大误差，从而造成夏季降水量检验精度不高。另外，图 4-2 中虚线圆圈标记点为实测降水插值边界点，其影响了卫星数据与点实测值的拟合效果，导致卫星降水量与气象站点实测降水量的一致性偏小。从图4-2还可以看出，各季一元线性回归方程的斜率都小于 1，说明 TRMM 季节平均降水量少于气象站点实测季节平均降水量。

4.1.3　年降水量检验

图 4-3 是 TRMM 年均降水量与新疆地区（东疆、北疆和南疆）51 个气象站点年均降水量的线性拟合图（图 4-3）。

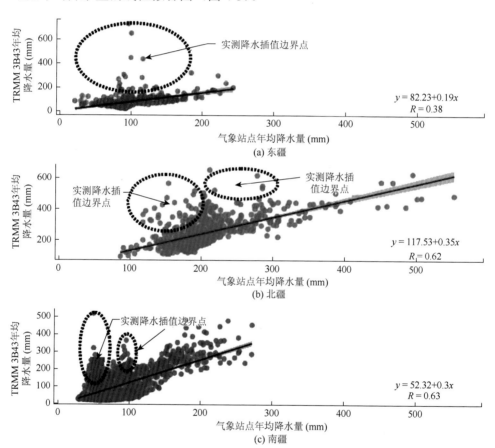

图 4-3　1998～2010 年新疆地区 TRMM 年均降水量与气象站点实测年均降水量散点趋势

从图 4-3 可以看出，南疆拟合效果最好（相关系数 $R=0.63$），其次为北疆（相关系数 $R=0.62$），而东疆拟合效果最差（相关系数 $R=0.38$）。从气象站点分布来看，位于东疆的站点数量最少，因此利用东疆气象站点实测年均降水量插值与 TRMM 年均降水量进行精度检验会出现较大误差。位于北疆和南疆的气象站点多数靠近山脚附近，处于准噶尔盆地和塔里木盆地的气象站点很少，因此利用气象站点实测年均降水量插值也会较多地实测插值边界点，这与 TRMM 所对应的栅格年均降水量有较大误差，导致了在年尺度下新疆 3 个分区 TRMM 对实测数据的拟合优度偏低。由此也可以得出，实测气象站点空间分布情况直接决定降水空间特征研究的不确定性。从图 4-3 还可以看出，东疆、北疆和南疆的一元线性回归拟合方程的斜率分别为 0.19、0.35 和 0.3，说明 TRMM 年均降水量比气象站点实测年均降水量少。

4.2　数据个体精度检验

4.2.1　均方差误差检验

图 4-4 为 3 个时间尺度下 TRMM 降水数据与气象站点实测降水数据之间的均方根误差（RMSE）的空间分布图。

RMSE 表示 TRMM 降水数据的误差大小，RMSE 越小表示误差越小。从图 4-4（a）可以看出，在月尺度下，47 个气象站点实测降水数据与 TRMM 降水数据之间的 RMSE 小于 20%，表明 TRMM 降水数据在月尺度下的误差很小，精度较好，在一定程度上能反映 TRMM 降水数据的准确性；从图 4-4（b）可以看出，在季尺度下，TRMM 降水数据与气象站点实测降水数据之间的 RMSE 比月尺度大，有 32 个气象站点的 RMSE 介于 20%~50%，有 4 个气象站点的 RMSE 介于 50%~80%，有 2 个气象站点的 RMSE 达到 80% 以上，说明在季尺度下，TRMM 降水数据与气象站点实测降水数据的误差开始增大；从图 4-4（c）可以看出，在

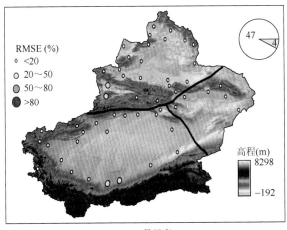

(a) 月尺度

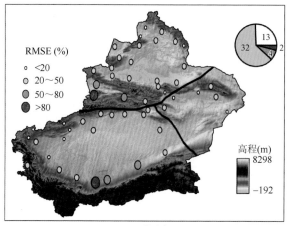

(b) 季尺度

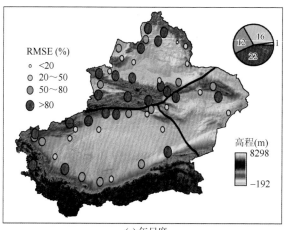

(c) 年尺度

图 4-4　3 个不同时间尺度下 TRMM 降水数据与气象站点实测降水数据之间的
RMSE 空间分布图

图中的饼状图表示 RMSE 划分的 4T 等级的站点数

年尺度下，22 个气象站点的 RMSE 达到 80%以上，12 个气象站点的 RMSE 介于 50%～80%，表明新疆超过一半的气象站点的实测降水数据与 TRMM 降水数据出现较大误差，一致性较差。TRMM 的时间分辨率为 1 个月，所以在月尺度下，实测降水数据的 RMSE 比其他尺度要小，但由于误差具有累积性，所以随着时间尺度的增加，TRMM 降水数据与气象站点实测降水数据的 RMSE 逐渐增大。

4.2.2　百分比偏差检验

图 4-5 为 3 个不同时间尺度下 TRMM 降水数据与气象站点实测降水数据之间

的百分比偏差（PBIAS）空间分布图。从图 4-5 中可以看出，在月尺度下，南疆大部分气象站点所对应的 TRMM 网格降水数据比实测降水数据大，且 12 个气象站点的 PBIAS 大于 60%，而北疆所有气象站点所对应的 TRMM 网格降水数据比实测降水数据小，且多数气象站点 PBIAS 小于–60%，表明在月尺度下，卫星数据对实测数据的检验结果较差；在季尺度下，气象站点 PBIAS 的分布情况与月尺度气象站点 PBIAS 的分布情况相似，|PBIAS|>60% 的气象站点减少了，说明随着时间尺度的增大，卫星数据对实测数据的检验结果稍微提高；在年尺度下，只有 5 个气象站点|PBIAS|>60%，卫星数据对实测数据的检验结果明显提高，有 29 个气象站点|PBIAS|小于 30%，其中 TRMM 降水数据比气象站点实测数据大的站点有

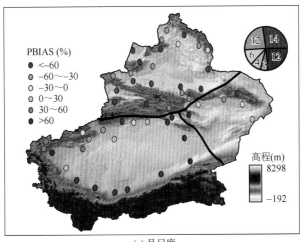

(a) 月尺度

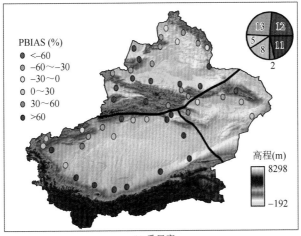

(b) 季尺度

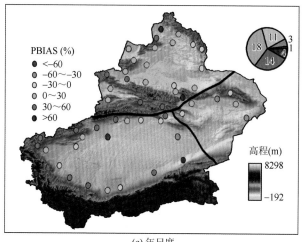

(c) 年尺度

图 4-5　3 个不同时间尺度下 TRMM 降水数据与气象站点实测
降水数据之间的 PBIAS 空间分布图

图中的饼状图表示 PBIAS 划分的 6 个等级的站点数

18 个，多数位于北疆北部，而 TRMM 降水数据比气象站点实测数据小的站点有 11 个，则这 29 个站点所对应的卫星数据对实测数据的检验较为满意。|PBIAS|介于 30%～60%的站点有 17 个，其中卫星数据比实测数据大的站点有 14 个，多数位于南北疆的分界线——天山，而卫星数据比实测数据小的站点有 3 个，位于东疆和南疆东部。

综合以上精度检验结果可知，总体上，新疆地区 TRMM 降水数据和气象站点实测降水数据之间具有良好的一致性。随着时间尺度的增大，研究区内的卫星数据与实测数据之间的 PBIAS 逐渐减少，但由于误差的累积性，RMSE 逐渐变大了。因此，在利用 TRMM 降水数据进行水文预报、水文过程模拟和水资源评价等时，要考虑 TRMM 降水数据与实测数据的精度关系，根据实际情况来选择合适的时间尺度，从而得到最优的模拟结果。

4.3　高程和坡度对 TRMM 降水数据的影响

新疆地区地貌类型复杂，山脉与盆地相间排列，北疆有阿尔泰山与准噶尔盆地，南疆有昆仑山系与塔里木盆地，天山横亘于新疆中部，形成巨大的高程落差，"三山夹两盆"地形是其最显著的特征。考虑到地形因素对降水数据也有一定程度的影响，因此本章对高程、坡度两个地形因子与 TRMM 数据精度的关系进行分析。

4.3.1　高程对 TRMM 降水数据的影响

　　从新疆高程图来看，总体上南疆南部的昆仑山系一带向塔里木盆地递减，再向新疆中部天山递增，再向北疆准噶尔盆地递减，最后向北疆北部阿尔泰山一带递增。以研究区气象站点所在网格的平均高程为自变量，以 TRMM 降水数据与气象站点实测降水数据之间的相关系数 R 为因变量，做三次多项式回归分析 [图 4-6（a）]，两者关系较为复杂，拟合优度为 0.168，呈现出一般的三次关系特征，即随着高程的升高，相关系数 R 呈现出增加—减少—增加的变化趋势。以研究区气象站点所在网格的平均高程为自变量，以 TRMM 降水数据与气象站点实测降水数据之间的|PBIAS|为因变量，做二次多项式回归分析 [图 4-6（b）]，两者的拟合优度为 0.305，从图 4-6（b）中可以看出，随着高程的升高，|PBIAS|也随之增大。

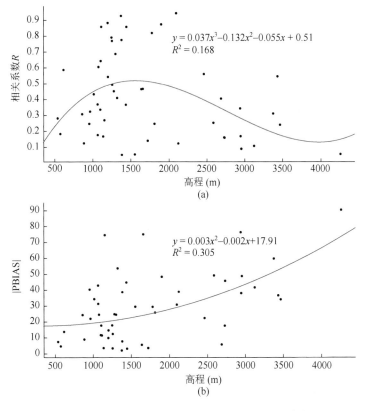

图 4-6　新疆地区高程与相关系数 R、|PBIAS|的散点图

从图 4-6（a）、（b）的对比分析可知，高程为 1000～1500m 时，相关系数 R 增大，|PBIAS|也呈增大趋势；而高程为 2500～3500m 时，相关系数 R 缓慢减少，而|PBIAS|却仍在增大。其可能的原因如下：①巨大的高程落差，新疆地区特殊的地形"三山夹两盆"，南北山峰耸立，中间盆地海拔低，形成相对高程差 3000m 以上的山地景观；②气候变异显著，张强等（2011）认为，北疆容易发生极端强降水，南疆容易发生极端弱降水，山区容易发生长历时强弱降水，平原容易同时发生从降水总量定义的极端强降水和极端弱降水；③高山地貌影响了新疆降水天气系统的主要移动路径、四季平均流场特征（李江风，1991），以及南北疆降水的两条重要水汽输入（张学文和张家宝，2006）路径等。综上所述，尽管 TRMM 降水数据经过了全球降水气候中心（Global Precipitation Climatology Centre，GPCC）与气候异常监测系统（Climate Anomaly and Monitoring System，CAMS）地面气象站点的订正（George，2007），但是在气候降水变异强烈的新疆地区，在缺乏稠密观测站点的情况下进行的数据订正质量明显偏低。

4.3.2　坡度对 TRMM 降水数据的影响

坡度的空间分布呈现出与高程相似的趋势，其中天山中部的坡度与南疆南部昆仑山的坡度出现高值，塔里木盆地、准噶尔盆地与东疆的坡度较缓。总体而言，坡度由南向北呈现出高—低—高的变化趋势（图 4-7）。

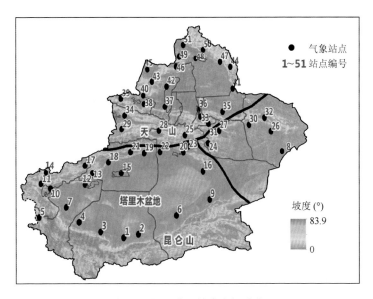

图 4-7　新疆地区坡度空间分布

以新疆气象站点所在网格的平均坡度为自变量，以 TRMM 降水数据与气象站点实测降水数据之间的相关系数 R 为因变量，做有理数逼近，两者的拟合优度为 0.123，即随着坡度的升高，相关系数 R 呈现出增加—减少—增加的变化趋势。以研究区气象站点所在网格的平均坡度为自变量，以 TRMM 降水数据与气象站点实测降水数据之间的|PBIAS|为因变量，做三次多项式回归分析，两者的拟合优度为 0.168，随着坡度的增大，|PBIAS|逐渐增大，接着又有小幅度的减少，之后随着坡度的继续增大，|PBIAS|明显增大。

第 5 章　基于多源遥感数据的新疆地区降水空间降尺度研究

降水作为全球水文循环、生态系统、地表物质和气象水文时空演变等过程中最为活跃的要素，决定了一个地区的水热量情况，是气候分析、水资源评价和水文模型等计算研究中必不可少的输入参数（Zhang et al.，2011b；刘俊峰等，2011），因此，高空间分辨率降水数据对于了解区域降水时空分布特征具有重要意义（马金辉等，2013）。图 5-1 为 TRMM 与气象站点的年均降水量对比图，除了 2008 年外，其余年份 TRMM 年均降水量均比气象站点实测年均降水量小，而且从 2008 年开始，TRMM 降水数据和气象站点实测数据均显示新疆降水量呈上升趋势。

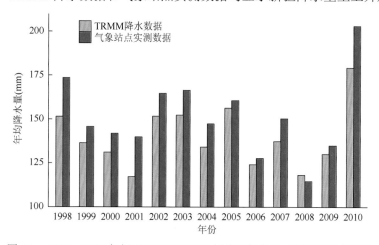

图 5-1　1998～2010 年新疆 TRMM 3B43 与地面气象站点年均降水量对比

5.1　TRMM 3B43 与实测降水数据对比

图 5-2 为 1998～2010 年新疆地区 TRMM 3B43 和气象站实测数据的降水发生率和降水贡献率。从图 5-2 可以看出，除 2007 年和 2010 年外，TRMM 降水量在（0, 3]发生率最高，占 30%～40%，其次为（3, 10]，大约占 25%，随着降水量的增大，降水发生率呈下降趋势。气象站点实测降水发生率最高的区间为（3, 10]，占 35%～40%，其次为（10, 25]，约占 20%。另外，TRMM 降水贡献率相对于气象站点实测降水贡献率的分布较为平缓，TRMM 尽管强降水发生率较小，但对年总降水量的贡献比气象站

点实测降水的贡献率大，而气象站点实测降水对年总降水量的贡献主要集中在（10, 25]。对于降水量大于 50mm 的强降水，TRMM 3B43 对其发生率敏感度较高，雷阵雨极易导致暴雨和山洪，进而威胁到人类的正常生活和经济活动，其对于山洪预报、避洪转移等具有重要的指导意义。然而，新疆地区面积广阔，地形复杂，仅靠 0.25°×0.25°分辨率的 TRMM 降水数据预测新疆降水空间分布的精度与实际情况将会有较大误差，因此有必要对 TRMM 降水数据进行降尺度来提高数据精度。

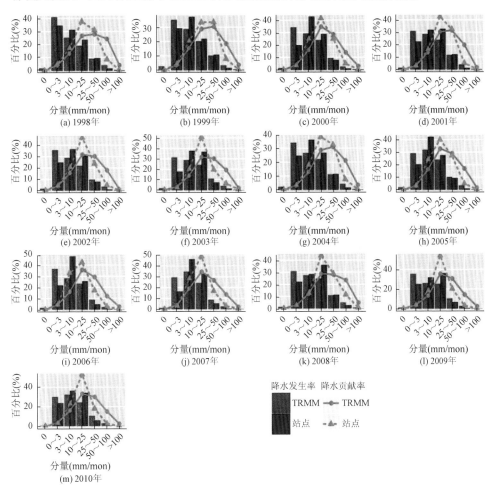

图 5-2　1998～2010 年新疆地区 TRMM 3B43 和气象站点实测数据的降水发生率和降水贡献率

5.2　NDVI 与 TRMM 回归模型

经计算，得到 1998～2010 年新疆地区年均降水量与年均 NDVI（图 5-3）。从图 5-3（a）可以看出，新疆自南向北降水量呈增加趋势，强降水主要集中在天山

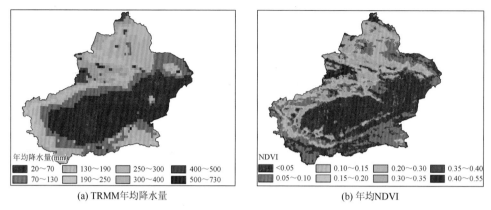

(a) TRMM年均降水量　　　　　　　　　　(b) 年均NDVI

图 5-3　1998～2010 年新疆地区 TRMM 年均降水量和年均 NDVI

一带及北疆北端，年均降水量达到 500mm 以上，而南疆中部及东疆年均降水只有 20～70mm，不适合植被生长；从图 5-3（b）可以看出，NDVI 在南疆中部及东疆均小于 0.05，表示地表无植被覆盖，如建设用地、裸土、沙漠、戈壁，而天山西北部与北疆北端的 NDVI 都大于 0.40，表示该区域有植被覆盖，降水量丰富。由此可见，植被 NDVI 分布与卫星降水量分布具有相似的空间分布格局。

图 5-4 为 6 种不同空间尺度的幂函数回归方程拟合效果，横坐标为年均 NDVI，纵坐标为 TRMM 年均降水量。从图 5-4 可以看出，在所有空间尺度中，NDVI 和降水量都呈明显的相关性。由于新疆大部分地区是沙漠和戈壁，介于 0～0.1 的 NDVI 最密集，与之对应的年均降水量不足 200mm。当 NDVI 大于 0.2 时，TRMM 年均降水量达到 300～600mm。鉴于 TRMM 年均降水量主要集中在 NDVI 为 0.2～0.4 的区域，由此可以得出，NDVI 可用于 TRMM 3B43 降水产品的降尺度分析。

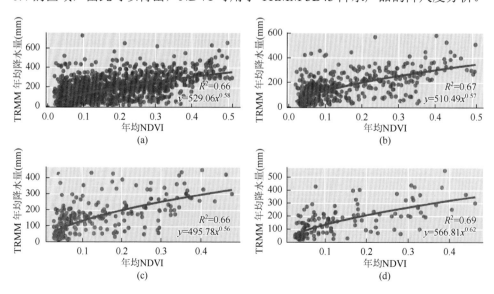

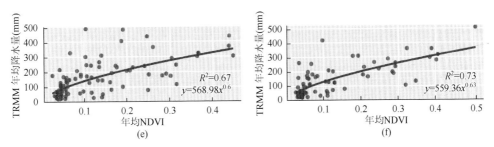

图 5-4 不同空间尺度下 1998~2010 年年均 NDVI 与 TRMM 年均降水量的回归拟合

(a) 0.25°×0.25°；(b) 0.50°×0.50°；(c) 0.75°×0.75°；(d) 1.00°×1.00°；(e) 1.25°×1.25°；(f) 1.50°×1.50°

在 0.25°×0.25°空间尺度上，本章对 NDVI 与 TRMM 两种数据进行了 4 种回归方程拟合，结果显示，幂函数拟合效果最佳，其余回归方程次之（幂函数 $R^2 = 0.66$，线性回归 $R^2 = 0.44$，二次多元回归 $R^2 = 0.51$，指数方程 $R^2 = 0.41$）。因此，本章采用幂函数作为 NDVI 和 TRMM 的拟合方程。从图 5-4 可以得出，相关系数 R^2 在 6 种不同空间尺度的范围为 0.66~0.73，1.50°×1.50°分辨率相关系数达到最大，为 0.73，其次是 1.00°×1.00°，相关系数为 0.69。但 Duan 和 Bastiaanssen（2013）考虑到分辨率的降低会造成影像像元数量减少，像元的减少又会影响到最后回归模型构建的统计学意义，因此误差较大。Jia 等（2011）在中国柴达木盆地也分别研究了不同分辨率下的降尺度算法，发现并非 R^2 值越高越好，恰恰相反的是 R^2 最低的 0.50°×0.50°分辨率效果最优。因此，本章采用 R^2 为 0.69 的 1.00°×1.00°分辨率下的幂函数回归方程。需要注意的是，幂函数在不同尺度时，a 和 b 系数差别并非很大，而且 NDVI 与 TRMM 存在明显的相关关系，NDVI 所反映的植被可以当作 TRMM 降水的积累。然而，NDVI 与 TRMM 不可能存在一个完美的回归拟合，主要受制于测量卫星的运行轨道、测量时的大气条件和不完善的检索算法。

5.3 降尺度分析

通过选择分辨率为 1.00°×1.00°的幂函数拟合方程进行降尺度分析：

$$P_e(\text{NDVI}_{\text{LR}}) = 566.81 \times \text{NDVI}_{\text{LR}}^{0.62} \tag{5-1}$$

本章得到 0.25°×0.25°分辨率年均 NDVI 估算的 TRMM 年均降水量，其空间分布如图 5-5（a）所示。结合图 5-5（a）和图 5-3（a）可以看出，估算得到的 TRMM 年均降水量空间分布与 0.25°×0.25°分辨率原始 TRMM 年均降水量空间分布具有一定的相似性，都是南疆降水少北疆降水多，但估算得到的最大 TRMM 年均降水量比原始数据小，北疆与天山湿润范围比原始数据大。由此可见，基于低分辨率估算的 TRMM 年均降水量与原始数据有明显差距。图 5-5（b）为 0.25°×0.25°分辨率下年均 TRMM 残差值空间分布，这些残差值代表不能由 NDVI 单独估算降水

量。负残差（红色）表示原始数据 TRMM 年均降水量比基于低分辨率 NDVI 估算
的 TRMM 年均降水量小，表明红色区域有不由降水导致的绿地植被，原因可能是
这些区域有额外的水源，如农业灌溉、径流和地下水，也有可能是这些绿地植被
属于降水量较少时也可以生长的植被类型，如常绿针叶林。正残差（绿色）主要
分布在南疆边缘高山一带，意味着仅靠 TRMM 降水量推算的植被区域比实际
NDVI 植被区域大，造成这种结果的原因是 TRMM 降水发生在陡峭且植被稀疏的
山脉或斜坡上，降水没有被土壤充分吸收。

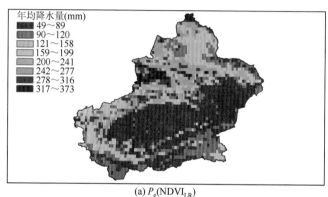

(a) $P_c(NDVI_{LR})$

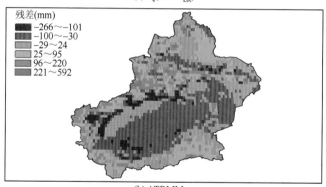

(b) $\Delta TRMM_{LR}$

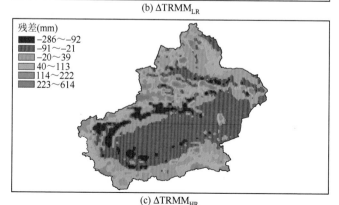

(c) $\Delta TRMM_{HR}$

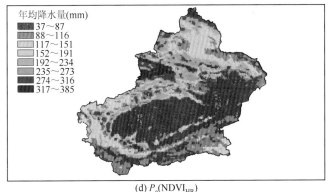

(d) $P_e(\mathrm{NDVI_{HR}})$

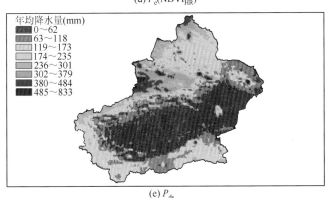

(e) P_{ds}

图 5-5　1998~2010 年年均 TRMM 降水降尺度结果的空间分布

（a）基于低分辨率 NDVI 估算的 TRMM 降水量；（b）低分辨率的残差值；（c）高分辨率的残差值；（d）基于
高分辨率 NDVI 估算的 TRMM 降水量；（e）降尺度算法得到的 8km×8km 分辨率 TRMM 降水量

　　得到 0.25°×0.25°分辨率的 TRMM 降水量与基于 NDVI 预测的 TRMM 降水量 $P_e(\mathrm{NDVI_{LR}})$ 之间的残差值后，利用不同的插值方法，将其插值到高分辨率 8km×8km。图 5-6（b）为简单样条插值的残差值，图 5-6（c）为克里金插值的残差值和图 5-6（d）为反距离权重插值的残差值，由图 5-5 可得，利用简单样条插值后的高分辨率残差值空间分布与栅格原图最为相似，反距离权重插值次之，克里金插值空间分布细节与栅格原图差别最大，而且简单样条插值后的残差值与栅格原图的残差值差别最小，所以本章选用简单样条插值方法，将 0.25°×0.25°分辨率的残差值插值到高分辨率的残差值上［图 5-5（c）］。图 5-5（d）为基于 8km×8km 高分辨率年均 NDVI 估算的 TRMM 年均降水量 $P_e(\mathrm{NDVI_{HR}})$ 的空间分布图，图 5-5（e）为 TRMM 年均降水量降尺度 P_{ds} 的空间分布图，由 $P_e(\mathrm{NDVI_{HR}})$ 与高分辨残差值 $\Delta\mathrm{TRMM_{HR}}$ 相加所得，其空间分布与 0.25°×0.25°低分辨 TRMM 年均降水量空间分布具有良好的一致性，强降水主要集中在天山西部一带，但空间细节比低分辨率的更清晰，最大年均降水量达到 833mm，比原始数据高出 100mm。

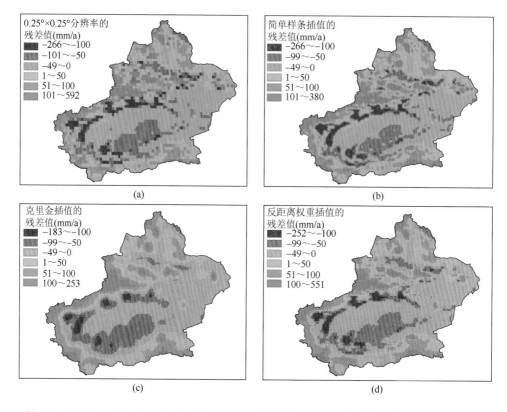

图 5-6　不同插值方法下新疆地区 0.25°×0.25°分辨率的 TRMM 降水量与基于 NDVI 预测的
TRMM 降水量 $P_e(NDVI_{LR})$ 之间的残差值空间分布

5.4　精　度　检　验

为进一步验证基于 NDVI 降尺度算法的有效性,本章从 1998～2010 年中选出
两个典型年,分别为枯水年 2001 年和丰水年 2010 年。1998～2010 年,新疆区域
年平均降水量为 139mm,枯水年降水量为 117mm 和丰水年为 179mm。对典型年
的 TRMM 3B43 和 1998～2010 年年平均降水均采用统一的降尺度方法,首先选择
不同空间分辨率下 TRMM 3B43 与 NDVI 的最优相关系数 R^2。图 5-7 描绘了其相
关系数 R^2 随着空间分辨率变化的曲线,从图 5-7 可以看出,无论是丰水年、枯水
年,还是年平均,相关系数 R^2 随着空间分辨率的增大都呈现出先上升后下降再上
升的趋势,最后分辨率为 1.50°×1.50°时,相关系数 R^2 达到最大。但前文说过,
分辨率的降低会造成影像像元数量的减少,从而导致 TRMM 与实际降水空间分布
的误差增大。因此,本章选择两个典型年次优的相关系数 R^2,枯水年（2001 年）
在分辨率为 0.75°×0.75°时,R^2（0.70）为最优,丰水年（2010 年）在分辨率为

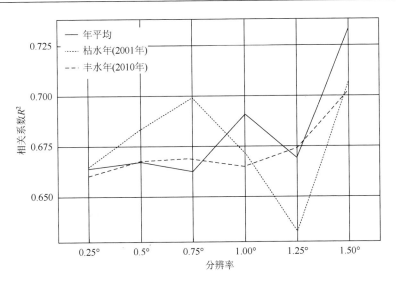

图 5-7　两个典型年［枯水年（2001 年）、丰水年（2010 年）］和 1998～2010 年 TRMM 3B43
与 NDVI 相关系数 R^2 在不同空间分辨率下的变化

1.25°×1.25°时，R^2（0.675）达到最优。当分辨率小于 1.00°×1.00°时，丰水年的相关系数 R^2 比枯水年小，其原因可能是新疆大部分地区是沙漠和戈壁，即使有强降水发生，土壤也来不及饱和，再加上日照时间长，植被不具有生长的必要条件，因此在丰水年，TRMM 与 NDVI 的相关性会较差。枯水年（2001 年）的幂函数方程为

$$P_e(NDVI_{LR}) = 520.53 \times NDVI_{LR}^{0.69} \qquad (5\text{-}2)$$

而丰水年（2010 年）的幂函数方程为

$$P_e(NDVI_{LR}) = 783.92 \times NDVI_{LR}^{0.62} \qquad (5\text{-}3)$$

　　图 5-8 为两个典型年 TRMM 3B43 原始分辨率 0.25°×0.25°年均降水量与降尺度年均降水量空间分布。从图 5-8 中可以看出，经过降尺度分析后，枯水年（2001 年）降水量分布和丰水年（2010 年）降水量分布都比原分辨率 0.25°×0.25°的降水量分布精度要高，能更清晰地展现强降水区和弱降水区的位置，降尺度最大降水量与原分辨率 TRMM 的最大降水量相比有较好的一致性，而降尺度后的最小降水量分别从 5mm 变为 0［枯水年（2001 年）］和从 16mm 变为 0［丰水年（2010 年）］，其原因是在 NDVI 降尺度过程中，沙漠地区的 TRMM 降水不可作为植被生长的降水条件，所以降尺度后得到的 TRMM 在沙漠的降水量变为 0。丰水年（2010 年）的最大降水量大于枯水年（2001 年）的最大降水量，而且弱降水地区范围缩小了，主要分布在南疆西南部。

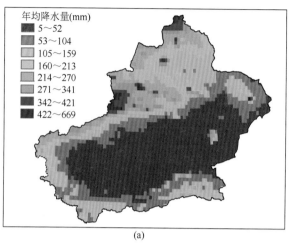

年均降水量(mm)
- 5～52
- 53～104
- 105～159
- 160～213
- 214～270
- 271～341
- 342～421
- 422～669

(a)

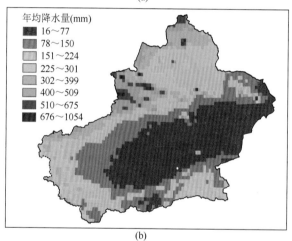

年均降水量(mm)
- 16～77
- 78～150
- 151～224
- 225～301
- 302～399
- 400～509
- 510～675
- 676～1054

(b)

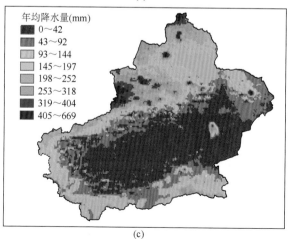

年均降水量(mm)
- 0～42
- 43～92
- 93～144
- 145～197
- 198～252
- 253～318
- 319～404
- 405～669

(c)

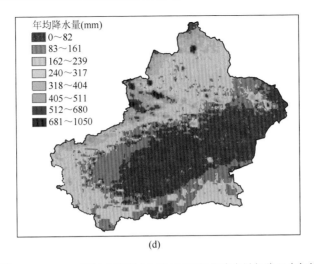

(d)

图 5-8 两个典型年 TRMM 3B43 原始分辨率 0.25°×0.25° 年均降水量与降尺度年均降水量空间分布

（a）枯水年（2001 年）分辨率 0.25°×0.25°；（b）丰水年（2010 年）分辨率 0.25°×0.25°；（c）枯水年（2001 年）
降尺度 8km×8km；（d）丰水年（2010 年）降尺度 8km×8km

5.5 影响降尺度算法精度的因素分析

5.5.1 TRMM 降水数据精度的影响

TRMM 3B43 降水产品主要是太空对云层进行降水观测，识别并消除地面回波的影响，根据雷达回波与降水率的关系反演降水率，但实际上雷达回波与雨滴谱的关系并非一一对应。对于不同的雨滴谱、不同的降水类型、不同的云型，相同强度的降水反映的雷达回波不一定相同（Yang et al.，2000）。此外，TRMM 降水反演主要是基于雨滴的微波散射，在陆地地表的散射变化性强，导致微波成像仪（TMI）有效性较差（Bowman，2005）。虽然 TRMM 3B43 算法得到的降水数据是 TRMM 卫星和其他数据得到的降水数据中生成的最佳降水率（mm/h）数据，但由于数据记录的不连续性及 TRMM 3B43 降水数据算法本身有一定不足，从而导致 TRMM 3B43 降水数据精度存在问题。

5.5.2 NDVI 精度的影响

本章建立幂函数回归模型的假设之一就是 TRMM 降水与 NDVI 之间呈正相关关系。然而，新疆属于干旱半干旱区，植被受到降水影响的同时，也受到土壤类型、土地利用、水文条件和人类活动的影响。对于降水极少的南疆地区，水文条件对 NDVI 的影响较为明显；而随着人类活动的加剧，林业发展也会改变 NDVI

的空间分布。据统计，从 20 世纪 50～80 年代开始，天山和阿尔泰山两大林区的云杉林减少 2.5 万 hm^2，落叶松减少 2.6 万 hm^2（姜逢清等，2002b）。这些因素的相互作用扰乱了 NDVI 受降水控制的分布格局，同时也降低了通过 NDVI 估算降水的准确性。

5.5.3 高程与区域气候的影响

新疆地区有着特殊的地形"三山夹两盆"，南北山峰耸立，中间盆地海拔低，形成 3000m 以上的高程落差，这些高山地貌影响了新疆降水天气系统的主要移动路径、四季平均流场特征（李江风，1991），以及南北疆降水的两条重要水汽输入（张学文和张家宝，2006）路径等，从而使新疆气候变异显著。张强等（2011）认为，北疆容易发生极端强降水，南疆容易发生极端弱降水，山区容易发生长历时强弱降水，平原容易同时发生从降水总量定义的极端强降水和极端弱降水。以上因素导致最终的降水高精度估算存在一定的不稳定性。

第6章 新疆季节性干旱变化特征及其影响研究

国内外很多学者对新疆地区的干旱进行了相关分析，姜逢清等探讨了新疆洪旱灾害与大尺度气候强迫因子、气候变化的联系，分析发现，20世纪80年代以来，新疆洪旱灾害呈急剧扩大态势（姜逢清等，2002a；姜逢清和杨跃辉，2004）；翟禄新和冯起（2011）、张永等（2007）分别利用标准化降水指数（SPI）和Palmer干旱指数对西北地区各季进行分析，发现西北地区西部有逐渐变湿的趋势；辛渝等（2009）利用EOF和REOF等方法，对新疆年降水量、四季降水量的空间特征、变化趋势及突变时间等进行了对比诊断分析，并对新疆降水气候进行分区；普宗朝等（2011）采用新疆101个气象站逐月气候资料，对新疆近48年干湿气候的年降水量、潜在蒸散发量和地表干燥度等要素进行时空变化特征分析，揭示了新疆各地年潜在蒸散量总体呈减少趋势，其中南疆为递减倾向率高值区；李剑锋等（2012）运用SPI，探讨了新疆干旱时空分布，并对新疆的极端降水进行分析，发现北疆易发生中等及以上的干旱，南疆易发生轻度干旱。前人对新疆降水量趋势及分区的研究和新疆干旱指标的研究比较多，但是对新疆地区干旱分区的研究和各变量的周期变化及相关显著周期的研究较少，基于此，本章将SPI作为干旱指标，结合REOF对新疆四季的干旱时空特征进行深入分析，然后计算新疆不同区

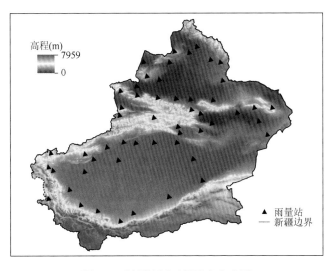

图6-1 新疆地区雨量站点分布图

域不同季节的干旱时空分布规律，探讨各干旱气候分区的变化趋势，利用连续小波变化和交叉小波变化对塔里木河流域的年径流量、年降水量和年平均温度的周期变化，以及相关显著周期进行研究。该研究对于全面了解新疆全区不同季节的干旱时空分布规律、防旱抗旱等问题具有重要意义（图6-1）。

6.1　新疆干旱分区

对新疆不同季节的 SPI3 进行 REOF 分析，四季的 SPI3 前 6 个特征值的方差贡献率见表 6-1，North 等（1982）研究指出，如果前后两个特征值误差范围有重叠，那么它们之间没有显著差别。图 6-2 是新疆四季 SPI3 的特征值和 95%置信度水平下的特征值误差范围，春季、秋季和冬季第三特征值与第四特征值的误差范围相重叠，而夏季第四特征值与第五特征值的误差范围相重叠，因此本节春季、秋季和冬季采用前 3 个空间模态对应的特征向量进行分析，而夏季采用前 4 个空间模态对应的特征向量进行分析。

表 6-1　不同季节前 6 个 PC 和 RPC 对总方差的贡献率

季节	累积方差贡献率（%）	主成分序号					
		1	2	3	4	5	6
春季	0.68	0.27	0.18	0.09	0.05	0.05	0.04
夏季	0.60	0.18	0.15	0.11	0.07	0.05	0.05
秋季	0.62	0.16	0.12	0.11	0.11	0.07	0.06
冬季	0.68	0.30	0.13	0.09	0.06	0.05	0.04

注：PC 表示经验正交函数主成分；RPC 表示旋转经验正交函数主成分。

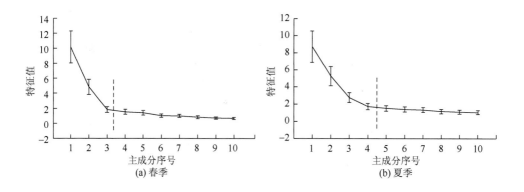

(a) 春季　　　　　　　　　　(b) 夏季

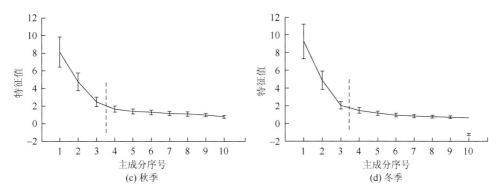

图 6-2 新疆四季 SPI3 的 EOF 分析特征值及 95%置信度误差范围

6.2 新疆四季干旱时空变化特征

6.2.1 春季

第一空间模态高值区位于天山以北的北疆地区，最大中心位于阿勒泰［图 6-3（a）］。由图 6-3（a）的时间系数、Mann-Kendall（M-K）趋势可知，SPI3 在 1986 年之前是呈减小趋势的，1986 年之后呈增加趋势，增加和减小趋势不显著（均未超过 95%置信度检验），SPI3 时间系数的 5 年滑动平均曲线表明，1987 年以后 SPI3 呈增加趋势。SPI3 在 1962~1969 年和 1988~1991 年分别存在 2~3 年的显著周期变化（超过 95%的置信度水平，下文同）。SPI3 在 1976~1987 年存在 6~8 年的显著长周期［图 6-4（a）］。图 6-3（b）显示第二空间模态高值区位于天山以南的南疆地区的中西部，最大中心为阿克苏河流域的阿合奇。SPI3 在 1962~1977 年、1993~2002 年呈减小趋势，SPI3 在 1978~1992 年和 2002 年以后呈增加趋势，SPI3 时间系数的 5 年滑动平均曲线显示，1990~2001 年为湿润期，2002~2007 年为干旱期［图 6-3（b）］。1994~1997 年、1997~2000 年存在 3 年、5~6 年的显著周期［图 6-4（b）］。第三空间模态高值区位于新疆东南部地区，最大中心位于铁干里克和巴里塘。图 6-3（c）显示，SPI3 整体上呈波动增加趋势，SPI3 时间系数的 5 年滑动曲线整体呈波动增加趋势，特别是 1997 年以后 SPI3 增加趋势显著。SPI3 在 1986~1989 年存在 3 年左右的显著周期［图 6-4（c）］。

6.2.2 夏季

夏季的第一、第二空间模态分布与春的第一、第二空间模态分布基本一致［图 6-3（a）和图 6-3（b），图 6-5（a）和图 6-5（b）］，图 6-5（a）显示，夏季第

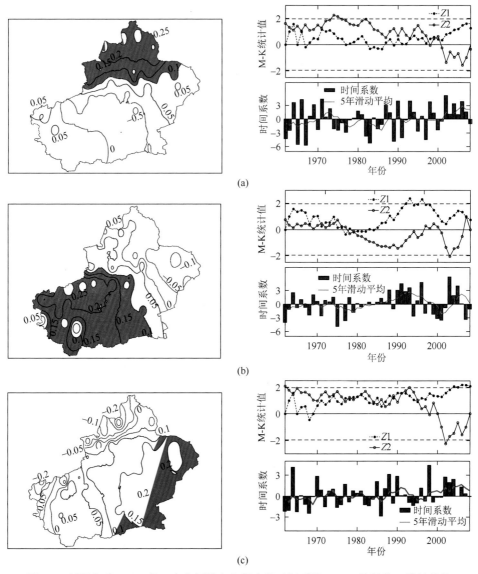

图 6-3　新疆春季 REOF 前 3 个空间模态和相应的时间系数、M-K 统计值、线性趋势

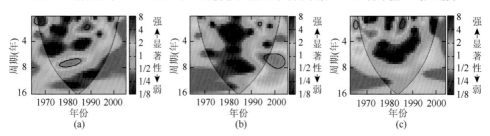

图 6-4　春季旋转经验正交函数第一、第二、第三空间模态的时间系数的连续小波变换

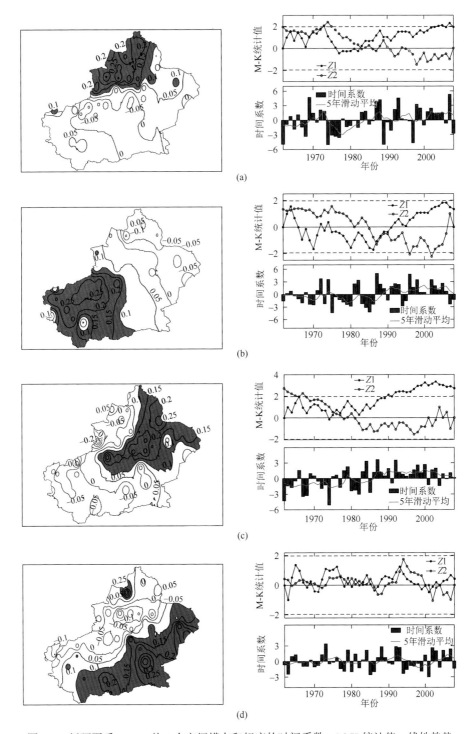

图 6-5　新疆夏季 REOF 前 4 个空间模态和相应的时间系数、M-K 统计值、线性趋势

一空间模态高值区位于天山以北的北疆地区，最大中心位于精河，特征向量的"零值"界线基本与天山平行，突出了整个天山山脉对其两侧降水不同的影响作用。南疆地区特征向量为负值，反映了南疆与北疆、东疆相反的干旱变化趋势。1973～1977 年 SPI3 呈减小趋势，其他时间 SPI3 呈增加趋势，SPI3 时间系数的5 年滑动曲线显示，1974～1982 年北疆地区是干旱期，1998～2007 年是湿润期或洪水期 [图 6-5（a）]。北疆地区 SPI3 在 1968～1971 年、1990～1994 年存在 3 年、5～6 年的显著周期 [图 6-6（a）]。图 6-5（b）显示，第二空间模态高值区位于天山以南的南疆地区的中西部，最大中心在莎车，东天山南北以东的区域干旱变化趋势与南疆中西部相反。图 6-5（b）显示，SPI3 在 1978～1984 年和1994～2000 年呈减小趋势，有干旱化的趋势；1962～1977 年、1985～1994 年和2000 年之后 SPI3 呈增加趋势，SPI3 时间系数的5 年滑动平均曲线显示，南疆的中西部地区在 2000 年后进入湿润期。该地区 SPI3 在 1972～1977 年和 1980～1996年存在 2 年和 4～6 年的显著周期 [图 6-6（b）]。新疆中部及东部是第三空间模态高值区，最大中心在北塔山 [图 6-5（c）]。该区域的 SPI3 呈增加趋势，特别是 1990 年以后 SPI3 超过 95%的置信度检验，其增加趋势显著，SPI3 时间系数的 5 年滑动平均曲线显示，该地区从 1985 年以后是湿润期 [图 6-5（c）]。该地区在 1980～1987 年存在 2～5 年的显著周期 [图 6-6（c）]。图 6-5（d）显示，新疆东南部地区是第四空间模态高值区，最大中心在若羌。该区域 SPI3 在 1965～1971 年、1976～1986 年和 1993～2001 年呈减小趋势，其他时间呈增加趋势，

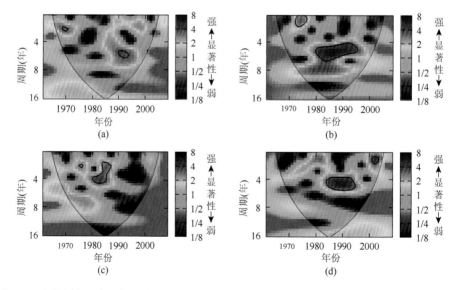

图 6-6　夏季旋转经验正交函数第一、第二、第三、第四空间模态的时间系数的连续小波变换

SPI3 时间系数的 5 年滑动曲线显示，1994～2001 是干旱期［图 6-5（d）］。该区域 SPI3 在 1984～1995 年和 2001～2003 年存在 4～5 年和 2 年左右的显著周期［图 6-6（d）］。

6.2.3　秋季

由图 6-7（a）可知，秋季第一空间模态高值区位于南疆的西南部，最大中心在乌恰。该区域 SPI3 在 1965 年之后呈增加趋势，但趋势增加不显著，SPI3 时间系数的 5 年滑动平均曲线显示，1998～2008 年为湿润期［图 6-7（a）］。该地区 SPI3 在 1963～1973 年、1973～1977 年和 1995～1998 年分别存在 3～5 年、2 年和 2～3 年的显著周期，在 1979～1990 年存在 5～6 年的显著长周期［图 6-8（a）］。第二空间模态的正值区域主要分布在北疆和东疆，高值区分布在北疆的东北部，最大中心在富蕴和青河。该区域 SPI3 在 1962～1970 年、1983～2008 年呈增加趋势，其中 1968～1970 年 SPI3 增加显著，在其他时间 SPI3 呈减小趋势［图 6-7（b）］。SPI3 时间系数的 5 年滑动平均曲线显示，该地区 1973～1985 年为干旱期，1988～1996 年为湿润期［图 6-7（b）］。该地区 SPI3 在 1968～1973 年和 1968～1971 年存在 3～4 年和 2 年的显著周期［图 6-8（b）］。图 6-7（c）显示，第三空间模态高值区位于北疆的西北部，最大中心在乌苏。特征向量的"零值"分布于天山南侧并基本与天山平行，天山南北区域及北疆地区的特征向量为正值，其他区域为负值，反映了北疆与东疆、南疆干旱相反的变化趋势。该区域 SPI3 在 1965～1998 年呈减小趋势，SPI3 时间系数的 5 年滑动曲线在 1988～1998 年显示为干旱期。该地区在 1971～1974 年、1984～1999 年和 1996～2000 年分别存在 2～3 年、5～7 年和 2～3 年的显著周期［图 6-8（c）］。

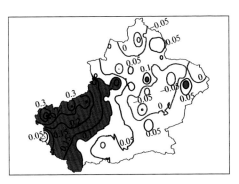
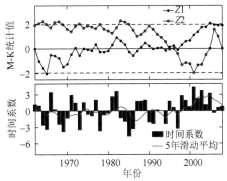

(a)

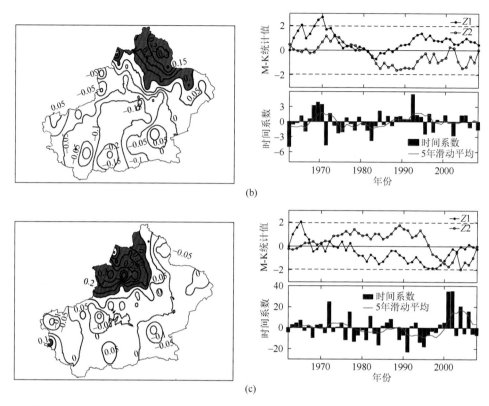

图 6-7　新疆秋季 REOF 前 3 个空间模态和相应的时间系数、M-K 统计值、线性趋势

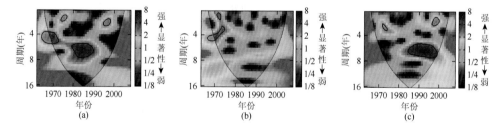

图 6-8　秋季旋转经验正交函数第一、第二、第三空间模态的时间系数的连续小波变换

6.2.4　冬季

　　冬季的第一、第二载空间模态分布与春季、夏季的第一、第二空间模态分布基本一致 [图 6-3（a）和图 6-3（b），图 6-5（a）和图 6-5（b）和图 6-9（a）和图 6-9（b）]，天山南北两侧、北疆和东疆的特征向量为正值，高值区分布在北疆，最大中心在北疆东北部的富蕴，南疆南部地区的干旱变化与北疆和东疆相反，北

疆地区 SPI3 在 1985 年以前呈波动状态, 在 1985 年以后呈增加趋势, 特别是 1999
年以后增加趋势显著, 表明该地区有趋向湿润或洪涝的趋势。SPI3 时间系数的 5 年
滑动显示, 在 1985 年之前以干旱为主, 在 1985 年以后进入湿润期 [图 6-9 (a)]。
该地区在 1965~1969 年存在 2~3 年的显著周期 [图 6-10 (a)]。图 6-9 (b) 显
示, 第二空间模态分布与第一空间模态分布恰好相反, 第二空间模态的特征向量
高值区分布于南疆的中西部地区, 最大中心在柯坪。该地区 SPI3 在 1962~1977
年、1985~1994 年和 2000~2008 年呈增加趋势, 其他年份呈减小趋势。SPI3 时
间系数的 5 年滑动曲线反映了 SPI3 趋势减小的年份是干旱年。该地区在 1982~
1991 年存在 13~16 年的显著长周期 [图 6-10 (b)]。第三空间模态的特征向量高
值区分布在新疆中部和天山南北两侧, 最大中心在库尔勒, 新疆其他地区的特征
向量以负值为主, 该区域 SPI3 在 1965~1977 年和 2000~2008 年呈增加趋势, SPI3
时间系数的 5 年滑动平均曲线显示, 1962~1975 年和 1979~1985 年是干旱期,
2001 年以后进入湿润期 [图 6-9 (c)]。该地区在 1989~2001 年存在 3~4 年的显
著变化周期 [图 6-10 (c)]。

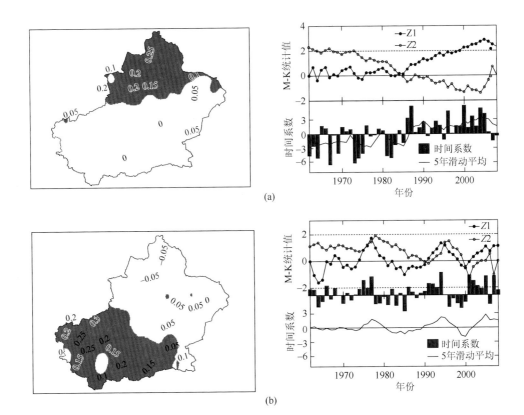

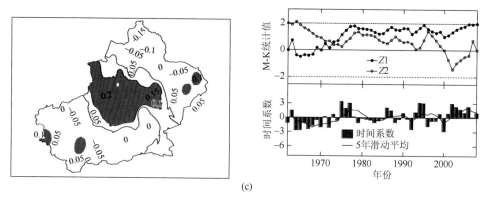

(c)

图 6-9　新疆冬季 REOF 前 3 个空间模态和相应的时间系数、M-K 统计值、线性趋势

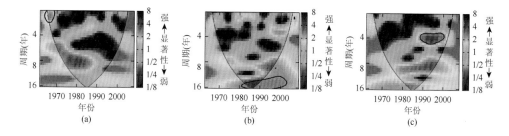

图 6-10　冬季旋转经验正交函数第一、第二、第三空间模态的时间系数的连续小波变换

6.3　新疆不同区域的干旱统计分析

从四季 SPI3 空间模态分布可以看出，新疆独特的"三山夹两盆"的地形决定了四季干旱指数不仅有南疆、北疆、东疆的差异，还有南北疆东西方向的差异。另外，新疆境内天山山脉及走向不同的山脉造成了干旱等级出现局域性的变化特征。但是干旱指数分区基本符合南疆、北疆和东疆的区域划分，从表 6-2 和图 6-11 可知，春季北疆、南疆和东疆不同等级的干旱影响站点百分比均呈下降趋势，春季北疆极端干旱和东疆中度干旱影响站点百分比减小趋势超过 95% 的置信度检验，减小趋势显著，春季北疆极端干旱和东疆中度干旱影响范围减小，春季北疆各等级干旱影响范围减小趋势高于南疆和东疆，南疆地区干旱影响范围减小趋势不显著。夏季南疆中度干旱和东疆轻度干旱减小趋势显著，其他地区不同干旱等级影响范围减小趋势不明显。秋季北疆轻度干旱和东疆中度干旱影响范围减小显著，秋季南疆地区各等级干旱影响范围减小趋势最不明显。冬季北疆的中度干旱和重度干旱影响范围减小最显著，其次是南疆中度干旱和东疆的轻度、中度、重度干旱影响范围减小趋势显著，南疆地区各等级干旱影响范围减小，趋势不显著。

从区域上看，北疆和东疆干旱影响范围减小趋势明显，南疆地区干旱影响范围减小趋势不明显；从季节上看，冬季是各干旱等级影响范围减小最明显的季节，其次是秋季，春季和夏季各等级干旱影响范围减小不明显。

表 6-2　北疆、南疆和东疆受各等级干旱影响站点百分比 M-K 统计值

区域	干旱等级	春季	夏季	秋季	冬季
北疆	轻度干旱	−1.31	−1.17	−2.49**	−1.13
	中度干旱	−1.65	−1.58	−1.32	−3.98**
	重度干旱	−1.16	−1.12	−1.08	−3.35**
	极端干旱	−2.21*	−1.35	−0.91	−2.00
南疆	轻度干旱	−1.12	−1.23	0.57	−1.23
	中度干旱	−0.74	−2.77*	0.74	−2.77*
	重度干旱	−0.15	−0.89	−0.22	−0.89
	极端干旱	−0.58	−0.94	−0.60	−0.94
东疆	轻度干旱	−1.58	−2.15*	−1.34	−1.98*
	中度干旱	−2.25*	−1.49	−2.32**	−1.99*
	重度干旱	−0.08	−0.62	−1.73	−2.25*
	极端干旱	−0.05	0.00	−0.51	−1.33

注：M-K 统计值右上角*表示线性趋势的显著性水平达 0.05 以上的 M-K 检验，**表示达 0.01 以上。

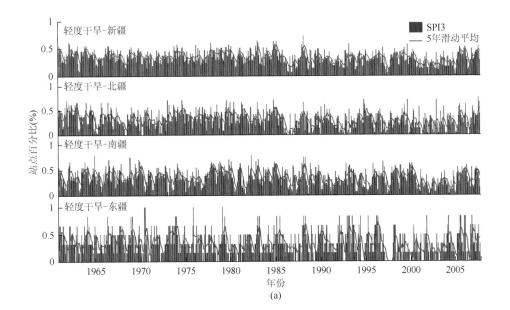

(a)

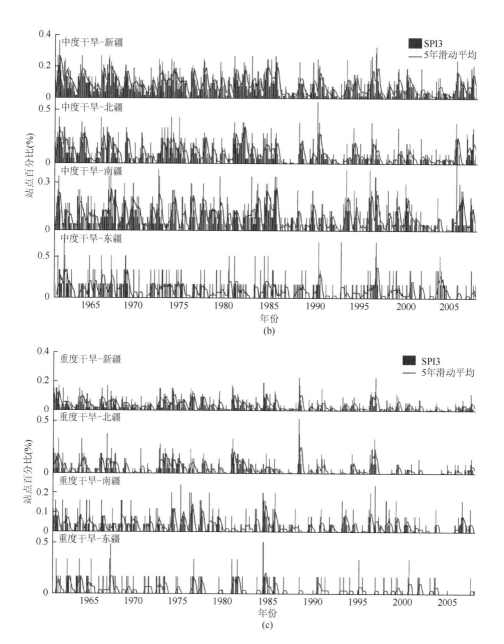

(b)

(c)

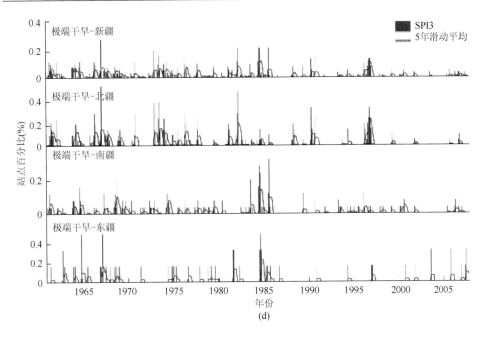

图 6-11　新疆、北疆、南疆和东疆受各等级干旱影响站点百分比

　　表 6-3 是根据 6.2 节中各季节分区代表站点 SPI3 的 M-K 统计值得出的，春季各分区代表站点干旱指数呈增加趋势，即趋向于湿润，说明春季气象干旱有降低的趋势。春季分区与辛渝等（2009）分析的春季降水量主要集中在天山西部、北疆北部、北疆沿天山一带及北疆东部相一致。四季中，春季各分区代表站点增加趋势不显著（表 6-3）。夏季全疆干旱指数呈增加趋势，其中第一、第三和第四空间模态分别通过了 90% 和 95% 的置信度检验，仅第二空间模态的南疆中部干旱指数增加缓慢。秋季各空间模态的干旱指数增加趋势明显小于夏季和冬季的，秋季降水量主要分布在南天山、天山西部，以及北疆西部、西北部，其中又以北疆西北部降水量最多（辛渝等，2009），因此秋季第三空间模态干旱指数增加趋势通过了 90% 的置信度检验，增加趋势显著。冬季空间模态的干旱指数均通过了 95% 的置信度检验，增加趋势最显著，表明全疆冬季各区域均趋向于湿润，许多成果也证明了新疆冬季趋向于湿润（施雅风等，2002）。冬季富蕴增加趋势最显著，该区域是新疆冬季降水量最多的区域，该区域冬季降水对新疆冬季降水量值的影响极大，也是新疆冬季主要的积雪稳定区域（辛渝等，2009）。各分区各季节代表站点干旱指数变化趋势表明，夏季和冬季增加趋势显著，这与夏季和冬季的降水量呈增加趋势有关（Zhang et al.，2012c）。

表 6-3　新疆各分区代表站点 SPI3 趋势分析

空间模态	春季		夏季		秋季		冬季	
	代表站点	M-K 统计值	代表站点	M-K 统计值	代表站点	M-K 统计值	代表站点	M-K 统计值
1	阿勒泰	1.04	精河	1.57[*]	乌恰	0.82	富蕴	1.81[**]
2	阿合奇	0.87	莎车	0.25	富蕴	1.05	柯坪	1.57[**]
3	铁干里克	1.17	北塔山	2.19[**]	乌苏	1.92[*]	库尔勒	1.19[**]
4			若羌	2.10[**]				

注：SPI3 变化趋势值右上角*表示线性趋势的显著性水平达 0.10 以上的 M-K 检验，**表示达 0.05 以上。

从表 6-3 可知，北疆西部及北疆沿天山地区空间模态代表站点的干旱指数均呈增加趋势，部分空间模态代表站点干旱指数增加趋势显著。这一地区水汽主要来自于西面路径的大西洋水汽，经西风环流越西部山区进入新疆而产生降水，而部分水汽由西北路径经阿拉山口狭口、塔城盆地缺口而产生降水（辛渝等，2008）。除冬季外，南疆西部地区其他季节空间模态代表站点的增加趋势没有其他区域明显，该区域是叶尔羌河流域、喀喇昆仑山北部山区及阿克苏源流区的异常敏感区，该区域降水水汽主要来源于西风气流，经帕米尔高原、南天山进入南疆西部，还有一部分水汽来自于印度洋西南气流带来的水汽。新疆各季节大部分空间模态代表站点的干旱指数呈增加趋势（即趋向于湿润），但是春季 3 个空间模态的 SPI3 增加趋势是最不显著的。

6.4　干旱对新疆农业生产的影响研究

新疆四季各空间模态的 SPI3 的 M-K 趋势图和 5 年滑动平均曲线表明，SPI3 呈波动增加趋势，不同季节增加趋势显著不同，其中北疆地区夏季和冬季增加趋势最显著，新疆四季大部分空间模态的 SPI3 在 1987 年后呈波动增加趋势。从图 6-12 的旱灾成灾面积 5 年滑动平均曲线可以看出，1950～1968 年、1973～1978 年、1998～2007 年旱灾成灾面积呈增加趋势，特别是 2000 年以后新疆的旱灾成灾面积增加比较明显。新疆旱灾成灾面积最大的 10 年分别是 2001 年、2006 年、2003 年、2007 年、1974 年、1991 年、2004 年、2005 年、1962 年和 1968 年，这些旱灾成灾面积大的年份也是新疆干旱比较严重的年份，如 1962 年、1974 年、1991 年都是新疆的大旱年份（温克刚和史玉光，2006）。由图 6-13 可知，除喀什地区受旱面积是减小的之外，新疆其他各地区受旱面积呈增加趋势，其中南疆地区的克州、阿克苏地区、和田地区、巴州和东疆地区的哈密地区、吐鲁番地区受旱面积增加显著（超过 95%的置信度检验）。吐鲁番地区、乌鲁木齐市和博尔塔拉蒙古自治州（简称"博州"）因旱粮食损失呈减小趋势，其中博州因旱粮食损失减少趋势显著。新疆其他地区因旱粮食损失呈增加趋势，其中和田地区、巴州、哈密地区和塔城地区因旱粮食损失增加显著。因旱经济作物损失趋势显著增加的主要是克州、阿克苏地区、巴州、哈密地区、吐鲁番地区、博州、伊犁和塔城地区，其中巴州、哈密地区和塔城地区是因旱粮食、经济作物损失增加显著的地区。抗旱浇灌面积反映一个地区和政府的抗旱能力和抗旱投入，除博州以外，新疆其他地市的抗旱灌溉面积呈增加趋势，仅阿克苏地区、阿勒泰地区、伊犁地区的抗旱灌溉面积增加趋势不显著。区域的旱灾受灾面积除了受降水或者上游来水减小的影响外，还与当地的抗旱水平及抗旱设施等有关系。

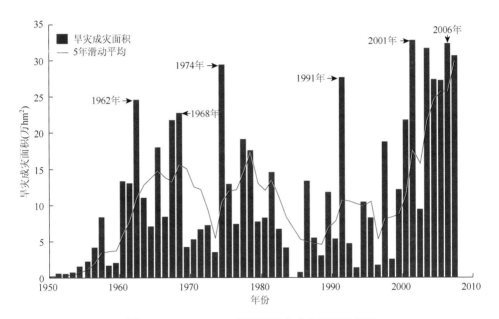

图 6-12　1950～2007 年新疆旱灾成灾面积示意图

据新疆维吾尔自治区地图册统计（尹嘉珉和乔俊军，2004），喀什地区和阿勒泰地区水库总库容量最大，总库容量超过 5 亿 m^3，水库数量分别为 56 座和 55 座；水库总库容量最小的是伊犁地区，总库容量低于 0.5 亿 m^3，克州、博州、吐鲁番地区和哈密地区的总库容量较小，总库容量介于 0.5 亿～1 亿 m^3，水库数量分别为 12 座、3 座、15 座和 38 座；其他地区的总库容量介于 1 亿～5 亿 m^3。杜涛等（2011）对新疆耕地集约利用时空特征进行分析，发现耕地集约利用水平与各地州农业发展水平呈高度正相关，与各地州之间经济发展水平高低、农业人口人均耕地数量、农作物种植结构的相关性不明显。高度集约区仅有吐鲁番 1 个地区，中度集约区有克州、巴州、博州 3 个地区，低度集约区有喀什、阿克苏、乌鲁木齐、

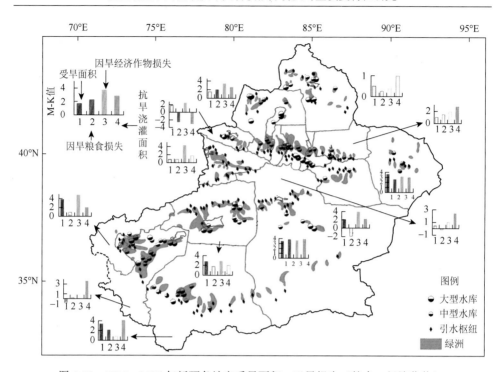

图 6-13　1980～2008 年新疆各地市受旱面积、干旱损失（粮食、经济作物）
和抗旱浇灌面积的 M-K 趋势图

填充颜色柱状图表示显著变化

昌吉、塔城、和田 6 个地区，不集约区有哈密、伊犁、阿勒泰地区 3 个地区。整体上，北疆地区的受旱面积增加趋势不显著，受旱面积显著增加的区域主要分布在南疆地区和东疆地区，喀什地区是南疆唯一一个受旱面积呈减少趋势的地区，这与喀什地区水库总库容量最大和抗旱灌溉面积的显著增加有直接关系。克州、巴州的耕地集约利用水平较高，但是克州水库总库容量较小，同时克州和巴州南部地区的引水工程非常少，这也是导致该地区受旱面积增加的原因。

　　1978～2008 年新疆耕地面积总体呈增加趋势，但人均耕地面积呈小幅减少趋势（朱慧等，2011）。近 20 年来，新疆耕地总面积经历了"增加—急剧增加—缓慢增加"的变化过程，年均减少的耕地面积则表现出"减少—急剧减少"的趋势（陈红等，2010）。但是，新疆 84 个地区的耕地面积的相对变化率存在明显的地区差异，耕地面积高速增长区主要分布在克拉玛依市、奎屯市及乌鲁木齐市，耕地面积较快增长区主要分布在巴州（除且末外）、哈密地区的哈密市，天山北坡广大地区（博州、乌苏市、阜康市、呼图壁县、奇台县等）、塔城地区及阿勒泰市（杜涛等，2011）。和田地区、巴州、哈密地区受旱面积的增加趋势明显，在以农业为主的地区中，巴州、塔城地区和哈密地区耕地面积增长最快，和田地区的耕地集约利用水平低，这些原因导致和田地区、巴州、哈密地区和塔城地区是因旱粮食、经济作物损失增加显著的地区。

　　与同处东疆地区的吐鲁番地区相比，哈密地区总库容较小，引水枢纽较少，而且耕地集约利用水平是最低的地区之一，这些因素导致哈密地区的受旱面积，因旱粮食、经济作物损失增加趋势显著。部分地区因旱经济损失增长趋势远远大于因旱粮食损失的增长趋势，这主要是因为新疆正积极建设国家优质棉花生产基地、国家粮食安全后备基地、特色林果基地和现代优质畜产品基地，粮棉生产的布局与优化推动区域农业种植结构的调整，1949～1978 年的 29 年间，新疆粮食播种面积由 86.89 万 hm^2 增加至 231.07 万 hm^2，棉花播种面积由 3.34 万 hm^2 增加到 15.04 万 hm^2。1978 年以后，粮食作物播种面积下降到 2007 年的 137.90 万 hm^2，而棉花播种面积迅速上升到 2007 年的 178.26 万 hm^2，占当年农作物总播种面积的 40%（朱慧等，2011）。例如，2006 年以来，博州大力推进棉花、甜菜、粮油、枸杞、畜禽、冷水鱼六大主导产业的发展。尽管新建地区气候趋向于暖湿（施雅风等，2002），但是各地区降水时空分布不均匀，抗旱能力、耕地集约利用水平、耕地面积增加率不同造成区域之间干旱分布不均匀，新疆地区的干旱情况仍不容乐观。

第7章 结 论

以气候暖化为主要特征的全球气候变化使气象水文过程发生了改变，在变化环境下探讨新疆降水过程的时空变异性与不均匀性；同时，在月、季及年尺度下，结合气象站点实测降水数据分析空间分辨率为 0.25°×0.25°的 TRMM 降水数据在新疆地区的精度，并考虑新疆地区的高程和坡度对 TRMM 降水精度的影响；基于 NDVI 与 TRMM 降水数据的相关性，采用降尺度方法，得到空间分辨率为 8km× 8km 的年和月的 TRMM 降水数据，同时，以标准化降水指数为干旱指标，结合 REOF 对新疆四季的干旱时空特征进行深入分析，然后计算新疆不同区域、不同季节的干旱时空分布规律，探讨各干旱气候分区的变化趋势，这对于地形地势复杂及气象观测站点分布稀疏且不均匀的新疆地区的水文过程模拟具有十分重要的意义。本篇的主要研究成果可以归纳为以下 7 个部分。

（1）新疆降水量变异性：年序列小于季节序列，季节序列小于月序列，说明时间尺度越小，降水量变异性就越大。不同季节对降水量的年变异性的贡献不同。冬季最高，夏季最小。春、秋季的南疆年降水序列变异性较大，而北疆年降水序列变异性较小，其他季节无明显的空间分布特征。不同月份对季节降水量变异性的贡献率也不同，对春季变异性最高的为 3 月，对秋季变异性最高的为 11 月，其余两个季节无明显的月份变异贡献率特别高。

（2）降水量与降水天数年内变异性在时空分布上相近：1965～1973 年降水量变异性最大；1965 年、1997 年和 2007 年降水天数变异性最大；降水量变异性与降水天数变异性呈由南疆至北疆递减的态势，说明南疆存在较为明显的降水量与降水天数的不确定性。不论是降水量还是降水天数的年代变异性，均以夏季和 6～8 月较低，11 月的变异性最高，尤其以 1971～1980 年这 10 年最为显著，说明春、秋季新疆南部降水比北部更不稳定，南疆降水时空分布较为集中，易发生洪旱灾害等极端气象事件，对区域水资源管理及农业生产灌溉产生负面影响，并易造成农业生产损失，因此需要进一步完善洪旱预测系统及水资源管理，强化春、秋季的防洪抗旱，减少洪旱灾害对农业生产造成的损失；在未来的一段时间内，新疆大部分地区降水的无序性将有所变缓，干旱与洪涝发生的概率将会减小，从而有利于新疆的农业生产和水资源管理。

（3）在月尺度下，TRMM 降水数据比气象站点实测降水数据小，且相关系数 R 低，但由于 TRMM 本身时间分辨率为 1 个月，所以 PBIAS 和 RMSE 在月尺度下较小，因此在新疆地区利用 TRMM 降水数据进行月尺度计算时具有良好的适用性；在季时间尺度下，TRMM 降水数据比气象站点实测降水数据小，除夏季外，春季、秋季和冬季 TRMM 降水数据与气象站点实测降水数据之间的相关系数 R 都在 0.8 左右，RMSE 也控制得较好，说明 TRMM 降水数据在季尺度下也呈现出良好的一致性；在年尺度下，TRMM 年均降水量普遍低于气象站点的实测结果，南北疆的气象站点实测降水数据与所对应的 TRMM 降水数据之间相关系数 R 都在 0.6 以上，而东疆的相关系数 R 偏低，表明在站点分布稀疏的东疆，TRMM 降水数据的适用性一般。

（4）对新疆 51 个气象站点的 TRMM 降水数据在 3 个时间尺度下逐一进行精度检验，发现超过一半的气象站点的年均降水实测数据与 TRMM 的年均降水数据之间的相关性较好（相关系数 $R>0.5$），但个别站点的相关系数 R 偏低；各站点的 RMSE 随着时间尺度的增大而增大；各站点的 PBIAS 随着时间尺度的增大而减小。对相关系数 R、|PBIAS|、高程与坡度之间的关系进行研究发现，高程对数据精度的影响呈现出较复杂的变化规律，随着高程的增加，相关系数 R 呈现出增大—减少—增大的变化趋势，而|PBIAS|呈现出缓慢增大的趋势；坡度对数据精度也有较大影响，在整体上表现为坡度增大，数据精度降低的变化规律。

（5）对于 1998～2010 年这一时间尺度，TRMM 与 NDVI 呈现出良好的一致性，最优相关系数 R^2（0.69）出现在空间分辨率为 $1.00°×1.00°$ 时。枯水年（2001年）TRMM 最优空间尺度（$0.75°×0.75°$）的最优相关系数 R^2 为 0.70，丰水年（2010年）TRMM 最优空间尺度（$1.25°×1.25°$）的最优相关系数 R^2 为 0.67。通过结合 NDVI 对 TRMM 降水数据进行降尺度计算后，得出 8km×8km 高分辨率的 TRMM 降水空间分布比原分辨率为 $0.25°×0.25°$ 的 TRMM 降水空间分布具有更精细的空间特征，拟合优度、RMSE 和 PBIAS 均减少了，表明基于 NDVI 降尺度算法能提高 TRMM 降水数据的精度。

（6）新疆四季干旱整体异常，均表现为北疆旱（湿润）、南疆湿润（旱）或西部干旱（湿润）东部湿润（干旱）两种基本结构。夏季和冬季分区代表站点的干旱指数和时间系数增加趋势显著，新疆夏季和冬季有向湿润或涝发展的趋势，这也反映了新疆降水量增加主要集中在夏季和冬季，春季和秋季干旱指数的增加趋势没有夏季和冬季明显，2000 年以后新疆春季有偏旱的趋势。

（7）北疆西部及北疆沿天山地区干旱影响范围减小趋势明显，南疆西部地区干旱影响范围减小趋势不明显；冬季是各干旱等级影响范围减小最明显的季节，其次是秋季，春季和夏季各等级干旱影响范围减小不明显。北疆地区的受旱面积增加趋势不显著，南疆地区和东疆地区受旱面积增加显著，干旱除受降水影响外，还与地区的抗旱灌溉设施、抗旱能力、耕地集约利用水平和耕地面积的增长速度有关。区域农业结构的调整导致部分地区因旱经济损失增长趋势远大于因旱粮食损失增长趋势。

第二篇　塔里木河流域干旱时空演变特征

第8章　研究区域概况

8.1　塔里木河流域自然地理概况

8.1.1　地理位置

塔里木河流域地处我国新疆维吾尔自治区南部的塔里木盆地，地理坐标为东经 73°10′~94°05′，北纬 34°55′~43°08′，东与甘肃省、青海省相接，南临西藏自治区，西北部与阿富汗、塔吉克斯坦、吉尔吉斯斯坦等中亚、西亚诸国接壤。广义上讲，南疆源自天山、昆仑山流入塔里木盆地的所有河流都可归为塔里木河水系。塔里木河流域是一个封闭的内陆水循环和水平衡相对独立的水文区域，塔里木河水系在历史上曾发生过重大演变。塔里木河是我国最大的内流河，也是塔里木盆地向心水系的汇流河。

"四源一干"是塔里木河流域最重要的区域，包括南疆 5 个地（州）的 28 个县（市）和新疆生产建设兵团 4 个师（局）的 46 个团场，"四源一干"流域面积为 25.86 万 km², 占流域总面积的 25.4%，"四源一干"人口占塔里木河流域总人口的 50%以上，耕地面积和灌溉面积占全流域的 60%以上（胡春宏等，2005）。塔里木河流域的工业主要集中在"四源一干"，工业总产值占全流域的 85.7%，因此"四源一干"在塔里木河流域的社会经济中占有重要地位。

8.1.2　地形地貌

塔里木河流域位于塔里木盆地，四周高山环列，南部为昆仑山及阿尔金山，西南部为帕米尔高原及喀喇昆仑山，北部为天山山脉，中部为塔克拉玛干沙漠，整个流域形成了高原山区、山前平原和沙漠区复杂多样的地貌特征。其地势总体趋势为南高北低、西高东低；高山带除东部海拔在 3000m 和 2000m 外，其他各山系的海拔均在 4000m 以上，5000m 以上的山峰常年积雪，是流域主要的补给水源。

山前平原上接低山丘陵、下抵沙漠边缘，宽 50~70km，是绿洲的主要分布区域，也是粮食、棉花的主要生产区和人类生存的基地；其地势起伏和缓，盆地边缘绿洲海拔为 1200m，盆地中心地势稍低，海拔为 900m 左右，地势最低处为东部罗布泊，海拔为 780m。

塔里木河冲积平原的土壤类型主要有草甸土、荒漠林土、盐土、沼泽土、绿洲潮土、残余沼泽土、残余盐土、龟裂土、风沙土等。草甸土和沼泽土多发育于河滩地和河间低地，荒漠林土多发育于河道两岸的自然堤和老河道两旁，草甸土和林土的半水成土壤主要发育于古老的冲积平原，龟裂性土或残余盐土主要发育于距河更远古的冲积平原上。盐土主要分布在湖泊岸边和河流两岸，风沙土在塔里木河冲积平原各地区均有分布。

8.1.3　气候特点

新疆地处中纬度西风带，气候受温带天气系统和极地天气系统，以及副热带天气系统影响，加之位于欧亚大陆腹部、远离海洋和高山环抱，形成大陆性气候。而塔里木河流域更是典型的大陆性气候区，属大陆性暖温带干旱气候。塔里木河流域干燥少雨，蒸发强烈，四季气候悬殊，温差大，特别是气温日变化十分剧烈，多风沙和浮尘天气，由于塔里木河流域的年日照时数（2550～3500h）很长，因此其光热资源十分丰富，平均太阳总辐射量为 1740（kW·h）/(m²·a)，年蒸发量高达1800～2900mm，其中山区为 800～1200mm、平原盆地为 1600～2200mm，无霜期为 190～220 天。塔里木河流域气温年较差和日较差都很大，年平均日较差为 14～16℃，年最大日较差一般在 25℃以上。除高山区外，年平均气温多在 3～12℃，夏热冬寒是大陆性气候的典型特征，夏季平均气温为 20～30℃，冬季 1 月的平均气温为–20～–10℃。塔里木河流域的热量资源十分丰富，≥10℃的日数持续 180～200 天，≥10℃积温为 4100～4300℃，其中和田河流域的 4361℃是最高的，塔里木河干流区多在 4039～4274℃（胡春宏等，2005）。

在高山环绕和远离海洋的综合影响下，全流域降水稀少，降水量在地区分布上差异很大。塔里木河流域多年平均降水量为 1164.3 亿 m³，占全新疆降水总量2573 亿 m³ 的 45.3%（流域面积占全疆面积的 60%），为典型的干旱少雨区。广大平原区域一般无降水径流发生，盆地中部存在大面积的荒漠无流区。降水量地区分布的特点是北部多于南部、西部多于东部、山地多于平原，山地一般为 200～500mm、盆地边缘为 50～80mm、东南部为 20～30mm、盆地中心约为 10mm，全流域多年平均降水量为 116.8mm。受水汽条件和地理位置的影响，塔里木河流域"四源一干"多年平均降水量为 236.7mm，是降水较多的区域（周聿超，1999）。降水年内分布极不均匀，年内分配集中程度较高，最大连续 4 个月降水量出现在5～8 月，最大连续 4 个月降水量占全年的比例在 50%以上。

8.1.4　流域水系

塔里木河流域发源于塔里木盆地周围的喀喇昆仑山、昆仑山、阿尔金山、帕米尔高原及天山南坡，是我国最大的内流区，河流流向内陆盆地和山间封闭盆地的低洼部位，构成了向心水系。

塔里木河流域在地域上包括塔里木盆地周边向心聚流的九大水系和塔里木干流、塔克拉玛干沙漠及东部荒漠区。九大水系包括车尔臣河小河水系、克里雅河小河水系、和田河水系、叶尔羌河水系、喀什噶尔河水系、阿克苏河水系、渭干河-库车河水系、迪那河水系、开都河-孔雀河水系的 144 条河流，流域总面积为 102.6 万 km^2（含国外面积 2.36 万 km^2），其中阿克苏河、叶尔羌河、开都河-孔雀河、和田河和塔里木河干流流域面积为 25.86 万 km^2（含国外面积 2.23 万 km^2）。由于气候变化和人类活动的影响，目前只有和田河、叶尔羌河、阿克苏河和开都河-孔雀与塔里木河干流有地表水联系。4 条源流的基本情况如下。

1）和田河

和田河由玉龙喀什河和喀拉喀什河两大支流组成，分别发源于昆仑山和喀喇昆仑山北坡，在阔什拉什汇合后，由南向北穿越塔克拉玛干大沙漠 319km，然后汇入塔里木河干流。流域面积为 4.96 万 km^2，其中山区面积为 3.08 万 km^2，平原面积仅为 1.13 万 km^2。和田河流域属极干旱区，水资源较为紧缺，干旱、风沙和盐碱化等自然灾害严重，由于流域人口较多，人均占有耕地面积较少，水土资源利用低，工业发展落后，其经济发展水平是 4 条源流中最低的。

2）叶尔羌河

叶尔羌河是塔里木河流域主要的源流之一，发源于喀喇昆仑山北麓的拉斯开木河，由主流克勒青河和塔什库尔干河等支流组成（周聿超，1999），进入平原后，提孜那甫河、克里雅河和乌鲁克河等支流汇入。叶尔羌河全长 1165km，流域面积为 7.98 万 km^2，其中山区面积为 5.69 万 km^2，平原区面积为 2.29 万 km^2。叶尔羌河流域内气候干燥，蒸发强烈，平原区降水少，春旱、夏洪、盐碱及风沙危害严重。

3）阿克苏河

阿克苏河由源自吉尔吉斯斯坦的托什干河和库玛拉克河两大支流组成，河流全长 588km，流域面积为 6.23 万 km^2，其中山区面积为 4.32 万 km^2，平原区面积为 1.91 万 km^2。两大支流在喀拉都维汇合后，流经山前平原区，在肖夹克汇入塔里木河干流。阿克苏河流域水资源供给充沛，沙漠化威胁小，生态环境相对较好。阿克苏河流域是各源流中流入塔里木河干流水量最多且常年有水的河流，阿克苏河是塔里木河干流的主要补给来源。

4）开都河-孔雀河

开都河发源于天山中部依连哈比尔尕山，河流全长 560km，流域面积为 4.96 万 km^2，其中山区面积为 3.30 万 km^2，平原区面积为 1.66 万 km^2，开都河在下游分两支分别注入博斯腾湖大湖和博斯腾湖小湖。从博斯腾湖流出的河流称为孔雀河，1982 年之前，博斯腾湖的出流孔雀河是自流的，后因水位下降，于 1982 年通过博斯腾湖西泵站和输水渠道，将博斯腾湖大湖水扬入博斯腾湖，因此，孔雀河担负着向塔里木河干流下游输水的任务。

8.2　社 会 经 济

塔里木河流域是一个由维吾尔族、汉族、回族、柯尔克孜族、塔吉克族、哈萨克族、乌孜别克族等 36 个民族构成的多民族聚居区，其中维吾尔族人口占总人口的比重最高；行政范围包括巴州、克州、阿克苏地区、喀什地区、和田地区，以及新疆生产建设兵团的农一师、农二师、农三师及农十四师的 56 个团场所在的区域。据统计，2010 年年末，全流域总人口占全疆总人口的 49.01%，为 1069 万人，其中维吾尔族人口占流域总人口的 72.87%，为 779 万人；流域内以农业人口为主，农业人口达到 708 万人，农业人口占流域总人口的 66.23%。塔里木河流域耕地资源丰富，塔里木河流域耕地面积为 169.3 万 hm^2，灌溉面积达到了 235 万 hm^2，其中林草灌溉面积为 81.3 万 hm^2，农田有效灌溉面积达到了 153.7 万 hm^2。粮食播种面积占全疆粮食播种面积的 43.60%，为 71.9 万 hm^2；粮食总产量占全疆粮食总产量的 52.61%，达 478.25 万 t；棉花播种面积占全疆棉花播种面积的 47.44%，达 69.3 万 hm^2；棉花总产量占全疆棉花总产的 45.88%，达 113.73 万 t；流域内畜牧业发达，2010 年年末牲畜总头数占全疆 2010 年年末牲畜总头数的 57.07%，达 2138 万头。2010 年年末，全流域国内生产总值占全疆国内生产总值的 34.31%，达到 1210 亿元；然而，工业总产值仅占全疆工业总产值的 17.02%，为 727.73 亿元。目前，塔里木河流域工业发展水平相对落后，城市化水平不高，属于新疆乃至全国的贫困地区。

第9章 塔里木河流域气象水文时空特征研究

9.1 塔里木河流域气候因素时空变化特征

本节所分析的数据为塔里木河流域24个气象站点1960～2008年的月降水量、月平均气温和月蒸发皿蒸发量，数据由国家气象中心提供。运用M-K方法对24个气象站点的降水量、气温和蒸发量进行趋势分析，并运用反距离权重法对其进行空间插值，探讨新疆气候因素的时空变化分布特征，以及对塔里木河流域径流量的影响。

9.1.1 塔里木河流域降水时空变化特征

图 9-1 是塔里木河流域不同月份的降水趋势空间分布图。由图 9-1 可知，塔里木河流域降水的空间分布极不均匀，整体上夏季和冬季降水呈增加趋势的站点较多，塔里木河流域降水北部地区多于南部地区，西部地区多于东部地区。具体如下：1 月塔里木河流域东部地区降水呈减小趋势，其他地区呈增加趋势，其中和田河流域降水增加显著［图 9-1（a）］；2 月塔里木河流域降水减小的站点达到 11 个，降水呈减小趋势的主要集中在西南部地区和东部地区，和田河流域和叶尔羌河流域降水呈减小趋势，塔里木河北部地区呈增加趋势，开都河流域部分站点增加显著，塔里木河流域其他站点减小和增加趋势均不显著［图 9-1（b）］；3 月降水呈减小趋势的主要集中在塔里木河北部的渭干河流域和东南部地区，降水呈减小趋势的站点小于 2 月的，流域内其他站点的降水呈增加趋势，但是增加趋势不显著［图 9-1（c）］；4 月降水呈减小趋势的主要分布在塔里木河流域西部地区，其中开都河流域上游、阿克苏河流域和叶尔羌河流域降水呈减小趋势，和田河流域降水呈增加趋势［图 9-1（d）］；5 月塔里木河流域降水减小趋势大于 4 月的，和田河流域和开都河流域上游降水呈减小趋势，阿克苏河和叶尔羌河降水呈增加趋势［图 9-1（e）］。

6～8 月塔里木河流域降水整体上呈增加趋势［图 9-1（f）～图 9-1（h）］，6 月塔里木河中北部和中南部降水呈显著增加趋势，阿克苏河流域和叶尔羌河流域部分呈减小趋势，7 月仅塔里木河干流下游降水呈减小趋势，开都河流域降水增加显著；而 8 月阿克苏河流域和叶尔羌河流域降水却呈减小趋势。9 月降水呈减小趋势的站点多于6～8月的，除西南部叶尔羌河流域和东部地区以外，9月其他区域降水呈增加趋势［图9-1（i）］；10～12月降水呈增加趋势的主要集中在塔里木河流域北部地区，在10月和12月降水显著增加的站点增多，阿克苏河流域冬季降水增加趋势显著［图9-1（j）～图9-1（l）］。

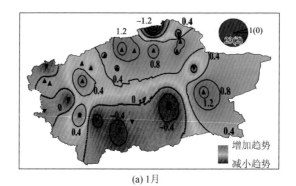

(a) 1月

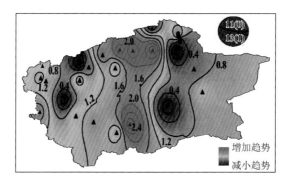

(b) 2月

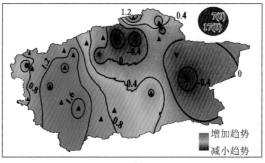

(c) 3月

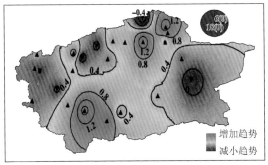

(d) 4 月

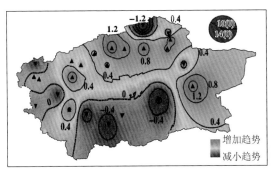

(e) 5 月

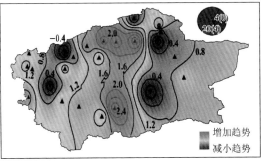

(f) 6 月

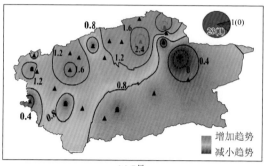

(g) 7月

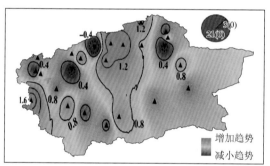

(h) 8月

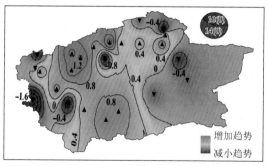

(i) 9月

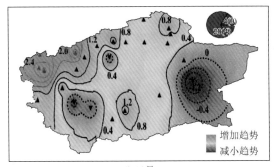

(j) 10月

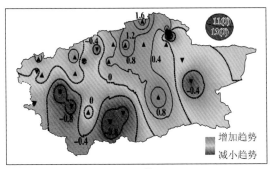

(k) 11月

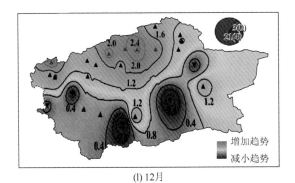

(l) 12月

图 9-1　塔里木河流域月降水的变化趋势空间分布图

圆圈内蓝色表示趋势增加站点；红色表示趋势减小站点；阴影部分表示趋势显著的站点

9.1.2　塔里木河流域气温时空变化特征

由图 9-2 可知，塔里木河流域气温在 1～12 月整体上呈增加趋势，而且气温增加趋势显著的站点的比重大于降水的，冬季和夏季气温显著增加的站点比重最大。从流域上看，阿克苏河流域和开都河流域的部分站点在 5 月、7～9 月呈减小趋势（减小趋势不显著），其他流域的气温呈增加趋势。1 月和田河流域和开都河流域气温增加显著，阿克苏河流域和叶尔羌河流域气温也呈增加趋势；2 月这 4 个流域气温均显著增加；3 月尽管流域内气温均呈增加趋势，但是气温增加趋势不显著；4 月气温呈显著增加趋势的主要集中在塔里木河东部地区；而 5 月塔里木河流域部分站点气温呈减小趋势，气温减小趋势主要集中在塔里木河西北部的渭干河流域和阿克苏河流域；6 月气温增加趋势显著的面积大于 5 月的，气温增加显著的区域主要集中在塔里木河流域东部地区，渭干河流域气温呈减小趋势，但是减小趋势不显著；7～9 月塔里木河流域东部地区气温增加趋势显著，阿克苏河流域和叶尔羌河流域部分地区、南部的和田河流域气温呈减小趋势；10 月塔里木河流域干流气温呈减小趋势，渭干河流域气温减小趋势显著；11～12 月整个流域气温呈增加趋势，南部地区气温增加显著。

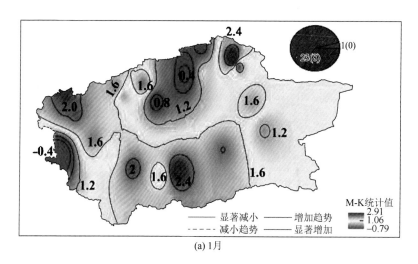

(a) 1月

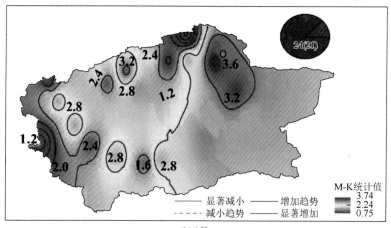

(b) 2月

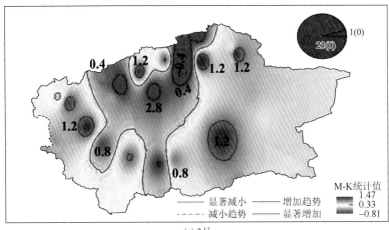

(c) 3月

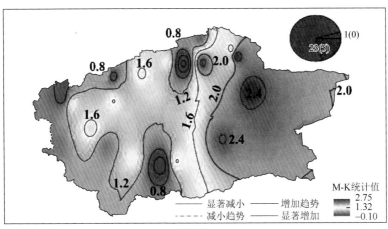

(d) 4月

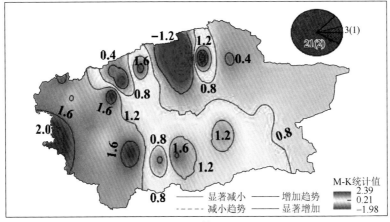

(e) 5月

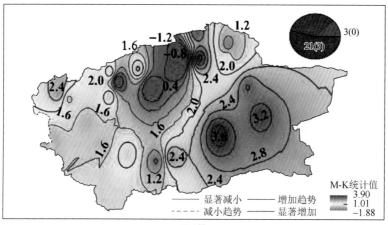

(f) 6月

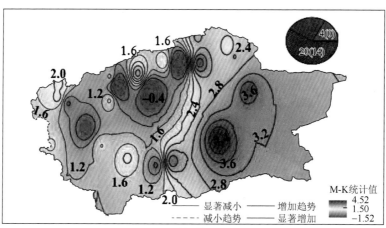

(g) 7月

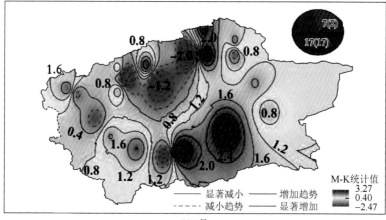

(h) 8月

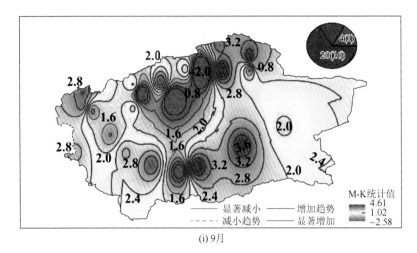

(i) 9月

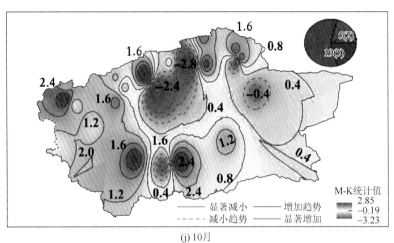

(j) 10月

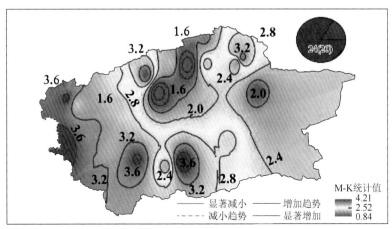

(k) 11月

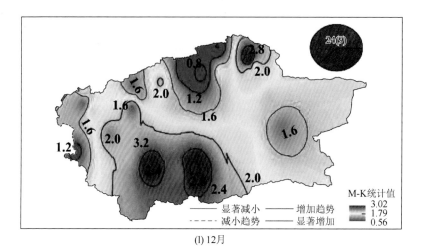

(l) 12月

图 9-2 塔里木河流域月气温的变化趋势空间分布图

圆圈内红色表示增加趋势站点；蓝色表示减小趋势站点；阴影部分表示增加变化显著站点

9.1.3 塔里木河流域蒸发时空变化特征

由图 9-3 可知，塔里木河流域蒸发皿蒸发量各月整体上呈减小趋势，5～10 月蒸发皿蒸发量呈显著减小趋势，冬季蒸发皿蒸发量增加的站点和显著增加的站点明显多于其他季节，表明塔里木河流域冬季蒸发皿蒸发量以增加为主，其他季节蒸发皿蒸发量以减小为主。开都河流域在 1～2 月和 9～12 月蒸发皿蒸发量呈增加趋势，而在其他月份蒸发皿蒸发量呈减小趋势，特别是在 5～8 月减小趋势显著［图 9-3（e）～图 9-3（h）］。阿克苏河流域在 1～2 月和 12 月蒸发皿蒸发量呈减

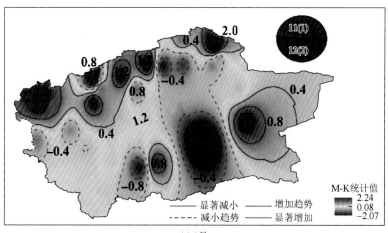

(a) 1月

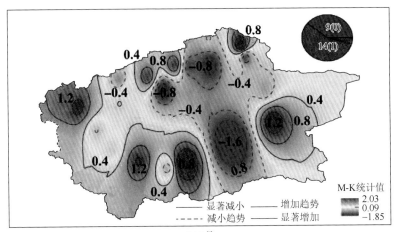

(b) 2月

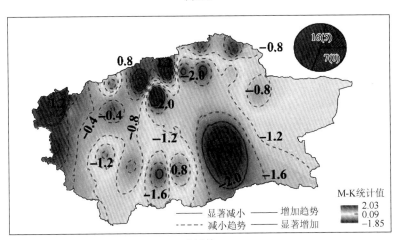

(c) 3月

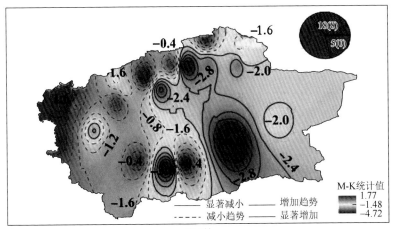

(d) 4月

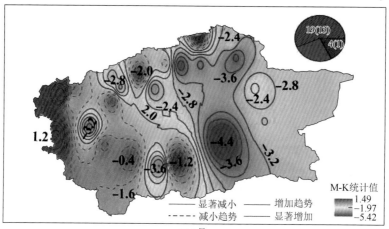

(e) 5月

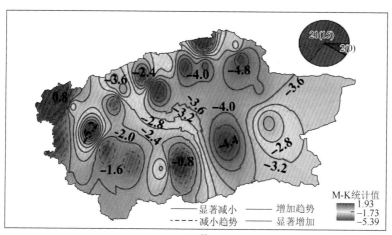

(f) 6月

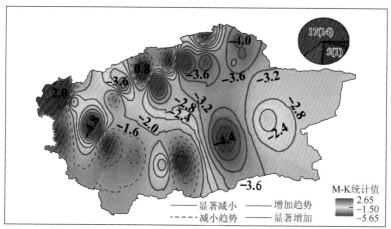

(g) 7月

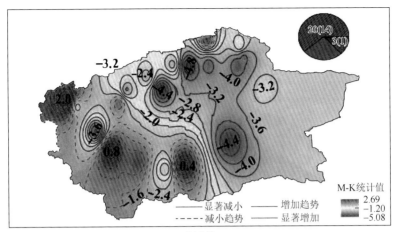

(h) 8月

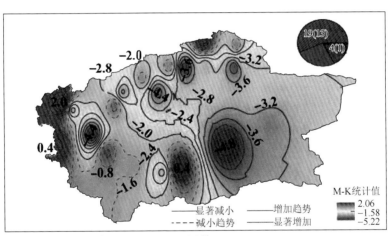

(i) 9月

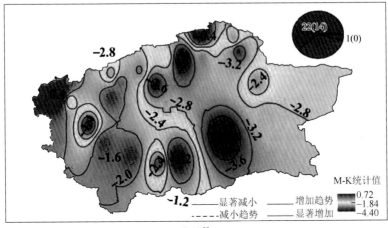

(j) 10月

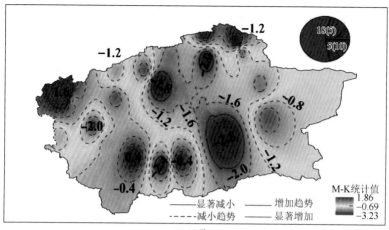

(k) 11月

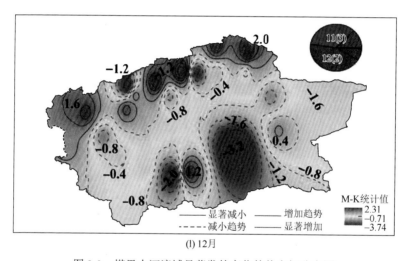

(l) 12月

图9-3　塔里木河流域月蒸发的变化趋势空间分布图

圆圈内红色表示增加趋势站点；蓝色表示减小趋势站点；阴影部分表示增加变化显著站点

小趋势，其他季节蒸发皿蒸发量呈增加趋势，但是增加趋势显著的月份分布在8月和9月［图9-3（h）～图9-3（i）］。和田河流域和叶尔羌河流域蒸发皿蒸发量呈增加和减小趋势出现在相同的月份，仅在2月蒸发量呈增加趋势，其中叶尔羌河在5～9月蒸发皿蒸发量减小趋势显著［图9-3（e）～图9-3（i）］。

9.2　塔里木河流域径流量周期特征及其影响因素

本节选取塔里木河流域的主要水文控制站（同古孜洛克、卡群、沙里桂兰克、大山口和阿拉尔）长序列年径流量资料，以及主要气象站（和田、莎车、阿合奇、巴音布鲁克和阿拉尔）长序列年降水量和年平均温度（简称年均温）数据，利用连续小波变化和交叉小波变化对塔里木河流域的径流量、降水量和年平均温度的周期变化及相关显著周期进行研究，在系统地搜集水库资料和灌区等数据的基础上，揭示流域气候变化和人类活动对径流量周期变化的影响，并阐述影响塔里木河流域径流量变化的因素（图 9-4）。

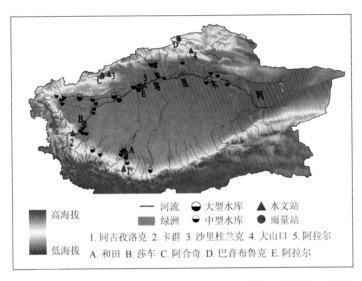

图 9-4　塔里木河流域水文站、气象站、主要水库及灌区地理位置

9.2.1　年径流量、年降水量和年均温小波变换

1. 和田河（同古孜洛克水文站）

由图 9-5（a）～图 9-5（c）可知，同古孜洛克水文站的年径流量变化在 1974～1981 年主要以 3.3～4.4 年为显著周期（超过 95%的置信度水平，下文同），年降水量和年均温在 1981～1993 年、1967～1972 年的显著周期分别为 3.7～6.2 年和 2.1～2.6 年。1973～1979 年、1987～1993 年，年径流量与年降水量小波功率谱的高能量区存在 4.4～5.2 年、3.9～5.5 年的周期，年径流量与年降水量的小波交叉功率谱通过了显著性水平 $\alpha = 0.05$ 下的红色噪声标准谱的检验，年径流量与年降水量相关显著；年降水量与年均温在 1970～1974 年存在 2.1～2.8 年的周期；年均温与年降水量在 20 世纪 70 年代和 90 年代分布着 2～4 年的显著周期［图 9-5（d）～图 9-5（f）］。1969～1974 年、1989～1997 年，年均温与年径流量在低能量区存在着 2.1～4.4 年、3.7～4.4 年周期变化，但周期变化不显著［图 9-5（g）～图 9-5（i）］。

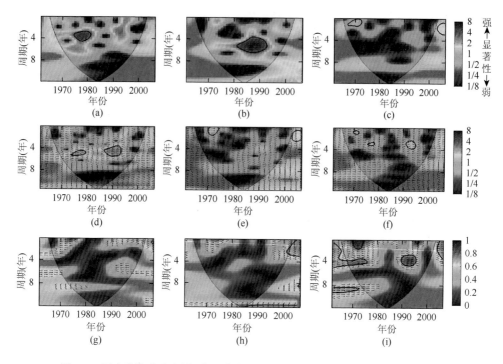

图 9-5　同古孜洛克水文站-和田水文站径流量、降水量和年均温周期特征谱

（a）～（c）分别为年径流量、年降水量、年均温的小波功率谱；（d）～（f）分别为年径流量-年降水量、年降水量-年均温、年均温-年径流量的交叉小波功率谱；（g）～（i）分别为年径流量-年降水量、年降水量-年均温、年均温-年径流量的小波相干谱

2. 叶尔羌河（卡群水文站）

卡群水文站年降水量在 1993～1998 年以 2.5～3.5 年为显著周期，同时在 1980～1998 年以 4.1～6.2 年为显著长周期；年均温周期在 1971～1973 年有两年左右的显著周期，年径流量周期变化不显著 [图 9-6（a）～图 9-6（c）]。虽然年径流量的周期变化不显著，但是年径流量与年降水量的相关显著周期在 1977～1990 年、1990～1997 年分别为 4.9～5.2、2.2～5.2 年，显著周期出现的时间与年降水量周期变化比较吻合；年降水量和年径流量与年均温的相关显著周期在 1971～1974 年、1992～1997 年分别为 2.1～2.8 年、2.9～4.9 年 [图 9-6（e）～图 9-6（g）]。由图 9-6（g）～图 9-6（i）可知，在低能量区，年径流量与年降水量在 1972～1977 年、1992～1996 年的显著周期为 2.0～2.9 年、2.0～3.5 年，其中叠加 4.4～6.6 年、6.2～8.3 年的显著周期，年降水量和年径流量与年均温的相关显著周期基本跟前者相同，年降水量和年径流量与年均温在 1983～1987 年、1988～1997 年叠加 2.1～2.6 年、3.3～4.9 年的显著周期变化。

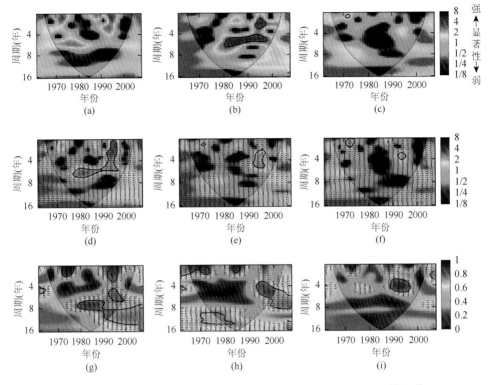

图 9-6　卡群水文站-莎车水文站径流量、降水量和年均温周期特征谱

（a）～（c）分别为年径流量、年降水量、年均温的小波功率谱；（d）～（f）分别为年径流量-年降水量、年降水量-年均温、年均温-年径流量的交叉小波功率谱；（g）～（i）分别为年径流量-年降水量、年降水量-年均温、年均温-年径流量的小波相干谱

3. 阿克苏河（沙里桂兰克水文站）

由图 9-7（a）～图 9-7（c）可知，年径流量在 1965～1968 年、1993～2003 年存在 2.2～2.8 年、2.9～4.9 年的显著周期；年降水量的 2.1～2.4 年、2.2～2.9 年的显著周期主要在 1972～1974 年、1995～2000 年；年均温的 2.5～2.9 年、2.1～2.5 年的显著周期主要集中在 1964～1966 年和 1972～1974 年。在高能量区，年径流量与年降水量在 1995～2001 年的相关显著周期为 2.2～3.7 年，其中叠加 4.4～4.9 年的显著周期；年降水量与年均温的 2.0～2.6 年显著周期变化主要分布在 1970～1976 年，其中年降水量与年均温在 1973～1983 年叠加 7.8～9.8 年的显著周期；年均温和年径流量在 1963～1969 年和 1993～1999 年分别存在 2.3～2.9 年和 3.3～4.4 年相关显著周期变化 ［图 9-7（d）～图 9-7（f）］。交叉小波相干谱揭示年径流量与年降水量在 1963～1980 年为 3.5～5.5 的显著周期；年降水量与年均温在 1971～1977 年的显著周期为 2～2.9 年，其中在 1968～1992 年叠加 7.8～13.1 年的长周期；年径流量与年均温在 1990～2001 年的显著周期为 3.1～4.9 年 ［图 9-7（g）～图 9-7（i）］。

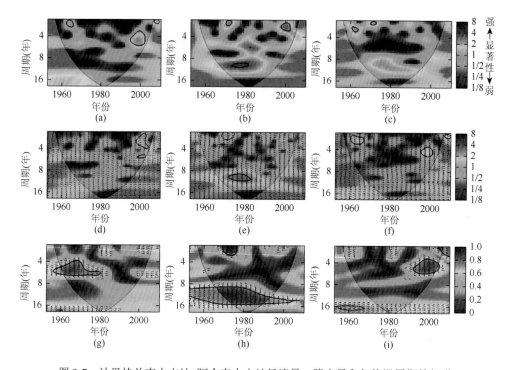

图 9-7　沙里桂兰克水文站-阿合奇水文站径流量、降水量和年均温周期特征谱

（a）～（c）分别为年径流量、年降水量、年均温的小波功率谱；（d）～（f）分别为年径流量-年降水量、年降水量-年均温、年均温-年径流量的交叉小波功率谱；（g）～（i）分别为年径流量-年降水量、年降水量-年均温、年均温-年径流量的小波相干谱

4. 开都河（大山口水文站）

大山口水文站年径流量在 1991～2004 年的显著周期为 2.0～3.3 年；年降水量在 1991～2002 年的显著周期为 2.2～3.1 年，同时在 1998～1999 年叠加 6.2～7.0 年的显著周期；年均温在 1993～2003 年有 3.5～5.5 年的显著周期，其周期变化和时间分布与沙里桂兰克水文站变化基本一致［图 9-7（a）～图 9-7（c）、图 9-8（a）～图 9-8（c）］。与之相对应，各相关显著周期主要分布在 1990 以后［图 9-8（d）～图 9-8（i）］，具体如下：年径流量与年降水量在 1991～2004 年为 2.0～3.3 年的相关显著周期，同时在低能量区存在 2.0～7.0 的显著周期变化［图 9-8（d）和图 9-8（g）］；降水量与年均温在 1998～2002 年的相关显著周期为 2.1～3.3 年，同时叠加有 4.1～7.0 年的相关显著周期，在低能量区存在 2.0～4.9 年的相关显著周期变化［图 9-8（e）和图 9-8（h）］；年径流量和年均温在 1998～2003 年的相关显著周期为 2.0～3.2 年，低能量区的显著强度大于高能量区［图 9-8（f）和图 9-8（i）］。

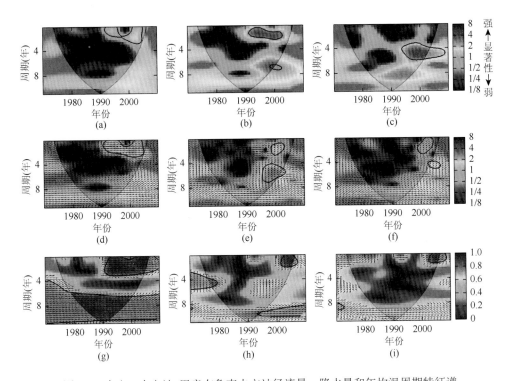

图 9-8　大山口水文站-巴音布鲁克水文站径流量、降水量和年均温周期特征谱

（a）～（c）分别为年径流量、年降水量、年均温的小波功率谱；（d）～（f）分别为年径流量-年降水量、年降水量-年均温、年均温-年径流量的交叉小波功率谱；（g）～（i）分别为年径流量-年降水量、年降水量-年均温、年均温-年径流量的小波相干谱

5. 塔里木河干流（阿拉尔水文站）

阿拉尔水文站周期变化与大山口水文站周期变化相异（图 9-8 和图 9-9），阿拉尔水文站的年径流量在 1971～1979 年的显著周期为 3.3～4.4 年；年降水量在 1972～1977 年的显著周期为 2.3～3.1 年，同时在 1967～1996 年叠加有 4.4～6.6 年的显著周期；年均温在 1966～1972 年的显著周期为 2.1～5.5 [图 9-9（a）～图 9-9（c）]。年径流量与年降水量交叉小波谱在 1971～1980 年的相关显著周期为 2.2～4.1 年，其在低能量区并没有检测到显著周期变化 [图 9-9（d）和图 9-9（g）]；年降水量与年均温在 1966～1974 年的相关显著周期为 2.5～4.8 年，低能量区的相关显著周期在 1999～2004 年为 2.1～3.1 年；年径流量与年均温在 1967～1974 年的相关显著周期为 2.0～4.3 年，低能量区同时存在 1989～1995 年的显著周期 3.1～4.4 年。

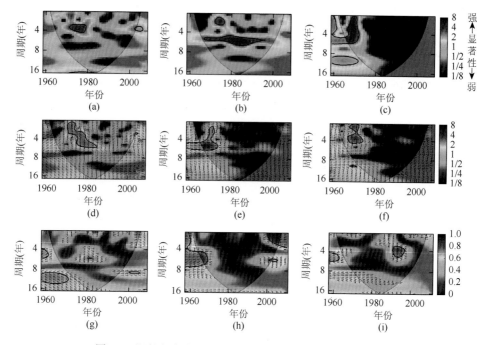

图 9-9　阿拉尔水文站径流量、降水量和年均温周期特征谱

（a）～（c）分别为年径流量、年降水量、年均温的小波功率谱；（d）～（f）分别为年径流量-年降水量、年降水量-年均温、年均温-年径流量的交叉小波功率谱；（g）～（i）分别为年径流量-年降水量、年降水量-年均温、年均温-年径流量的小波相干谱

9.2.2　湿季径流量、降水量和平均温度小波变换

1. 和田河（同古孜洛克水文站）

同古孜洛克水文站湿季径流量在 1974～1981 年的显著周期为 3.3～6.6 年，湿季降水量在 1982～1993 年的显著周期为 3.7～6.2 年，湿季均温周期变化不显著［图 9-10（a）～图 9-10（c）］。与之相关的，湿季径流量和湿季降水量在 1986～1995 年存在 3.5～5.5 的相关显著周期，湿季降水量、湿季径流量分别与湿季均温在低能量区存在着 2.0～2.9 年和 2.0～4.4 年的相关显著周期［图 9-10（d），图 9-10（h），图 9-10（i）］。

2. 叶尔羌河（卡群水文站）

卡群水文站湿季径流量、降水量在 1974～1981 年、1981～1998 年的显著周期分别为 4.9～5.8 年、4.4～6.6 年［图 9-11（a）和图 9-11（b）］。湿季径流量和降水量在 1977～1988 年、1991～1997 年存在 4.9～7.0 年、2.1～5.2 年的相关显著周期，湿季降水量与均温在 1980～1986 年、1994～1999 年的相关显著周期分别为

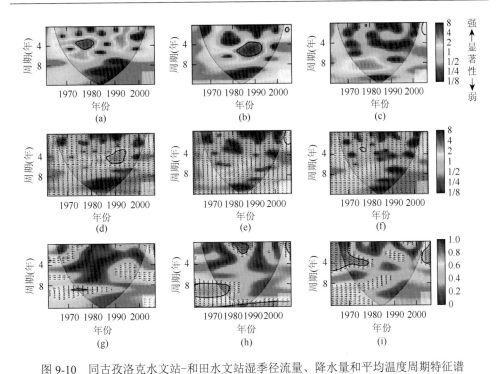

图 9-10　同古孜洛克水文站-和田水文站湿季径流量、降水量和平均温度周期特征谱

（a）～（c）分别为湿季径流量、湿季降水量、湿季均温的小波功率谱；（d）～（f）分别为湿季径流量-湿季降水量、湿季降水量-湿季均温、湿季均温-湿季径流量的交叉小波功率谱；（g）～（i）分别为湿季径流量-湿季降水量、湿季降水量-湿季均温、湿季均温-湿季径流量的小波相干谱

5.2～7.4 年和 2.3～3.9 年；湿季径流量与均温在 1992～1997 年的显著周期为 2.2～3.9 年［图 9-11（d）～图 9-11（f）］。由图 9-11（g）～图 9-11（i）可知，湿季径流量、降水量和均温在 20 世纪 70 年代和 90 年代低能量区存在 2.0～9.8 年左右的相关显著周期，说明这几个时期气温和降水量共同影响径流量。

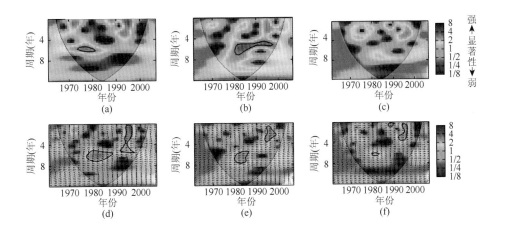

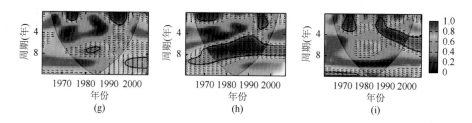

图 9-11　卡群水文站-莎车水文站湿季径流量、降水量和平均温度周期特征谱

（a）～（c）分别为湿季径流量、湿季降水量、湿季均温的小波功率谱；（d）～（f）分别为湿季径流量-湿季降
水量、湿季降水量-湿季均温、湿季均温-湿季径流量的交叉小波功率谱；（g）～（i）分别为湿季径流量-湿季降
水量、湿季降水量-湿季均温、湿季均温-湿季径流量的小波相干谱

3. 阿克苏河（沙里桂兰克水文站）

　　沙里桂兰克水文站湿季径流量在 1993～2000 年的显著周期变化为 3.1～4.6
年，降水量在 1971～1975 年、1995～2003 年的显著周期为 2.0～2.8 年、2.3～4.1
年，同时伴有 8.3～9.3 年的长周期变化，湿季均温在 1965～1974 年的显著周期为
2.0～9.8 年，并且与湿季径流量和湿季降水量的相关显著周期主要分布于该时间
段，显著周期为 2.0～5.8 年［图 9-12（a）～图 9-12（c），图 9-12（e），图 9-12
（f），图 9-12（i）］。湿季径流量和湿季降水量在 1996～2002 年的相关显著周期为
2.5～4.4 年，并且在低能量区，1963～1981 年伴有 3.5～5.5 年的周期变化［图 9-12
（g）］。湿季降水量和均温在 1964～1974 年的相关显著周期为 2.0～4.9 年，伴有
7.4～10.4 年的长周期变化。

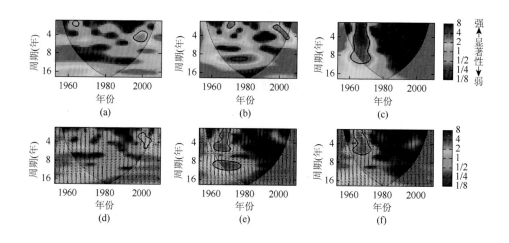

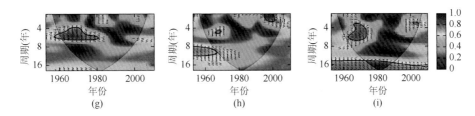

图 9-12　沙里桂兰克水文站-阿合奇水文站湿季径流量、降水量和平均温度周期特征谱

（a）～（c）分别为湿季径流量、湿季降水量、湿季均温的小波功率谱；（d）～（f）分别为湿季径流量-湿季降水量、湿季降水量-湿季均温、湿季均温-湿季径流量的交叉小波功率谱；（g）～（i）分别为湿季径流量-湿季降水量、湿季降水量-湿季均温、湿季均温-湿季径流量的小波相干谱

4. 开都河（大山口水文站）

大山口水文站点的湿季径流量在 1998～2002 年的显著周期为 2.0～3.7 年，湿季降水量在 1991～2001 年的显著周期为 2.2～2.9 年，与前两者相反，湿季均温在 1976～1980 年的显著周期为 2.9～4.1 年 [图 9-13（a）～图 9-13（c）]。大山口水文站和巴

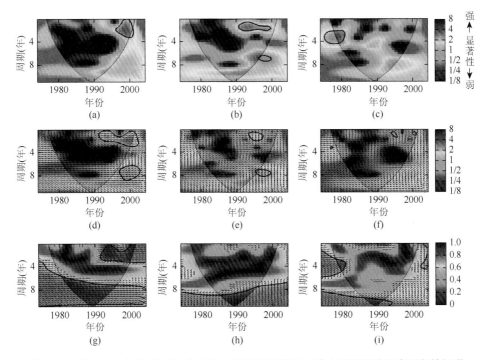

图 9-13　大山口水文站-巴音布鲁克水文站湿季径流量、降水量和平均温度周期特征谱

（a）～（c）分别为湿季径流量、湿季降水量、湿季均温的小波功率谱；（d）～（f）分别为湿季径流量-湿季降水量、湿季降水量-湿季均温、湿季均温-湿季径流量的交叉小波功率谱；（g）～（i）分别为湿季径流量-湿季降水量、湿季降水量-湿季均温、湿季均温-湿季径流量的小波相干谱

音布鲁克水文站仅湿季降水量与径流量、均温相关性显著，其余变量间相关性不显著。径流量与降水量在1991~2001年存在2.0~3.3年的显著周期变化，1994~1999年湿季降水量与均温的相关显著周期为2.2~2.9年［图9-13（d）～图9-13（i）］。

5. 塔里木河干流（阿拉尔水文站）

图9-14显示，阿拉尔水文站湿季径流量、降水量和年均的周期变化相关性比较弱，湿季径流量在1971~1977年、1978~1991年存在2.5~3.1年、4.6~6.2年的显著周期变化，湿季均温在1965~1974年存在2.0~9.3年的显著周期变化。与之相对应，在周期变化显著时期，湿季降水量和湿季均温存在2.2~6.2年显著周期变化，其他变量间的相关性比较弱。

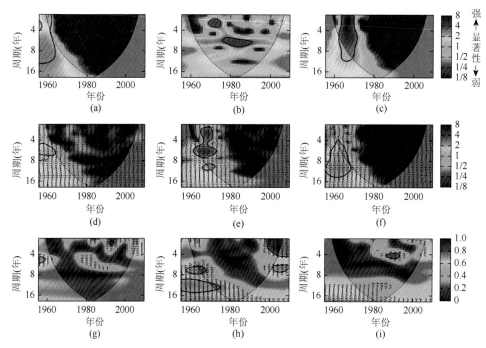

图9-14　阿拉尔水文站湿季径流量、降水量和平均温度周期特征谱

（a）～（c）分别为湿季径流量、湿季降水量、湿季均温的小波功率谱；（d）～（f）分别为湿季径流量-湿季降水量、湿季降水量-湿季均温、湿季均温-湿季径流量的交叉小波功率谱；（g）～（i）分别为湿季径流量-湿季降水量、湿季降水量-湿季均温、湿季均温-湿季径流量的小波相干谱

9.2.3　枯季径流量、降水量和平均温度小波变换

1. 和田河（同古孜洛克水文站）

由图9-15（a）～图9-15（c）可知，同古孜洛克水文站的枯季径流量变化在

1996～2003 年主要以 2.5～3.9 年为显著周期（超过 95%的置信度水平，下文同），枯季降水量和枯季均温的周期变化不显著。2000 年左右，枯季径流量与枯季降水量小波功率谱的高能量区存在 3.5～3.9 年的周期，枯季径流量与枯季降水量的小波交叉功率谱通过了显著性水平 $\alpha=0.05$ 下的红色噪声标准谱的检验，枯季径流量与枯季降水量的相关性显著；枯季降水量与枯季均温在 1976～1982 年存在 2～2.6 年的周期；枯季均温与枯季降水量显著周期相关性不显著 [图 9-15（d）～图 9-15（f）]。1977～1981 年、1976～1983 年，枯季均温与枯季径流量在低能量区存在着 2.0～2.5 年、3.9～4.9 年不显著的周期变化 [图 9-15（g）～图 9-15（i）]。

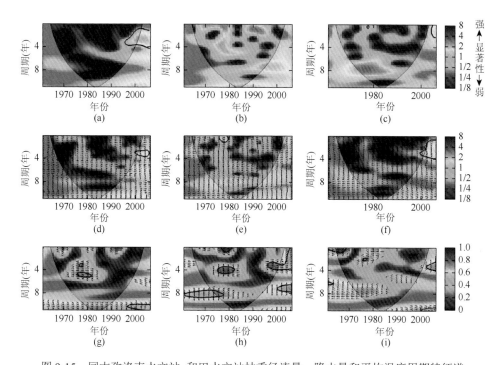

图 9-15　同古孜洛克水文站-和田水文站枯季径流量、降水量和平均温度周期特征谱

（a）～（c）分别为枯季径流量、枯季降水量、枯季均温的小波功率谱；（d）～（f）分别为枯季径流量-枯季降水量、枯季降水量-枯季均温、枯季均温-枯季径流量的交叉小波功率谱；（g）～（i）分别为枯季径流量-枯季降水量、枯季降水量-枯季均温、枯季均温-枯季径流量的小波相干谱

2. 叶尔羌河（卡群水文站）

卡群水文站枯季径流量在 1967～1976 年、1976～1980 年存在 3.1～3.9 年、2.1～3.1 年的显著周期变化；枯季降水量在 1987～1993 年以 2.0～2.6 年为显著周期；枯季均温在 1974～1981 年以 7.4～8.8 年为显著周期 [图 9-16（a）～图 9-16（c）]。枯季径流量与枯季均温相关显著周期在 1975～1979 年、1986～1991 年分

别为 2.0～2.5 年、2.0～2.8 年；枯季降水量和枯季径流量与枯季均温相关显著周期在 1996～1999 年和 1966～1975 年、1976～1980 年分别为 2.0～2.6 年和 3.1～4.4 年、2.0～2.9 年 [图 9-16（e）～图 9-16（g）]。由图 9-16（g）～图 9-16（i）可知，在低能量区，枯季径流量与枯季降水量在 1985～1992 年、1993～2001 年的显著周期为 2.0～4.4 年、3.1～4.1 年；枯季降水量和枯季均温的相关周期不显著，枯季径流量与枯季均温在 1967～1978 年、1997～2002 年存在 3.1～4.4 年、2.0～2.9 年的显著周期变化。

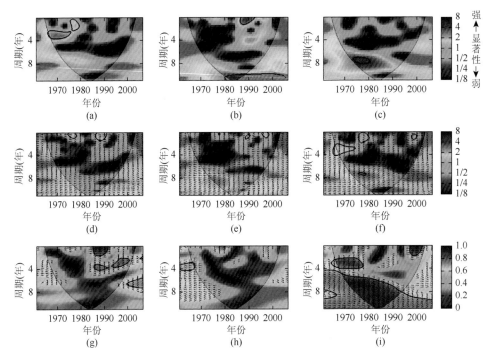

图 9-16　卡群水文站-莎车水文站枯季径流量、降水量和平均温度周期特征谱

（a）～（c）分别为枯季径流量、枯季降水量、枯季均温的小波功率谱；（d）～（f）分别为枯季径流量-枯季降水量、枯季降水量-枯季均温、枯季均温-枯季径流量的交叉小波功率谱；（g）～（i）分别为枯季径流量-枯季降水量、枯季降水量-枯季均温、枯季均温-枯季径流量的小波相干谱

3. 阿克苏河（沙里桂兰克水文站）

由图 9-17（a）～图 9-17（c）可知，枯季径流量在 1995～2001 年存在 2.0～2.9 年的显著周期；枯季降水量 2.2～5.2 年的显著周期主要集中在 1978～1993 年；枯季均温 7.4～8.8 年的显著周期变化主要集中在 1970～1979 年。在高能量区，枯季径流量与枯季降水量在 1995～2002 年的相关显著周期为 2.0～2.9 年；枯季降水量与枯季均温的 2.1～2.9 年显著周期变化主要集中在 1976～1985 年；枯季均温和

枯季径流量在 1996~2002 年存在 2.0~2.8 年的相关显著周期变化[图 9-17(d)~
图 9-17(f)]。交叉小波相干谱揭示枯季径流量与枯季降水量相关周期变化不显著；
枯季降水量与枯季均温在 1974~1978 年的显著周期为 2.0~2.5 年；枯季径流量与
枯季均温在 1983~1988 年的显著周期为 2.9~4.4 年 [图 9-17 (g) ~图 9-17 (i)]。

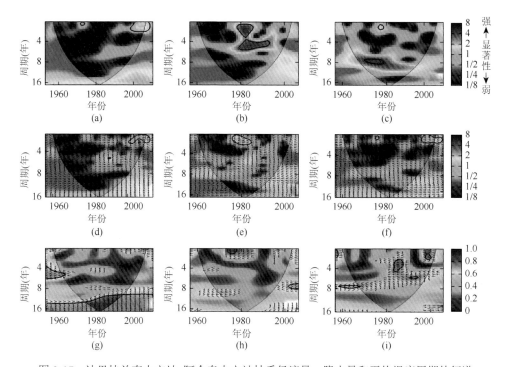

图 9-17 沙里桂兰克水文站-阿合奇水文站枯季径流量、降水量和平均温度周期特征谱

（a）~（c）分别为枯季径流量、枯季降水量、枯季均温的小波功率谱；（d）~（f）分别为枯季径流量-枯季降
水量、枯季降水量-枯季均温、枯季均温-枯季径流量的交叉小波功率谱；（g）~（i）分别为枯季径流量-枯季降
水量、枯季降水量-枯季均温、枯季均温-枯季径流量的小波相干谱

4. 开都河（大山口水文站）

大山口水文站枯季降水量在 1993~2001 年的显著周期为 2.6~4.6 年；枯季均
温在 1996~2002 年的显著周期为 3.9~4.9 年,同时在 1980~1983 年叠加 2.0~2.3
年的显著周期 [图 9-18 （a） ~图 9-18 （c）]。与之相对应，各相关显著周期主要
分布在 1990 以后 [图 9-18 （d） ~图 9-18 （i）]，具体如下：枯季径流量与枯季降
水量在 1996~2004 年的相关显著周期为 3.9~5.2 年 [图 9-18 （d），图 9-18 （g）]；
枯季降水量与枯季均温在 1995~2002 年的相关显著周期为 3.1~4.9 年,在低能量
区存在 2.2~6.2 年的相关显著周期变化 [图 9-18 （e），图 9-18 （h）]；枯季径流
量和枯季均温在 1995~2004 年的相关显著周期为 2.0~5.5 年,低能量区的显著强

度大于高能量区［图9-18（f），图9-18（i）］。

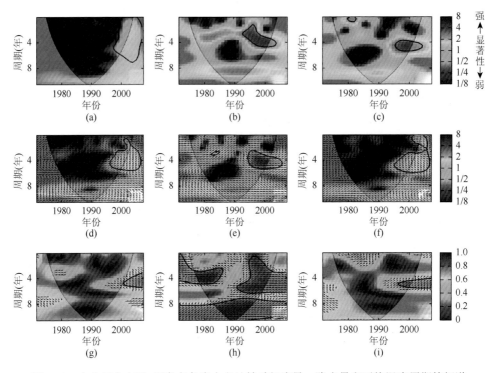

图9-18　大山口水文站-巴音布鲁克水文站枯季径流量、降水量和平均温度周期特征谱

（a）～（c）分别为枯季径流量、枯季降水量、枯季均温的小波功率谱；（d）～（f）分别为枯季径流量-枯季降水量、枯季降水量-枯季均温、枯季均温-枯季径流量的交叉小波功率谱；（g）～（i）分别为枯季径流量-枯季降水量、枯季降水量-枯季均温、枯季均温-枯季径流量的小波相干谱

5. 塔里木河干流（阿拉尔水文站）

阿拉尔水文站的枯季径流量和枯季降水量、枯季均温的相关周期变化不显著（图9-19），枯季降水量在1970～1978年、1998～2003年存在7.0～13.9年、2.5～4.1年的显著周期,枯季均温在1969～1986年存在6.6～9.9年的显著周期[图9-19（b），图9-19（c）]。相应地，在1968～1986年存在着6.6～11.0年的相关显著周期［图9-19（e），图9-19（h）]。

塔里木河流域主要源流（阿克苏河、叶尔羌河、和田河和开都河）的径流量主要来源于山区降水和冰雪融水，因此降水量和气温变化是影响河流径流变化的主要因素。1980年以后，同古孜洛克水文站的年径流量与年降水量的显著强度大于气温与降水量的显著性，降水量对径流量的变化贡献大。虽然卡群水文站年径流量的周期变化不显著，但是年径流量与年降水量相关显著周期分布在 1977～

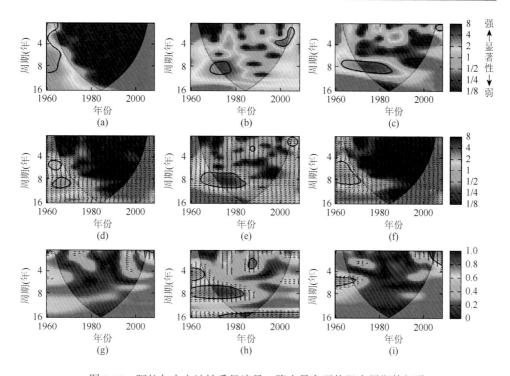

图 9-19　阿拉尔水文站枯季径流量、降水量和平均温度周期特征谱

（a）～（c）分别为枯季径流量、枯季降水量、枯季均温的小波功率谱；（d）～（f）分别为枯季径流量-枯季降水量、枯季降水量-枯季均温、枯季均温-枯季径流量的交叉小波功率谱；（g）～（i）分别为枯季径流量-枯季降水量、枯季降水量-枯季均温、枯季均温-枯季径流量的小波相干谱

1997 年，年均温与年径流量的相关显著周期范围不大，降水量对叶尔羌河水文站径流量变化的贡献要大于气温对年径流量变化的贡献。

　　沙里桂兰克水文站年径流量和阿合奇水文站年降水量在 20 世纪 90 年代的周期显著变化，年降水量和年均温在 90 年代后期与年径流量的周期相关性显著，年径流量的显著周期是年降水量和年均温共同作用的结果；年径流量与年均温在 1965～1968 年的周期相关性显著，而年径流量与年降水量在该时间段的周期相关性不显著，因此年径流量在 1965～1968 年的显著周期主要是由气温的周期显著变化引起的。巴音布鲁克气象站是山区气象站，其年降水量和年均温在 1990 年以后周期变化显著，大山口水文站的年径流量在 1991 年以后周期变化显著，但是显著性强度没有年降水量和年均温大。大山口水文站的年径流量与巴音布鲁克水文站的年降水量和年均温在 1991～2004 年高能量区的周期相关性显著，在低能量区降水量对径流量的周期显著性影响更强。高鑫等（2010）研究得出，1990 年以后冰川融水对河流径流量的贡献明显加大，巴音布鲁克地区 80 年代降水减少，90 年代后降水增加幅度较大。因此，1991～1998 年，降水量是影响径流量周期变化的主要因素，1998 年以后径流量受降水量和温度共同影响。

阿拉尔水文站的年径流量、年降水量和年均温与沙里桂兰克水文站、大山口水文站的变化不一致，阿拉尔水文站的显著周期变化主要集中在 20 世纪 60 年代中期至 70 年代中期，阿拉尔水文站年径流量与年降水量和年均温的相关性显著周期也主要集中在这一时期；80 年代以后，降水量周期的显著变化并没有引起径流量周期的显著变化。阿拉尔水文站的径流量主要来源于阿克苏河、和田河和叶尔羌河，塔里木河 4 条源流出山口多年平均径流量为 224.9 亿 m^3，2001 年 4 条源流出山口天然径流量为 266.9 亿 m^3，出山口径流量的增加不但没有增加阿拉尔水文站的年径流量，而且阿拉尔水文站年径流量以年均 0.2 亿 m^3 的流量减少。塔里木河流域土地增加经历 3 个时期，分别是 1949～1960 年增加 44.88 万 hm^2，1963～1978 年增加 26.46 万 hm^2，1990～2008 年增加 68.75 万 hm^2（满苏尔·沙比提和努尔卡木里·玉素甫，2010），塔里木河上游地区的灌溉面积和人口由 1950 年的 34.8 万 hm^2 和 156 万人增加到 2000 年的 125.7 万 hm^2 和 395 万人，耕地增加将近 4 倍。在以水资源开发利用为核心的人类社会生产活动的影响下，用水量在 50 年间翻了一番（西北内陆河区水旱灾害编委会，1999；沈镇昭和梁书升，2000）。70 年代耕地面积的增加没有显著减小径流量，而且源流 3 个气象站和阿拉尔水文站降水量周期变化显著，因此引起径流量的周期变化显著。90 年代以后，耕地面积及引水枢纽工程的建设造成上游来水减小、径流量周期变化不显著。

第10章 塔里木河流域枯水径流分析

10.1 塔里木河流域枯水径流趋势分析

本节所分析的数据为塔里木河流域 8 个主要水文站 1962~2008 年最小连续 7 日平均流量（定义为枯水流量）（Svensson et al.，2005；Maidment，1992）（图 9-4）。M-K 法是用来评估水文气候要素时间序列趋势的检验方法，以适用范围广、人为性少、定量化程度高而著称。8 个主要水文站的极值流量的滞后 1 的自相关系数均大于 0.1，序列在进行 M-K 分析之前均需要白化预处理。

Sen's 斜率能确定序列趋势变化的程度，Sen's 斜率是一种非参数的计算趋势斜率的方法，该方法计算出的线性趋势的斜率不受序列奇异值的影响，能很好地反映序列的变化程度。Sen's 斜率的计算公式如下（殷贺等，2011）：

$$Q = \text{median} \frac{(X_j - X_i)}{j - i} \quad 1 < i < j < n \tag{10-1}$$

式中，Q 为 Sen's 斜率；X_j 和 X_i 分为 j 时刻和 i 时刻的序列值。如果时间序列长度 n 为奇数值，则会有 $N = n(n-1)/2$ 个 Q_i，最终的 Q 由 N 来决定：

$$Q = \begin{cases} Q_{[(N+1)/2]} \\ (Q_{[N/2]} + Q_{[(N+2)/2]}) / 2 \end{cases} \tag{10-2}$$

通过对 Sen's 斜率的 M-K 检验，可以计算出置信区间内的斜率值范围：

$$M_1 = \frac{N' - C_\alpha}{2} \tag{10-3}$$

$$M_2 = \frac{N' + C_\alpha}{2} \tag{10-4}$$

式中，$C_\alpha = Z_{1-\alpha/2} \cdot \sqrt{\text{Var}(S)}$；$M_1$ 和 M_2 分别为在 α 置信度下通过检验的最小和最大斜率值；N' 为 Q_i 的长度；$Z_{1-\alpha/2}$ 为在 α 置信度下的统计值。

10.2 塔里木河流域枯水径流频率分析

传统的枯水频率分析采用皮尔逊分布函数，但是不同地区的最适宜性频率分布函数不同。因此，本节选用韦克比分布、韦布尔分布、伽马分布、对数正态分布、对数逻辑分布、广义帕累托分布、广义极值分布、极值分布、β 分布、耿贝尔（极大值）分布、耿贝尔（极小值）分布共 11 种概率分布函数和单参数的二维阿基米德族 Copula 函数，系统地分析了塔里木河流域 8 个水文站枯水流量。概率分布函数的参数及拟合优度分别由线性矩与柯尔莫哥洛夫-斯米尔诺夫（Kolmogorov-Smirnov，K-S）方法检验，选出最适合该区枯水流量的分布函数，同时对引起该流域枯水流量变化的原因及其影响做有益的探讨。本节分析的数据为塔里木河流域 8 个主要水文站（同古孜洛克、玉孜门勒克、卡群、沙里桂兰克、协合拉、黄水沟、大山口、阿拉尔）1962～2008 年枯水流量，其中沙里桂兰克和协合拉枯水流量起止时间为 1962～2007 年，大山口枯水流量起止时间为 1972～2008 年。

10.2.1 K-S 检验与参数估计

本节选用韦克比分布、韦布尔分布、伽马分布、对数正态分布、对数逻辑分布、广义帕累托分布、广义极值分布、极值分布、β 分布、耿贝尔（极大值）分布、耿贝尔（极小值）分布共 11 种分布（表 10-1）分别拟合 8 个水文站的枯水流量序列，并用 K-S 的统计值 D 检验分布拟合优度。利用拟合最好的概率分布函数分析 8 个水文站水文极值的重现期及其对应的流量。由 Justel 等（1997）研究的检验总体的分布函数是否服从某一函数 $F_n(x)$ 的假设条件 H_0：$F(x) = F_n(x)$，H_a：$F(x) \neq F_n(x)$，如果原假设成立，那么 $F(x)$ 和 $F_n(x)$ 的差距就较小。当 n 足够大时，对于所有的 x 值，$F(x)$ 和 $F_n(x)$ 之差很小这一事件发生的概率为 1，即

$$D_n = \max_{-\infty < x < +\infty} |F(x) - F_n(x)|; \quad P\{\lim_{n \to +\infty} D_n = 0\} = 1 \qquad (10\text{-}5)$$

式中，$F(x)$ 与 $F_n(x)$ 分别为理论与经验分布函数。若 $D_n < D_{n,\alpha}$（显著水平为 α、容量为 n 的 K-S 检验临界值），则认为理论分布与样本序列的经验分布拟合较好，无显著差异。11 种分布函数的参数统一用线性矩来估计。目前，线性矩是水文极值频率分析中概率分布函数参数估计最为稳健的方法之一（Hosking，1990），其最大的特点是对水文极值序列中的极大值和极小值不是特别敏感。

表 10-1 分布函数表达式及参数意义

分布函数	表达式	参数意义
韦克比分布	$x(F) = \xi + \dfrac{\alpha}{\beta}[1-(1-F)^\beta] - \dfrac{\gamma}{\delta}[1-(1-F)^{-\delta}]$	β、γ、δ 为形状参数；ξ 为位置参数；α 为尺度参数
韦布尔分布	$F(x) = 1 - \exp\left[-\left(\dfrac{x-\gamma}{\beta}\right)^\alpha\right]$	α、β、γ 分别为形状参数、尺度参数和位置参数

续表

分布函数	表达式	参数意义
伽马分布	$F(x) = \dfrac{\beta^{\alpha}}{\Gamma(\alpha)} \int_{x}^{+\infty} (x-\gamma)^{\alpha-1} \mathrm{e}^{-\beta(x-\gamma)} \mathrm{d}x$	α、β、γ 分别为形状参数、尺度参数和位置参数
对数正态分布	$F(x) = \Phi\left[\dfrac{\ln(x-\gamma)-\mu}{\sigma}\right]$	μ、σ、γ 分别为形状参数、尺度参数和位置参数
对数逻辑分布	$F(x) = \left[1 + \left(\dfrac{\beta}{x-\gamma}\right)^{\alpha}\right]^{-1}$	α、β、γ 分别为形状参数、尺度参数和位置参数
广义帕累托分布	$F(x) = \begin{cases} 1 - \left[1 + k\dfrac{(x-\mu)}{\sigma}\right]^{-1/k} & k \neq 0 \\ 1 - \exp\left[-\dfrac{(x-\mu)}{\sigma}\right] & k = 0 \end{cases}$	k、σ、μ 分别为形状参数、尺度参数和位置参数
广义极值分布	$F(x) = \begin{cases} \exp\left[-\left(1 + k\dfrac{x-\mu}{\sigma}\right)^{-1/k}\right] & k \neq 0 \\ \exp\left[-\exp\left(-\dfrac{x-\mu}{\sigma}\right)\right] & k = 0 \end{cases}$	k、σ、μ 分别为形状参数、尺度参数和位置参数
极值分布	$F(x) = \exp\left[-\left(\dfrac{\beta}{x-\gamma}\right)^{\alpha}\right]$	α、β、γ 分别为形状参数、尺度参数和位置参数
β 分布	$F(x) = \dfrac{\int_{0}^{x} t^{\alpha_1-1}(1-t)^{\alpha_2-1}\mathrm{d}t}{\int_{0}^{1} t^{\alpha_1-1}(1-t)^{\alpha_2-1}\mathrm{d}t}(\alpha_1 > 0, \alpha_2 > 0, 0 \leqslant x \leqslant 1)$	α_1, α_2 为形状参数，α_1, α_2 为边界参数（$\alpha_1 < \alpha_2$）
耿贝尔（极大值）分布	$F(x) = \exp\left[-\exp\left(-\dfrac{x-\mu}{\sigma}\right)\right]$	σ、μ 分别为尺度参数和位置参数
耿贝尔（极小值）分布	$F(x) = 1 - \exp\left[-\exp\left(\dfrac{x-\mu}{\sigma}\right)\right]$	σ、μ 分别为尺度参数和位置参数

10.2.2　Copula 函数

统计学中，Copula 函数 C 的定义如下（以二维情形为例）。

定义：一个二维 Copula 是一个函数 C，满足以下性质。

（1）　　　　　　$\forall u, v \in I$，$C(u,0) = 0$；$C(0,v) = 0$；　　　　　（10-6）

$$C(u,1) = u；\quad C(1,v) = v；\tag{10-7}$$

（2）$\forall u_1$，u_2，v_1，$v_2 \in I$，且 $u_1 \leqslant u_2$，$v_1 \leqslant v_2$，

$$C(u_2,v_2) - C(u_2,v_1) - C(u_1,v_2) + C(u_1,v_1) \geqslant 0 \tag{10-8}$$

性质：说明只要其中一个边缘分布为 0 或者 1 时，联合分布也为 0 或者等于另一个边缘分布。

令 $M(u,v) = \min(u,v)$，$W(u,v) = \max(u+v-1,0)$，则 $\forall\ (u,v) \in I^2$，Copula C 满足以下不等式：

$$W(u,v) \leqslant C(u,v) \leqslant M(u,v) \qquad (10\text{-}9)$$

式（10-9）为 Copula C 的 Fréchet-Hoeffding 边界不等式，M 表示 Fréchet-Hoeffding 上界，W 表示 Fréchet-Hoeffding 下界。另一种常见的 Copula 是积 Copula $\prod(u,v) = uv$。$W(u,v)$、$M(u,v)$ 和 $\prod(u,v)$ 都属于 Copula。

Copula 函数是边缘分布为[0，1]均匀分布的联合分布函数，Sklar's 定理给出了 Copula 函数和两变量联合分布的关系。设 X, Y 为连续的随机变量，其边缘分布函数分别为 F_X 和 F_Y，$F（x，y）$为变量 X 和 Y 的联合分布函数，那么存在唯一的 Copula 函数 C（闫宝伟等，2007；Grimaldi and Serinaldi，2006），使得

$$F(x,y) = C_\theta[F_X(x), F_Y(y)], \forall x, y \qquad (10\text{-}10)$$

式中，$C_\theta[F_X(x), F_Y(y)]$ 为 Copula 函数；θ 为待定参数。

Skar's 定理是 Copula 函数理论的核心，也是该理论在统计学领域许多应用的基础。从 Sklar's 定理可以看出，Copula 函数能独立于随机变量的边缘分布，反映随机变量的相关性结构，可将二元联合分布分为 2 个独立的部分，即变量间的相关性结构和变量的边缘分布来分别进行处理，其中变量间的相关性结构用 Copula 函数来描述（熊立华等，2005）。同样，可以反过来用联合分布和两个边缘分布的"逆"来表示 Copula 函数。

1. Copula 函数变量间的相关性计算

目前，用于度量 Copula 函数变量相关性的指标主要包括 Kendall 秩相关系数 τ、皮尔逊线性相关系数 ρ、Spearman 秩相关系数 ρ、Gini 关联系数 γ 等，本节采用在水文上常用的 Kendall 秩相关系数 τ 度量 X、Y 相应的连接函数 Copula 变量的相关性，Kendall 相关系数 τ 与 Copula 函数 $C(x,y)$ 存在以下关系（Nelsen，1999）：

$$\tau = 4 \iint_{I^2} C(x,y) \mathrm{d}C(x,y) - 1 \qquad (10\text{-}11)$$

τ 取值为[–1，1]，τ 值的大小反映了变化一致与否的程度大小：

$\tau=1$，表示 X 的变化与 Y 的变化完全一致，即正相关；

$\tau=-1$，表示 X 的变化与 Y 的反向变化完全一致，即负相关；

$\tau=0$，表示 X 的变化与 Y 的变化一半是一致的，一半是相反的，即不能判断是否相关。

2. Copula 函数分类

Copula 函数总体上可以分为阿基米德型、椭圆型和二次型 3 类，其中应用最为广泛的是生成元为 1 个参数的阿基米德型 Copula 函数（Nelsen，1999；Kao and Govindaraju，2010），本节仅列出了在水文及相关领域文献里经常出现的 3 种阿基米德型 Copula 函数，并且利用变量间的 Kendall 秩相关系数 τ 与 Copula 函数参数 θ 之间存在的确定的解析关系，计算出单参数的二维阿基米德族 Copula 函数的参数 θ（肖义，2007）。

1）Gumbel-Hougaard（GH）Copula

Gumbel-Hougaard（GH）Copula 与 Gumbel 逻辑模型（Joe，1997）的结构形式完全相同。

$$C(u,v) = \exp\left\{-[(-\ln u)^\theta + (-\ln v)^\theta]^{1/\theta}\right\}, \quad \theta \in [1,+\infty) \quad (10\text{-}12)$$

式中，θ 为 Copula 函数的参数。由式（10-13）可以得到 Kendall 秩相关系数 τ 与 θ 的关系：

$$\tau = 1 - \frac{1}{\theta}, \quad \theta \in [1,+\infty) \quad (10\text{-}13)$$

从式（10-12）可以看出，GH Copula 仅能够适用于变量存在正相关的情形，因此，其比较适用于构造相互之间存在着正相关性的变量的联合分布，如洪峰和洪量、洪量与洪水历时。

2）Clayton Copula

Clayton Copula 的表达式为

$$C(u,v) = (u^{-\theta} + v^{-\theta} - 1)^{-1/\theta}, \quad \theta \in (0,+\infty) \quad (10\text{-}14)$$

τ 与 θ 的关系：

$$\tau = \frac{\theta}{2+\theta}, \quad \theta \in (0,+\infty) \quad (10\text{-}15)$$

Clayton Copula 有时又被称为 Cook-Johnson Copula，Clayton Copula 与 GH Copula 一样，均仅适用于描述正相关的随机变量。

3）Frank Copula

Frank Copula 的表达式为

$$C(u,v) = -\frac{1}{\theta}\ln\left[1 + \frac{(e^{-\theta u}-1)(e^{-\theta v}-1)}{e^{-\theta}-1}\right], \quad \theta \in R \quad (10\text{-}16)$$

τ 与 θ 的关系：

$$\tau = 1 - \frac{4}{\theta}\left[-\frac{1}{\theta}\int_{-\theta}^{0}\frac{t}{\exp(t)-1}\mathrm{d}t - 1\right], \quad \theta \in R \qquad (10\text{-}17)$$

Frank Copula 既能够描述正相关的随机变量，也能够描述存在着负相关性的随机变量，不同的是，它对相关性的程度也没有限制。

3. Copula 函数的选择

选择不同类型的 Copula 函数，其计算结果也不尽相同，如何正确选择最适合研究区域的 Copula 函数尤为重要。Genest 和 Rivest（1993）提出了一种选择 Copula 函数的方法，具体步骤如下。

步骤 1：对于阿基米德 Copula $C(x,y)$，令 $K_C(t) = P[C(x,y) \leqslant t]$，对于任意 $t \in I$，

$$K_C(t) = t - \frac{\varphi(t)}{\varphi'(t^+)} \qquad (10\text{-}18)$$

式中，φ 为 Copula 函数 C 的生成元。

步骤 2：构造 K_C 的经验估计量 $K_e(t)$。首先计算 t_i：

$$t_i = \frac{M}{N-1}, \quad i = 1, 2, \cdots, N \qquad (10\text{-}19)$$

式中，M 为样本满足 $(x < x_i, y < y_i)$ 的数量。

对于任意 $t \in I$，计算 $K_e(t)$：

$$K_e(t) = \frac{\text{满足}(t_i < t)\text{的数量}}{N} \qquad (10\text{-}20)$$

步骤 3：对所选取的 t，理论估计值 $K_C(t)$ 和经验估计值 $K_e(t)$（或称参数估计值和非参数估计值）分别通过步骤 1 和步骤 2 计算得到，然后点绘 K_C-K_e 关系图，如果图上的点都落在 45°对角线上，那么表明 $K_C(t)$ 和 $K_e(t)$ 完全相等，Copula 函数拟合得很好。因此，K_C-K_e 关系图可以用来评价和选择 Copula 函数。

4. Copula 函数的水文事件两变量分析模型

1）边缘分布、联合分布和条件分布

将某一区域的水文事件用两个特征量 X 和 Y 来描述，X 和 Y 的边缘分布模型为 $F_X(x)$ 和 $F_Y(y)$，根据 Copula 函数及 Sklar's 定理 [式（10-10）]，可以得到 X 和 Y 的联合分布 $F(x,y)$：

$$F(x,y) = C(u,v) = C[F_X(x), F_Y(y)] \tag{10-21}$$

$$u = F_X(x) \tag{10-22}$$

$$v = F_Y(y) \tag{10-23}$$

以 Copula 函数 GH Copula 为例，联合分布 $F(x,y)$ 为

$$F(x,y) = \exp\left(-\{[-\ln F_X(x)]^\theta + [-\ln F_Y(y)]^\theta\}^{\frac{1}{\theta}}\right) \tag{10-24}$$

给定 $X = x$ 时，Y 的条件分布函数为

$$F(y|X = x) = P(Y \leqslant y|X = x) = \frac{\partial F(x,y)}{\partial x} \tag{10-25}$$

Nelson（1999）将式（10-25）改写为

$$F(y|X = x) = P(V \leqslant v|U = u) = \frac{\partial C(u,v)}{\partial u} \tag{10-26}$$

给定 $X \leqslant x$ 时，Y 的条件分布函数为

$$F(y|X \leqslant x) = P(Y \leqslant y|X \leqslant x) = \frac{F(x,y)}{F_X(x)} \tag{10-27}$$

给定 $X > x$ 时，Y 的条件分布函数为

$$F(y|X > x) = P(Y \leqslant y|X > x) = \frac{P(X > x, Y \leqslant y)}{P(X > x)} = \frac{F_Y(y) - F(x,y)}{1 - F_X(x)} \tag{10-28}$$

给定 $x_1 < X \leqslant x_2$ 时，Y 的条件分布函数为

$$F(y|X \leqslant x) = P(Y \leqslant y|x_1 \leqslant X \leqslant x_2) = \frac{F(x_2,y) - F(x_1,y)}{F(x_2) - F(x_1)} \tag{10-29}$$

相应的条件重现期由条件概率分布计算得到。

2）两变量重现期

Salvadori 等曾对两变量事件的重现期问题进行过系统研究，总结单变量事件理论上可以组合成 8 种两变量事件（Salvadori and Michele，2004；Favre et al.，2004；Michele et al.，2005）。对于洪水，我们只关注水文变量 X 或 Y 超过某一特定值，即联合重现期 T_0；水文事件中 X 和 Y 都超过某一特定值，即同现重现期 T_a。对于

枯水，我们关注水文变量 X 或 Y 不超过某一特定值，即联合重现期 T_0' ；水文事件中 X 和 Y 都不超过某一特定值，即同现重现期 T_a' 。上述重现期可以通过下面的公式计算：

$$T_0(x,y) = \frac{1}{P(X>x \text{ 或 } Y>y)} = \frac{1}{1-C[F_X(x),F_Y(y)]} \qquad (10\text{-}30)$$

$$T_a(x,y) = \frac{1}{P(X>x,Y>y)} = \frac{1}{1-F_X(x)-F_Y(y)+C[F_X(x),F_Y(y)]} \qquad (10\text{-}31)$$

$$T_0'(x,y) = \frac{1}{P(X<x \text{ 或 } Y<y)} = \frac{1}{C[F_X(x),F_Y(y)]} \qquad (10\text{-}32)$$

$$T_a'(x,y) = \frac{1}{P(X<x,Y<y)} = \frac{1}{F_X(x)+F_Y(y)-C[F_X(x),F_Y(y)]} \qquad (10\text{-}33)$$

变量 X 和 Y 的单变量重现期（或称边缘重现期）如下：

$$T(x) = \frac{1}{1-F_X(x)}, \quad T(y) = \frac{1}{1-F_Y(y)} \qquad (10\text{-}34)$$

根据各自边缘分布，变量 X 和 Y 均取 T 年一遇设计值时，根据两变量联合分布的 T_0 和 T_a 的定义，该事件 x_T 或 y_T 中有一个被超过对应组合 (x_T,y_T) 的联合重现期 T_0 ，事件 x_T 和 y_T 均被超过对应同现重现期 T_a 。由此可见，联合重现期 T_0 小于或等于边缘重现期，同现重现期 T_a 大于或等于边缘重现期，即

$$T_0(x,y) \leqslant \min[T(x),T(y)] \leqslant \max[T(x),T(y)] \leqslant T_a(x,y) \qquad (10\text{-}35)$$

10.2.3 单频率分布函数结果分析

1. 概率分布函数选择

运用线性矩法估计 11 个分布函数的参数，并用 K-S 法进行拟合优度检验（表 10-2），结果表明，11 种分布函数中除卡群水文站耿贝尔（极大值）分布未通过 K-S 检验外，其余分布均通过 K-S 检验。韦克比分布在玉孜门勒克水文站、沙里桂兰克水文站、协合拉水文站和黄水沟水文站拟合最好，在阿拉尔水文站和大山口水文站拟合次之，因此本节选用韦克比分布作为区域研究的概率分布函数。这主要是由于韦克比分布有 5 个参数，与其他分布函数相比，其在描述水文极值分布特征方面灵活性更强。其次是伽马分布、对数正态分布、对数逻辑分布和广义极值分布（图 10-1）。在中国应用最为广泛的伽马分布的拟合效

果比韦克比分布差，说明韦克比分布较伽马分布在描述水文极值变化特征方面更为灵活、适应性更强。另外，研究中比较了几个概率分布函数理论分布曲线与经验分布曲线，由图 10-1 可以看出，与其他分布函数相比，韦克比分布在描述水文极值统计特征方面没有表现出显著的差异性，基于此，本书运用韦克比分布函数研究塔里木河流域极值流量变化特征。表 10-3 列出运用线性矩法估计的塔里木河流域 8 个水文站极值流量的韦克比分布参数。

表 10-2　极值流量 11 种概率分布的 K-S D 统计量

分布函数	同古孜洛克	玉孜门勒克	卡群	沙里桂兰克	协合拉	大山口	黄水沟	阿拉尔
韦克比分布[Wakeby（5P）]	0.043	0.058	0.059	0.046	0.057	0.089	0.060	0.071
韦布尔分布[Weibull（3P）]	0.042	0.096	0.055	0.063	0.094	0.144	0.076	0.162
伽马分布[Gamma（3P）]	0.041	0.083	0.054	0.058	0.085	0.130	0.070	0.128
对数正态分布[logarithmic normal（3P）]	0.041	0.075	0.049	0.057	0.081	0.106	0.075	0.182
对数逻辑分布[log-Logistic（3P）]	0.046	0.067	0.055	0.054	0.070	0.102	0.075	0.193
广义帕累托分布[general Pareto（3P）]	0.081	0.088	0.097	0.056	0.119	0.119	0.064	0.111
广义极值分布[gen. extreme value（3P）]	0.045	0.062	0.055	0.057	0.083	0.094	0.077	0.074
极值分布[maximum extreme value（3P）]	0.062	0.070	0.105	0.048	0.098	0.107	0.079	0.153
β 分布[Beta（4P）]	0.072	0.084	0.052	0.063	0.086	0.132	0.081	0.401
耿贝尔分布[Gumbel max distribution（2P）]	0.072	0.078	0.082	0.073	0.092	0.085	0.081	0.099
耿贝尔分布[Gumbel min distribution（2P）]	0.123	0.194	0.111	0.181	0.158	0.224	0.204	0.122

注：水文站的 K-S D 的临界值分别为 0.198（$n=47$，$1-\alpha=95\%$）、0.200（$n=46$，$1-\alpha=95\%$）、0.224（$n=37$，$1-\alpha=95\%$）；K-S 统计的 D 值越小，表示概率分布函数拟合枯水流量越好。

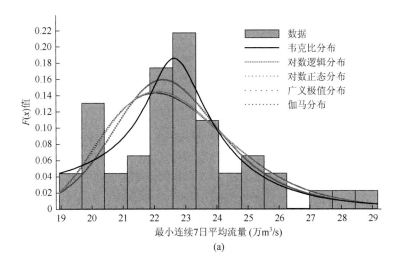

(a)

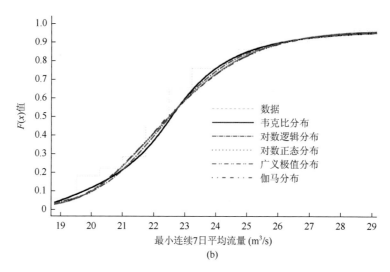

最小连续7日平均流量 (m³/s)

(b)

图 10-1　协合拉水文站极值流量的理论与经验概率分布曲线（a）及相应的累积分布函数曲线（b）

表 10-3　枯水流量的韦克比分布参数估计（线性矩）

水文站点	α	β	γ	δ	ξ
同古孜洛克	18.90	9.08	3.02	−0.41	2.63
玉孜门勒克	41.28	31.35	1.02	−0.05	0.53
卡群	70.26	9.52	6.20	−0.35	29.67
沙里桂兰克	935.35	131.39	5.82	−0.24	0
协合拉	16.82	5.44	1.48	0.09	18.55
大山口	1836.5	61.10	14.15	−0.22	0
黄水沟	47.92	58.27	1.20	10.37	1.06
阿拉尔	21.78	1.99	2.57	0.19	−1.35

2. 不同重现期对应枯水流量变化

同古孜洛克、玉孜门勒克、卡群、沙里桂兰克、协合拉、黄水沟和大山口等水文站都是各河流的出山口控制站，枯水流量受控制站上游地区人类活动的影响较小，主要是受气候变化的影响；阿拉尔水文站是塔里木河干流上游的控制站，枯水流量受源流区人类活动和气候变化的影响。新疆气候在 1987 年左右发生突变，随着温度的上升，降水量、冰川消融量和径流量连续多年增加，植被有所改善，沙尘暴日数锐减（施雅风等，2003），同时 1990 年以后，塔里木河流域在 18 年间净增耕地面积 68.75 万 hm²，年均递增 3.80%（满苏尔·沙比提和努尔卡木里·玉素甫，2010），1987 年以后气候变化和人类活动开始加剧，因此本节将 1987 年作为枯水流量的分界点（张强等，2011），研究分界点前后不同重现期对应枯水流量的变化。

对比表 10-4 和表 10-5 可知，同古孜洛克、玉孜门勒克、沙里桂兰克、黄水沟和阿拉尔水文站在 1987 年以后对应的枯水流量大于 1987 年以前的枯水流量；协合拉水文站和大山口水文站在 1987 年以前重现期小于 20 年的枯水流量小于 1987 年以后的，1987 年以前重现期大于 30 年的枯水流量大于 1987 年之后的；卡群水文站在 1987 年以前重现期小于 10 年的枯水流量小于 1987 年以后的，1987 年以前重现期大于 10 年的枯水流量大于 1987 年之后；其中，阿拉尔水文站 1987 年前后枯水流量比最低，其 1987 年以后枯水流量增加大于其他站。同古孜洛克水文站 1987 年以后 70 年重现期对应枯水流量与 1987 年之前两年重现期对应枯水流量相等，同古孜洛克水文站的变化幅度仅次于阿拉尔水文站。协合拉水文站 1987 年前后重现期对应枯水流量变化最不明显，其次是卡群水文站（图 10-2）。

表 10-4　1987 年以前水文站韦克比分布各重现期对应极值流量的设计值（单位：m³/s）

水文站	T=2	T=3	T=5	T=7	T=10	T=20	T=30	T=50	T=70	T=100
同古孜洛克	5.53	4.94	4.33	3.98	3.67	3.23	3.06	2.91	2.85	2.80
玉孜门勒克	2.26	2.09	1.92	1.78	1.63	1.33	1.20	1.07	1.01	0.97
卡群	39.5	37.8	36.5	35.9	35.5	35.0	34.8	34.7	34.5	33.8
沙里桂兰克	10.3	9.05	7.87	7.28	6.80	6.20	5.98	5.81	5.73	5.67
协合拉	22.1	21.3	20.5	20.1	19.8	19.4	19.3	19.2	19.14	19.11
大山口	36.7	34.3	31.9	30.6	29.5	28.0	27.5	27.0	26.8	26.6
黄水沟	2.36	2.15	1.99	1.92	1.87	1.81	1.79	1.77	1.73	1.66
阿拉尔	4.95	2.83	1.20	0.51	0	0	0	0	0	0

表 10-5　1987 年以后水文站韦克比分布各重现期对应极值流量的设计值（单位：m³/s）

水文站	T=2	T=3	T=5	T=7	T=10	T=20	T=30	T=50	T=70	T=100
同古孜洛克	7.93	7.18	6.62	6.38	6.12	5.93	5.78	5.62	5.53	5.46
玉孜门勒克	3.14	2.71	2.42	2.30	2.22	2.12	2.09	2.06	2.03	1.94
卡群	43.6	41.8	39.4	37.5	35.3	31.4	29.7	28.1	27.4	26.8
沙里桂兰克	13.0	10.8	9.16	8.50	8.02	7.47	7.29	7.14	7.08	7.04
协合拉	23.6	22.9	22.3	21.9	21.2	19.7	18.8	17.9	17.5	16.2
大山口	44.9	39.1	34.7	32.8	31.4	28.1	24.8	19.4	15.7	12.2

水文站	$T=2$	$T=3$	$T=5$	$T=7$	$T=10$	$T=20$	$T=30$	$T=50$	$T=70$	$T=100$
黄水沟	3.34	2.95	2.57	2.39	2.24	2.07	2.01	1.96	1.94	1.92
阿拉尔	13.0	11.2	10.0	9.31	8.41	6.10	4.69	3.18	2.39	1.75

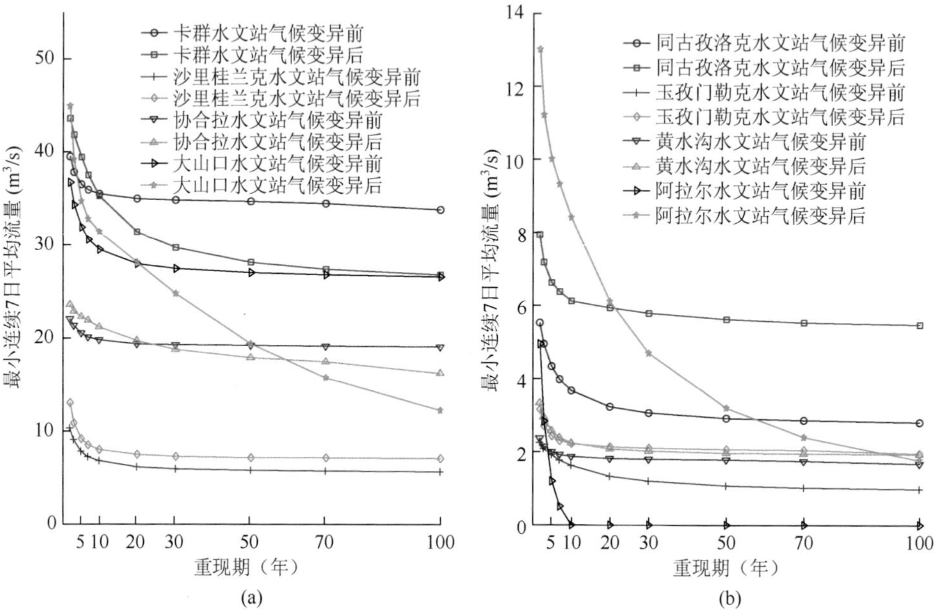

图 10-2　1987 年前后重现期对应枯水流量

10.2.4　二维联合 Copula 函数结果分析

本节采用二维阿基米德族 Copula 函数来分析塔里木河流域的枯水流量联合分布，其中分别选取玉孜门勒克与卡群水文站（数据时间 1962～2008 年）、沙里桂兰克与协合拉水文站（数据时间 1962～2007 年）、大山口与黄水沟水文站（数据时间 1972～2008 年）的枯水流量的概率分布作为边缘分布函数。

1. Copula 函数的确定

由 Genest-Rivest 检验法，分别对所选各 Copula 函数构建理论估计值 $K_C(t)$ 和经验估计值 $K_c(t)$，并点绘 K_C-K_c 关系图，如图 10-3 所示。由 K_C-K_c 关系图可知，GH Copula 函数图上的点较之 Frank Copula、Clayton Copula 更接近于 45°对角线，即表示 GH Copula 函数拟合效果最好，因此本节选取 GH Copula 函数来拟合塔里木河流域枯水径流的联合分布。

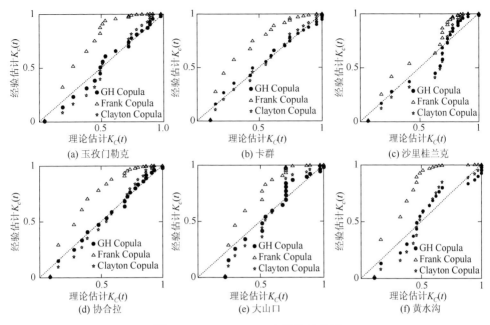

图 10-3　Genest-Rivest 方法检验结果

2. 边缘分布和联合分布的确定

玉孜门勒克与卡群水文站（叶尔羌河流域）、沙里桂兰克与协合拉水文站（阿克苏河流域）、大山口与黄水沟水文站（开都河流域）两边缘分布均采用韦克比分布，用比较稳健的线性矩法，在目估适线法的辅助下，确定各边缘分布的参数（表 10-6）。

表 10-6　GH Copula 函数参数估计结果表

水文站点组合	τ	θ
玉孜门勒克和卡群水文站枯水联合分布	0.26	1.35
沙里桂兰克和协合拉水文站枯水联合分布	0.27	1.37
大山口和黄水沟水文站枯水联合分布	0.50	2.01

Copula 函数参数估计采用非参数估计法，即利用变量间的 Kendall 秩相关系数 τ 与参数 θ 间的解析关系确定，参数估计结果见表 10-6。将表 10-6 中的 θ 值代入 GH Copula 函数，即可建立流量的联合分布函数。根据 4 个水文站联合分布函数，并根据式（10-30）、式（10-31）计算枯水联合重现期、同现重现期，绘制其分布图。图 10-4～图 10-6、图 10-7～图 10-9 分别为叶尔羌

河流域和阿克苏河流域枯水的 GH Copula 联合分布、联合重现期分布、同现重现期分布图。同现期成果图在此不予显示。由图 10-4～图 10-6 可以看出，叶尔羌河流域枯水的联合重现期、同现重现期对应流量的差值随着重现期的增加而减小，较大重现期对应的枯水流量的变化比较明显，而较小重现期对应的枯水流量的变化不明显。

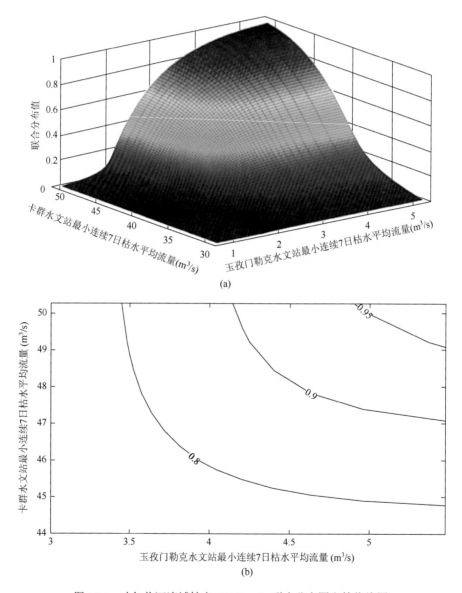

图 10-4　叶尔羌河流域枯水 GH Copula 联合分布图和等值线图

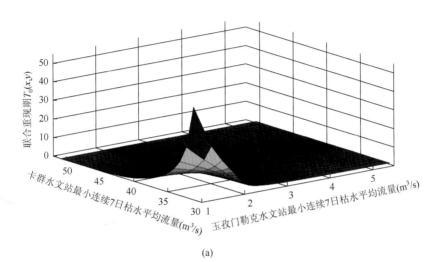

(a)

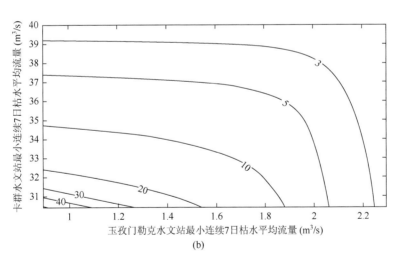

(b)

图 10-5 叶尔羌河流域枯水 GH Copula 联合重现期分布图和等值线图

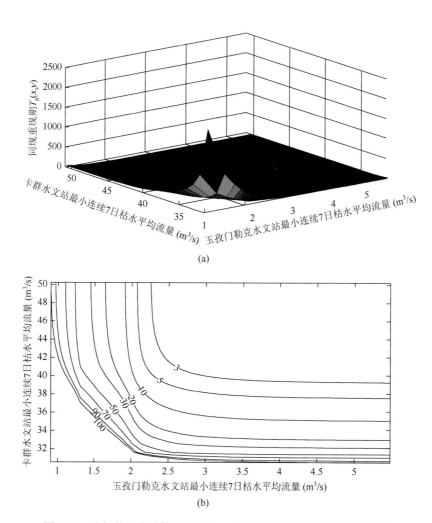

图 10-6　叶尔羌河流域枯水 GH Copula 同现重现期分布图和等值线图

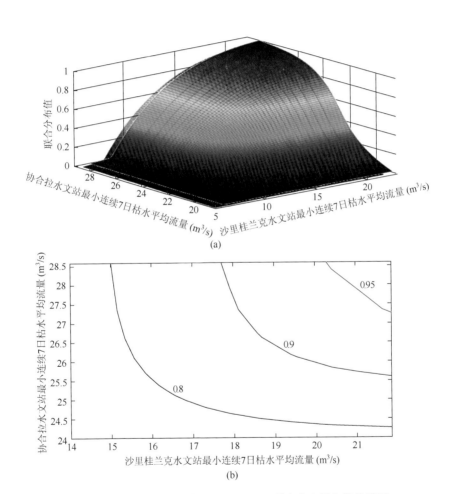

图 10-7　阿克苏河流域枯水 GH Copula 联合分布图和等值线图

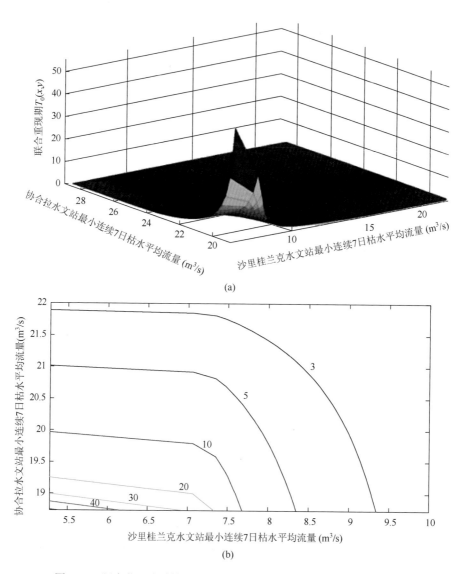

(a)

(b)

图 10-8　阿克苏河流域枯水 GH Copula 联合重现期分布图和等值线图

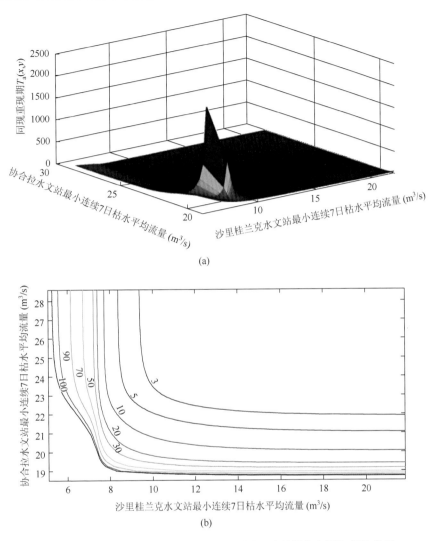

图 10-9　阿克苏河流域枯水 GH Copula 同现重现期分布图和等值线图

3. Copula 枯水流量频率分析

表 10-7 是叶尔羌河流域、阿克苏河流域、开都河流域在不同频率下枯水联合分布。由表 10-7 可知，枯水的联合重现期小于设计重现期，而其同现重现期大于设计重现期，枯水联合重现期与设计重现期的差值小于同现重现期与设计重现期的差值。叶尔羌河流域、阿克苏河流域的联合重现期和同现重现期变化基本一致；相同频率下，开都河流域的联合重现期大于叶尔羌河流域和阿克苏河流域的联合重现期，而其同现重现期小于叶尔羌河流域和阿克苏河流域的联合重现期。重现期越小，发生概率越大，叶尔羌河流域、阿克苏河流域干旱在 3 年

重现期以下同时遭遇的概率大，开都河流域干旱在 5 年重现期以下同时遭遇的概率大，开都河流域大重现期对应干旱同时发生的概率要远大于叶尔羌河流域、阿克苏河流域。

表 10-7　不同频率组合、不同水文站点组合下枯水流量联合重现期和同现重现期

设计重现期 T	玉孜门勒克和卡群		沙里桂兰克和协合拉		大山口和黄水沟	
	联合重现期 T_0	同现重现期 T_a	联合重现期 T_0	同现重现期 T_a	联合重现期 T_0	同现重现期 T_a
2	1.5	3.2	1.5	3.2	1.6	2.7
3	2.0	6.3	2.0	6.2	2.2	4.7
5	3.0	14.7	3.0	14.4	3.4	9.7
7	4.1	25.7	4.1	25.2	4.5	15.6
10	5.6	46.7	5.6	45.6	6.2	25.8
20	10.7	148.4	10.7	144.1	11.7	68.7
30	15.8	292.0	15.8	282.3	17.1	121.8
50	25.9	684.9	26.0	658.9	27.8	250.6
70	36.1	1200.9	36.1	1151.5	38.3	403.0
90	46.1	1826.8	46.2	1747.3	48.8	574.6
100	51.2	2178.0	51.2	2081.0	54.1	666.8

10.2.5　分析与结论

同古孜洛克、玉孜门勒克、沙里桂兰克、黄水沟和阿拉尔水文站在 1987 年以后重现期对应的枯水流量大于 1987 年以前重现期对应的枯水流量；然而，1987 年以后卡群水文站大于 10 年重现期对应的枯水流量小于 1987 年以前的，1987 年以后协合拉水文站、大山口水文站大于 30 年重现期对应的枯水流量小于 1987 年以前的。虽然西北地区由暖干向暖湿转变的问题存在争议，但是大量研究已经证明，1987 年以来塔里木河的气温和降水呈显著增加趋势（Zhang et al.，2012b）。大部分水文站点 1987 年以后重现期对应的枯水流量大于 1987 年以前的也很好地证明了这一结论，特别是阿拉尔水文站枯水变化比较明显。但是叶尔羌河的卡群水文站、阿克苏河的协合拉水文站，以及开都河的大山口水文站的枯水流量在 1987 年前后变化与前面不一致。叶尔羌河是典型的冰雪补给河流，流域多年平均冰川消融量约占出山口卡群水文站多年平均径流量的 64.0%，雨雪混合补给占 13.4%，地下水补给占 22.6%；提兹那甫河冰川融水量占玉孜门勒克水文站多年平

均径流量的 29.9%，雨雪补给量占 55.3%，地下水补给占 14.8%，卡群水文站径流量补给主要依靠冰雪融水，玉孜门勒克水文站径流量主要是雨雪补给（孙本国等，2006）。塔里木河地区气温和降水整体呈增加趋势，但是叶尔羌河流域的帕米尔高原区秋季升温最明显，春季次之，而冬季最不显著；帕米尔高原区夏季降水的线性增湿最为显著（孙本国等，2006）。春、冬季气温增加趋势并没有秋季的明显，主要依靠冰雪融水补给的叶尔羌河流域春、冬季的枯水流量增加并不是很明显，只能缓解小于 7 年一遇的干旱，对于重现期比较大的干旱的缓解作用还不明显。叶尔羌河流域的农业灌溉面积是全疆最大的，农林与人畜的年耗水量达到 21.73 亿 m³，占总地表水来水量的 28.4%，耕地面积也呈增加趋势，因此降水量的增加并不能从根本上解决叶尔羌河的干旱问题。

托什干河水文站沙里桂兰克和库玛拉克河水文站协合拉同属于阿克苏河流域，但是其 1987 年前后重现期对应枯水流量变化并不一致。这主要是由于托什干河的集水面积小，河流长 457km，平均高程比较低，高山冰雪面积较少，冬季积雪多；库玛拉克河水源多冰川永久积雪，两支流的主要补给来源是冰川融水和降水（邓铭江，2009）。1987 年以后，阿克苏河流域春、冬季的降水量和冬季的气温呈增加趋势，春季的气温呈减小趋势，库玛拉克河水源补给因为春季气温减小而受影响（孙晓娟等，2011）。阿克苏河流域年际变化较小，水量稳定，大的旱涝灾害一般不会发生。两站重现期对应枯水流量仅次于卡群、大山口。阿克苏河流域农林与人畜的年耗水量达到 14.86 亿 m³，占总地表水来水量的 17.6%，阿克苏河流域耗水量仅次于叶尔羌河（孙晓娟等，2011）。开都河流域主要依靠降水、冰雪融水补给，春季由于季节性积雪融水的补给，径流量占全年的 23.2%，远远大于其他流域的控制站。重现期对应的枯水流量仅次于卡群，但是其流域面积仅是叶尔羌河流域的 1/5。开都河流域在 12 月至翌年 3 月平均气温为-20.4℃，蒸发微弱，降雪不能即时融化补给径流，径流完全靠地下水补给，其夏、秋季节的降水量变化将直接影响冬季径流量的变化（张一驰等，2004）。据统计，巴州在 1979～1987 年连续发生干旱，开都河流域春水干旱连枯期一般为 3～4 年，开都河流域的干旱年与塔里木河地区的干旱年比较同步（温克刚和史玉光，2006；张一驰等，2004），开都河-孔雀河的农林与人畜的年耗水量达到 8.73 亿 m³，占总地表水来水量的 20.7%（邓铭江，2009），这与该区域分布大量灌区有密切关系，因此塔里木河气候变化引起的开都河径流量的增加缓解了小干旱发生的频率，但是不能缓解大重现期干旱发生的频率。

叶尔羌河流域、阿克苏河流域的联合重现期和同现重现期的变化基本一致；相同频率下，开都河流域的联合重现期大于叶尔羌河流域和阿克苏河流域的联合重现期，而同现重现期小于叶尔羌河流域和阿克苏河流域的联合重现期。该流域同属塔里木河流域，但其联合重现期和同现重现期却不相同，叶尔羌河流域和阿克苏河流域的重现期基本同步，但却与开都河不同，主要是因为流域面积不同，开都河流域面积小于阿克苏河和叶尔羌河流域面积，而且大山口和黄水沟的流域面积和径流量相差很大，因此流域面积大，干旱发生频率低的河流，其干旱遭遇的概率会小。3 个流域同时重现期较小的干旱遭遇的概率很大，这也与塔里木河地区"十年九旱"有关系。

虽然塔里木河大部分地区在 1987 年以后重现期对应的枯水流量大于 1987 年以前的枯水流量，但是塔里木河流域的和田地区、喀什地区、阿克苏地区、巴州在 1950~2008 年发生灾害的年数分别是 8 年、13 年、12 年、17 年和 8 年、7 年、4 年、10 年，1987 年以后发生干旱的年份少于 1987 年以前的。但是图 6-12 显示，19 世纪 80 年代以来，特别是 2000 年以后的旱灾成灾面积都远远大于 2000 年以前，年均增加 0.23 万 hm^2/a。水利事业经过近 60 多年的发展，目前塔里木河流域大中型水库的数量、渠首的数量及防渗率等有了长足的进步。新疆农业的特点是灌溉农业，2000 年新疆有效灌溉面积占耕地面积的比重为 69.7%，是我国灌溉面积比重最大的省份，新疆万亩以上的灌区面积为 $503.8×10^4hm^2$，居全国第一，远大于排名第二的山东的灌区面积 $326.1×10^4hm^2$（沈镇昭和梁书升，2000）。塔里木河流域土地增加经历 3 个时期，分别是 1949~1960 年增加 44.88 万 hm^2，1963~1978 年增加 26.46 万 hm^2，1990~2008 年增加 68.75 万 hm^2，塔里木河上游地区的灌溉面积由 1950 年的 34.8 万 hm^2 增加到 2007 年的 164.53 万 hm^2，耕地增加近 5 倍。在以水资源开发利用为核心的人类社会生产活动的影响下，各支流耗水量呈增加趋势，大型水利枢纽并不能满足耕地和人口增长所需的水量，这样导致流入塔里木河干流的水量并没有随着支流径流量的增加而增加（邓铭江，2008）。尽管塔里木河气候趋向于暖湿，但是由于人类活动的影响，其干旱受灾面积连年增加的趋势并没有从根本上扭转。

10.2.6　枯水流量的趋势变化

由表 10-8 可以看出，沙里桂兰克和大山口水文站的径流量主要集中在 5~8 月，塔里木河其他水文站的径流量主要集中在 6~8 月，5~8 月的径流量占全年径流总量的 70% 左右，塔里木河干流阿拉尔水文站的径流量主要集中在 7~9 月，阿拉尔水文站径流量比重大于 10% 出现的月份比其他几个站点滞后一个月；相对于其他站点，大山口水文站、黄水沟水文站在 9 月至翌年 5 月所占的比重低于其他水文站，这主要是由于黄水沟水文站上游是山区，人类活动影响较小，途经地区水量消耗小。而作为春播最为关键的 4~5 月，各站点（除沙里桂兰克和大山口水文站）径流量所占比重不到 10%，其中阿拉尔水文站径流量只占 3.22%，严重制约当地农业生产。由表 10-9 可以看出，各年代的径流量变化不大，塔里木河在

21 世纪以来的径流量是各年代中最大的，阿拉尔水文站在 60 年代达到最大，然后逐渐减小。

表 10-8　塔里木河流域水文站径流量年内分配 　　（单位：%）

水文站	1 月	2 月	3 月	4 月	5 月	6 月	7 月	8 月	9 月	10 月	11 月	12 月
同古孜洛克	1.02	0.93	1.06	1.51	3.69	12.44	33.96	32.82	7.98	2.16	1.29	1.14
玉孜门勒克	1.36	1.28	1.33	1.97	6.24	18.93	29.55	24.77	8.9	2.62	1.62	1.44
卡群	1.98	1.81	1.91	1.97	3.3	10.36	27.75	30.89	10.86	3.94	2.82	2.4
沙里桂兰克	1.43	1.25	1.79	6.04	11.26	16.73	22.09	20.72	9.14	4.47	2.93	2.16
协合拉	1.54	1.45	1.42	2.08	5.33	13.59	26.58	27.97	11.47	4.1	2.47	1.99
黄水沟	3.3	2.93	3.23	3.36	6.72	15.1	23.45	18.78	9.29	5.69	4.41	3.72
大山口	4.09	3.78	4.05	7.78	10.55	13.53	15.68	14.42	9.39	7.16	5.26	4.31
阿拉尔	3.4	2.86	2.38	1.18	2.04	5.18	23.73	37.02	11.08	4.72	2.2	4.22

表 10-9　塔里木河流域水文站径流量年代统计量 　　（单位：亿 m^3）

年份	同古孜洛克	玉孜门勒克	卡群	沙里桂兰克	协合拉	黄水沟	大山口	阿拉尔
1962～1969	20.59	7.62	62.24	29.06	44.82	2.75	无	48.33
1970～1979	23.32	7.71	66.61	25.04	43.97	2.46	31.06	39.72
1980～1989	20.56	8.84	63.16	24.90	47.53	2.39	30.91	44.77
1990～1999	21.31	8.26	68.78	30.84	54.55	3.47	36.88	42.55
2000～2008	23.85	10.60	71.16	34.27	54.34	3.75	41.70	42.81

1. 同古孜洛克和阿拉尔

图 10-10（a）在 1965～1975 年枯水流量呈下降趋势，Sen's 斜率表明，枯水流量年均减少 14 721.6m^3；1976～2008 年枯水流量呈增加趋势，枯水的增加和减小均超过 95% 的置信度检验，增加和减小显著。同古孜洛克枯水流量年均增加 11 393.0m^3，枯水流量在 1996 年发生变异。阿拉尔水文站在 1962～1976 年枯水流量呈减小趋势，年均减小量达 40 378.8m^3；1976～2008 年枯水流量呈增加趋势，其中 1997～2008 年增加显著（超过 95% 的置信度检验），1976～2008 年枯水流量年均增加 29 190.9m^3，阿拉尔水文站的枯水流量在 1988 年发生变异 [图 10-10（c）]。图 10-10（b）和图 10-10（d）显示，两站点变异后的枯水流量增长率大于变异前的。同古孜洛克水文站枯水流量出现的时间主要集中在 1～88 天和 327～365 天（即

12 月至翌年 3 月），阿拉尔水文站枯水流量主要集中在 105～177 天、331～365 天。因为气温低，冰川积雪不能融化，主要靠冰川积雪融水补给塔里木河流域来水量达到最低，阿拉尔水文站 20 世纪 80 年代初至 90 年代的最小枯水流量出现的时间在 150 天左右浮动（即 5 月底），该季节正是农作生长的关键时期，其对于农业生产的影响是显著的。据统计，该时期南疆的塔里木河流域发生干旱的次数明显高于其他时期，如 1983 年、1989 年、1991 年等干旱年份（新疆维吾尔自治区地方志编纂委员会，2002）。

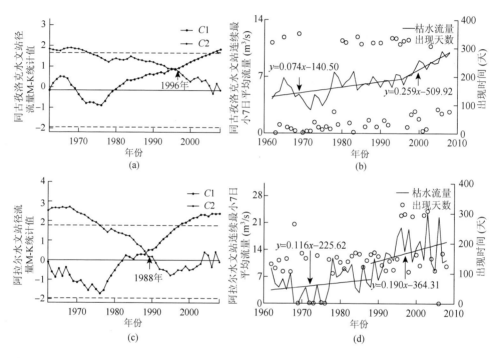

图 10-10　同古孜洛克和阿拉尔水文站连续最小 7 日平均流量 M-K 的统计值和趋势及出现天数图

2. 玉孜门勒克和卡群

玉孜门勒克水文站枯水流量在 1962～1980 年呈下降趋势（下降趋势不显著），年均减小枯水流量达到 1135.5m³；枯水流量在 1981～2008 年呈增加趋势（2005 年以后超过 95%的置信度检验，增加显著），年均增加枯水流量达 5019.2m³，枯水流量在 1995 年发生变异［图 10-11（a）］。由图 10-11（c）可知，卡群水文站枯水流量在 1962～1999 年径流量呈增加趋势，其中 1991～1999 年径流量增加显著（超过 95%的置信度检验）。该时段年均增加流量为 25 426.3m³；2000～2008 年枯水流量呈减小趋势，枯水流量年均减少 103 063m³，枯水流量在 1971 年发生突变。

由图 10-11（b）和图 10-11（d）可知，两站点变异后的枯水流量增加的趋势明显大于变异前的，玉孜门勒克水文站枯水流量出现时间主要集中在 1～112 天和325～364 天；卡群水文站枯水流量出现时间主要集中在 1～128 天，枯水流量出现的时间逐渐集中到 100 天左右，特别是 20 世纪 80 年代中期以后，枯水发生时间有滞后的趋势。

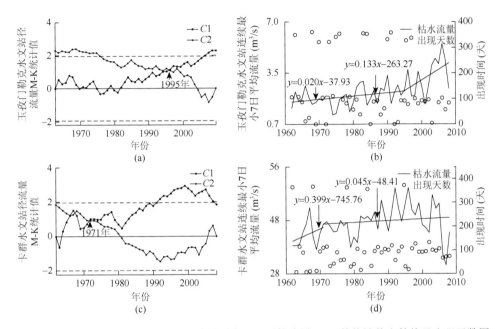

图 10-11　玉孜门勒克和卡群水文站连续最小 7 日平均流量 M-K 的统计值和趋势及出现天数图

3. 沙里桂兰克和协合拉

由图 10-12（a）和图 10-12（c）可知，沙里桂兰克水文站的枯水流量在 1962～1971 年和 1987～2007 年呈增加趋势，在 1971～1987 年呈减小趋势，增加和减小的趋势并不显著。枯水流量在 2000 年左右发生变异，年均增加 3154.3m³ 和5142.9m³；协合拉水文站枯水流量在 1962～1967 年和 1977～2007 年呈增加趋势，在 1967～1977 年呈减小趋势，但变化趋势不显著。枯水流量在 1992 年发生变异，变异前后枯水流量年均分别增加 5245.7m³ 和 27771.4m³。两站变异前和变异后枯水流量均呈增加趋势，变异后枯水流量增加趋势大于变异前。由图 10-12（b）和图 10-12（d）可知，沙里桂兰克水文站枯水流量的出现时间主要集中在 30～40 天，流量最低值的出现时间与农业需水高峰并不一致；协合拉水文站枯水流量的出现时间主要集中在 1～126 天和 354～366 天，从 1980 年开始逐渐趋向 60～70 天，比沙里桂兰克水文站滞后一个月左右。

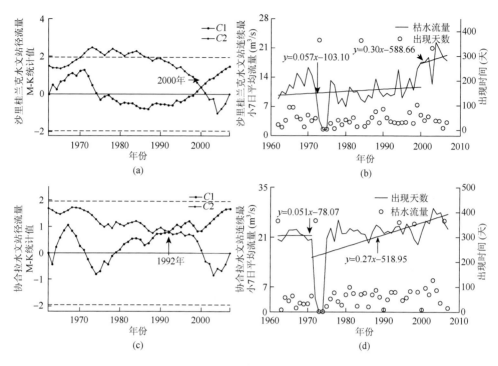

图 10-12　沙里桂兰克和协合拉水文站连续最小 7 日平均流量 M-K 的统计值和趋势及出现天数图

4. 黄水沟和大山口

由图 10-13（a）和图 10-13（c）可知，黄水沟水文站在 1966～1988 年枯水流量呈减小趋势，年均减少达 2581.3m³；1962～1966 年、1988～2008 年呈增加趋势，其中 1988～2008 年枯水流量年均增加 5019.2m³，枯水流量在 1995 年左右发生变异；大山口水文站的枯水流量在 1976～1983 年和 1995～2008 年呈增加趋势，1972～1976 年和 1983～1987 年呈减小趋势。枯水流量在 1997 年发生变异，变异前的枯水流量年均减小 3506.0m³，变异后的枯水流量年均增加 4937.1m³。从图 10-13（b）和图 10-13（d）中可以看到，枯水流量在 20 世纪 90 年代增加明显，枯水流量的出现时间主要集中在 1～144 天和 331～365 天，大山口水文站枯水流量的出现时间在各时间段分布均匀，主要集中在 50 天左右。根据统计资料分析，开孔河流域巴州旱灾发生的年份最多，而且 1979～1987 年都有干旱发生（温克刚和史玉光，2006；新疆维吾尔自治区地方志编纂委员会，2002，2003），这与图 10-13（b）的枯水流量的出现时间吻合。

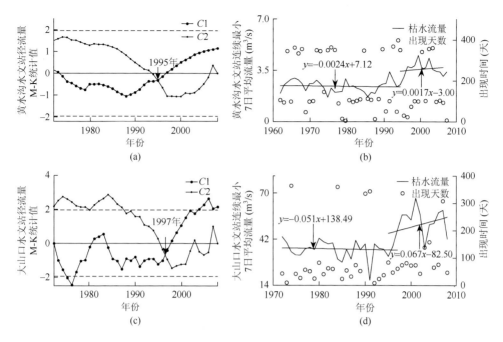

图 10-13　黄水沟和大山口水文站连续最小 7 日平均流量 M-K 统计值和趋势及出现天数图

10.2.7　分析与讨论

　　塔里木河流域的气候有转向暖湿的强劲信号（施雅风，2003），塔里木河流域气温在 1987 年呈跳跃性增长，温度增加趋势显著，加速了山区冰雪资源的消融，加大了冰雪融水对径流量的补给（陈亚宁和徐宗学，2004；韩萍等，2005）。枯水流量的趋势变化主要受气候因素的影响，气候变化使各水文站的枯水流量在20 世纪 70 年代中期到 2000 年呈增加趋势，卡群水文站在 1991～2000 年和阿拉尔水文站 1997～2008 年的枯水流量增加非常显著。与此同时，气候变化引起各水文站枯水流量在 1987 年以后发生变异（卡群水文站除外），变异后的枯水流量增加趋势明显大于变异前，这也与新疆在 1987 年左右由暖干向暖湿转型的趋势相吻合。阿克苏河流域变异后枯水流量增加的趋势大于其他流域，大山口水文站和黄水沟水文站在变异前的枯水流量呈减小趋势，大山口和黄水沟水文站是河流的出山口，其上游的人类活动对枯水流量的影响可以不计，开都河流域降水量没有明显的趋势变化，但是最高气温呈增加趋势，平均气温在 80 年代达到最低，随后气温呈增加趋势（陶辉等，2007）。冬夏以冰雪融水和地下水补给为主的开都河的径流量在 80 年代最低，因此变异前的枯水流量呈减小趋势。其余各水文站变异前后枯水流量呈增加趋势，但是和田河、叶尔羌河、阿克苏河的协合拉水文站，以及开都河的最小枯水流量发生的时间从 80 年代以后开始趋向 3～6 月，而塔里木河流域地区 3～6 月是最缺水的时期，也是农作物生长需水量最大的时期。据调查统计，塔里木河流域以春旱为主，春灌用水量占到整个作物灌溉用水量的 40%（吴素芬等，2003），而且 3～6 月水资源年内所占比例很低，水资源供需矛盾严重，枯水流量时间的推迟会造成干旱的发生，本章特别关注春季枯水出现的时间。从图 10-14 中可以看到，80 年代以来，特别是 2000 年以后的旱灾成灾面积都远远的大于前期，年均增加 0.23hm²/a。

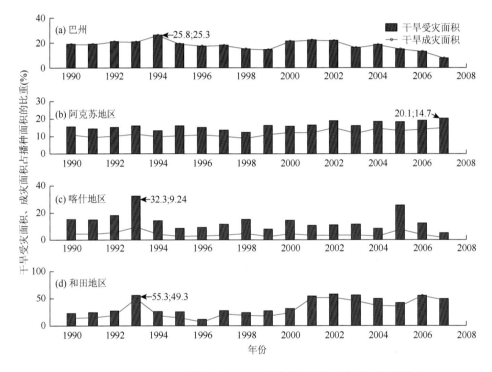

图 10-14　1990～2007 年塔里木河地区旱灾成灾面积占播种面积的比重

　　阿拉尔水文站和卡群水文站的枯水流量增加显著，最小枯水流量出现的时间与其他几个站点不同，主要集中在 105～177 天，时间更加的推迟。由图 9-4 和表 10-10、表 10-11 可知（邓铭江，2009）：阿拉尔上游地区分布着大面积的灌区、水库及引水拦河枢纽，这些引水工程的建成，拦截了上游的来水量，加剧了春季阿拉尔地区的缺水状况。叶尔羌河流域的水库数量和水库有效灌溉面积是各个支流中最大的，阿克苏河水库数量小于和田河流域，但是水库库容和有效灌溉面积大于和田河流域；渠首现状供水能力与设计供水能力的比值能很好地反映工程的使用效率，叶尔羌河与和田河的使用率最低，其中叶尔羌河的渠首有效灌溉面积远小于设计灌溉面积，各流域中和田河与开孔河的渠道防渗率最高，其他流域的灌区的渠首工程老化，水量损失严重，灌区的水资源利用率很低。

表 10-10　塔里木河流域"四源一干"水库工程基本情况统计表

分区	座数	总库容（亿 m³）	兴利库容（亿 m³）	设计灌溉面积（万亩）	有效灌溉面积（万亩）	设计洪水量（亿 m³）
和田河流域	20	2.35	2.05	54.40	49.90	2.20
叶尔羌河流域	37	14.20	11.57	455.77	301.91	19.97
阿克苏流域	6	4.90	4.20	157.69	121.30	4.14
开-孔河流域	5	0.77	0.52	——	——	0.48
塔里木河干流	8	5.86	4.76	99.50	74.95	9.20
合计	76	28.08	23.10	767.36	548.06	35.99

注：本数据来自于调查统计结果，"—"为缺测资料。

表 10-11　控制站流域渠首工程基本情况统计（Dupuis，2007）

分区	数量(座)	设计灌溉面积（万亩）	有效灌溉面积（万亩）	设计供水能力（m³/s）	现状供水能力（m³/s）	现状供水率（%）	渠道防渗率(%)
和田河流域	27	94.35	72.6	81.40	62.60	76.90	50.44
叶尔羌河流域	26	1733.00	494.0	220.30	169.50	76.94	28.11
阿克苏河	63	1053.00	855.0	198.60	165.50	83.33	37.41
开-孔河流域	32	367.40	302.0	89.12	74.26	83.33	83.32
塔里木河干流区	138[*]	128.05	119.9	293.00	293.00	100.00	38.42
合计	286	3375.8	1843.5	882.42	764.86	86.68	43.49

*大部分为临时性引水口。

各水文站的枯水流量在 20 世纪 70 年代中期到 2000 年呈增加趋势，但是最小枯水流量出现的时间变化却不相同，这主要是因为塔里木河上游地区的灌溉面积和人口由 1950 年的 34.8 万 hm² 和 156 万人增加到 2000 年的 125.7 万 hm² 和 395 万人，耕地增加将近 4 倍。在以水资源开发利用为核心的人类社会生产活动的影响下，用水量翻了一番（西北内陆河区水旱灾害编委会，1999）。例如，卡群水文站上游地区建有叶尔羌河排水枢纽，在枯水季节拦截河流用以灌溉，现状供水能力达不到设计供水能力，渠道的防渗率较低也在一定程度影响到抗旱的效果。总之，今后塔里木河流域日益增加的人类社会、生产活动将加剧春季水资源的供需矛盾。

10.3　本章小结

通过对塔里木河流域 8 个水文站的频率和 6 个水文站的 Copula 联合分布进行分析，得到以下有意义的结论。

（1）塔里木河流域支流的径流量主要集中在 6～8 月，6～8 月的径流量占全年径流总量的 70%左右，2000～2008 年径流量是各年代的最大值；塔里木河干流径流量变化大于源流，径流量主要集中在 7～9 月，在 80 年代达到最大。

（2）卡群水文站枯水流量在 1999 年前呈增加趋势，2000 年开始呈减小趋势，并在 1971 年发生变异；其余各水文站枯水流量从 1962 年到 20 世纪 70 年代中期或 80 年代呈减小趋势，以后转为增加趋势，枯水变异点出现在 1987 年以后。变异后对应的枯水流量均大于变异前，其中大山口和黄水沟变异前枯水流量的减少主要是由气温变化引起的。

（3）枯水出现的时间与干旱发生的年份较吻合，能很好地反映流域的干旱情况。20 世纪 80 年代以后，枯水流量的增加并没有改变各水文站最小枯水流量出现的时间趋向 3～6 月，特别是阿拉尔水文站、卡群水文站枯水流量的出现时间恰好是春灌时期。灌区的扩大、水库及引水拦河枢纽的建设是造成枯水流量推迟的原因之一。水库的库容容量增加、现状供水率和渠道防渗率的提高有利于缓解旱情，而人口的增加和耕地面积的扩大将进一步加剧春季水资源的供需矛盾。

（4）运用 11 种概率分布函数对塔里木河流域的 8 个水文站极值流量进行系统分析，韦克比函数最适合塔里木河流域的频率分析，伽马分布、对数正态分布、对数逻辑分布和广义极值分布也拟合得较好。

（5）1987 年以后气温和降水量的增加引起重现期对应的枯水流量大于 1987 年以前的枯水流量，但是塔里木河地区气候的季节变化、各河流流量的补给类型的不同对塔里木河枯水流量有一定影响，因此其降低 1987 年以后重现期较小的干旱发生频率，对于 1987 年以后高重现期的干旱，部分站点发生的频率甚至高于 1987 年以前，春季的气温变化对枯水的影响要大于降水量对枯水的影响。

（6）叶尔羌河流域、阿克苏河流域的联合重现期和同现期变化基本一致；开都河流域发生干旱的频率小于叶尔羌河流域和阿克苏河流域，而开都河流域同时发生干旱的频率大于叶尔羌河流域和阿克苏河流域，3 个流域较小的干旱遭遇的概率很大。气候变化并没有从根本上改变新疆旱灾情况，由于耕地面积、人口的增长，水资源供需矛盾非常尖锐。

第11章　塔里木河流域干旱风险评估与区划

干旱是指因降水异常减少、蒸发增大，或入境水量不足，造成城乡居民生活、工农业生产及生态环境等正常用水需求得不到满足的现象。从不同的关注角度来看，干旱可以划分为气象干旱、水文干旱、农业干旱和社会经济干旱4种干旱类型。与干旱类型相对应，干旱识别指标大致也可以分为4类。虽然4种干旱类型和干旱识别指标均不一样，但也存在一定的联系。干旱的表现形式都是可供水资源量满足不了生活、生产或生态的需要，其原因均是降水或过境水量的异常减少或蒸散发的异常增大。降水是水资源的主要来源，蒸发是水资源的主要损失形式，其直接影响着河川径流、土壤含水量的多少，以及作物、人类社会和生态环境对水资源需求的满足程度。因此，气象干旱可以理解为前因型定义，而其他干旱是水资源短缺在各领域内的反映，属于后果型定义，正是由于有气象干旱的出现才可能有其他干旱的出现。本章从气候干旱和农业干旱的角度出发，分别对塔里木河流域的气象干旱和农业干旱风险进行评估，并找出两者之间的关系。

干旱灾害风险损失是指人类社会、环境、经济在遭受一定强度的干旱灾害时的可能损失，灾害是致灾因子与脆弱性承灾体综合作用的结果，干旱灾害风险损失通常用干旱风险度来进行度量（刘燕华等，1995），因此干旱风险度是干旱危险度与干旱易损度的乘积。干旱危险度是由干旱发生的频率和干旱发生的强度共同决定的，是指干旱灾害发生某种干旱强度的可能性。假设在干旱承灾体脆弱性一致的情况下，干旱灾害发生频率越高、强度越大，灾害的致险程度就越高。目前，国内外对于干旱危险度的频率选择较为单一，对于干旱强度指标的研究较多，有的把降水量作为唯一变量来反映干旱强度，如降水距平指数、累计距平指数等，该类指标计算简单，意义明确，但是在刻画干旱的起始时间上存在一定的不足。另外，很多干旱强度指标从水分平衡的角度出发，考虑降水、气温、蒸发、土壤水和地表径流等因素，形成了复杂的干旱指数，如帕尔默干旱指数、标准化降水指数等。这类指数尽管能很好地反映干旱形成的机理、过程和各因素干旱过程的综合影响，但是部分复杂干旱指数计算过程烦琐，涉及多个参数难以确定，使用范围受到限制，因此，对于不同流域，各个干旱指数实用性并不一致的，在应用干旱指数之前，需要判断干旱指数能否反映该地区的实际干旱情况。

目前，干旱危险度的评估方法大致可以分为三大类（徐新创和刘成武，2010），第一类方法是图层叠加法，最常用的是基于 GIS 技术，将不同指标的干旱程度以栅格图层的形式在空间上叠加进行表达，这类方法空间表达效果好，计算简单，在干旱风险区划中应用广泛。第二类方法是模糊数学法，这类方法是基于干旱风险的不确定性特征，在模糊数学理论发展的基础上形成的一类评估方法，如模糊聚类分析法、模糊综合评判法，以及基于信息扩散理论的评价法等。特别是陈守煜提出的可变模糊集合理论与可变模型集。相对隶属函数、相对差异函数与模糊可变集合是可变模糊集理论的核心内容，该理论已经广泛地应用于旱涝灾情等级评价、农业旱灾脆弱性评估。第三类方法是产量损失风险评估法。这类方法重点针对干旱造成损失进行研究，以干旱损失程度来衡量干旱强度，同时结合干旱发生的频率来进行干旱危险度分析。这类方法研究最多的是将粮食的实际产量与气候产量的负值来作为度量干旱强度的指标。

干旱易损度的评估主要是对承灾体干旱敏感性和恢复能力的评价。目前，在区域干旱危险度评估中，农业脆弱性评估研究最多，而对于城市和其他方面干旱危险性的评估研究则相对较少。干旱易损度通常由物理暴露量、敏感性、应灾能力 3 个系统要素综合来表达，这 3 个要素主要是在农业系统受到干旱影响后，对干旱引起农作物减产、食物短缺、农民收入减少和再生产能力下降等方面做出判断和评价。暴露性一般通过作物播种面积所占比例、人口密度、水田密度等指标反映；敏感性通过水土流失、作物需水亏缺指数、土地质量指数、耕地平坦指数、森林覆盖率等指标反映；相对于前两个系统，应用在能力系统研究的指标较多，主要有灌溉指数（灌溉率、水库蓄水率、单位耕地面积平均水资源量）、生产力指标（人均粮食亩产、粮食单产、单位面积农业 GDP、复种指数、耕地生产力指数）、投入指数（产投比、单位面积化肥用量、单位面积农业动力、单位面积农业机械总动力、耕地生产投入指数、抗旱经费投入指数）、收入指数（人均收入水平、非农业收入比例、农业收入占总收入比例）、社会指数（人口素质、男女比率、文盲率）等。暴露性和敏感性指标重点体现干旱承灾体的自身特性和所处的生态环境，反映的是受灾体的自然属性；而应灾能力评估指标则主要反映承灾体在人类活动影响下抵御干旱的能力，反映的是承灾体的社会属性。

塔里木河流域农业人口占总人口比重大，人口贫困率居高不下，而该地区的干旱发生频繁，塔里木河流域在有限的水资源量的前提下，如何实现农业经济最大化，这就是农业产业的合理布局，而干旱风险对于农业产业布局的影响大，因此塔里木河流域的干旱风险评估显得尤为重要。目前，国内外并没有对塔里木河流域的干旱风险进行评估，本节在前人研究的基础上，结合搜集的资料和干旱危险度的 3 类评估方法，分不同的尺度对塔里木河流域的干旱风险进行评估，并对比可变模糊评价法与图层叠加法的优劣。

11.1　基于可变模糊评价法的塔里木河流域农业干旱风险评估

本节所分析的数据为塔里木河流域 24 个气象站 1960~2008 年的月降水量，数据由国家气象中心提供；另外，还搜集 42 个县（市）1990~2007 年的粮食播种面积、粮食产量、旱灾受灾面积、旱灾成灾面积和旱灾绝收面积资料，该资料由塔里木河流域管理局提供。降水量的部分数据缺测，缺测资料不超过样本的 1%，具有较好的代表性，本节选取该数据前后天的数据平均值作为该天的数据。

11.1.1　可变模糊集定义

陈守煜（1998，2005）建立的可变模糊集理论与方法是工程模糊集理论与方法的进一步发展，作为其核心的相对隶属函数、相对差异函数与模糊可变集合的概念与定义是描述事物量变、质变时的数学语言和量化工具。

定义　设论域 U 上的对立模糊概念（事物、现象）以 A 和 A^c 表示吸引性质与排斥性质，对于 U 中的任意元素 u，$u \in U$，在参考连续统区间（1，0）（对 A）与（0，1）（对 A^c）任一点上，吸引与排斥性质的相对隶属度分别为 $\mu_A(u)$、$\mu_{A^c}(u)$。令

$$V = \{(u,\mu)\,|\,u \in U, \mu_A(u) + \mu_{A^c}(u) = 1, \mu \in [0,1]\} \qquad (11\text{-}1)$$

$$A_+ = \{u\,|\,u \in U, \mu_A(u) > \mu_{A^c}(u)\} \qquad (11\text{-}2)$$

$$A_- = \{u\,|\,u \in U, \mu_A(u) < \mu_{A^c}(u)\} \qquad (11\text{-}3)$$

$$A_0 = \{u\,|\,u \in U, \mu_A(u) = \mu_{A^c}(u)\} \qquad (11\text{-}4)$$

设 C 是可变因子集，

$$C = \{C_A, C_B, C_C\} \qquad (11\text{-}5)$$

式中，C_A 为可变模型集；C_B 为可变模型参数集；C_C 为除模型及其参数外的可变其他因子集。令

$$A^+ = C(A_-) = \{u\,|\,u \in U, \mu_A(u) < \mu_{A^c}(u), \mu_A[C(u)] > \mu_{A^c}[C(u)]\} \qquad (11\text{-}6)$$

$$A^- = C(A_+) = \{u\,|\,u \in U, \mu_A(u) > \mu_{A^c}(u), \mu_A[C(u)] < \mu_{A^c}[C(u)]\} \qquad (11\text{-}7)$$

$$A^{(+)} = C[A_{(+)}] = \{u \mid u \in U, \mu_A(u) > \mu_{A^c}(u), \mu_A[C(u)] > \mu_{A^c}[C(u)]\} \qquad （11\text{-}8）$$

$$A^{(-)} = C[A_{(-)}] = \{u \mid u \in U, \mu_A(u) < \mu_{A^c}(u), \mu_A[C(u)] < \mu_{A^c}[C(u)]\} \qquad （11\text{-}9）$$

定义式（11-6）～式（11-9）为以相对隶属函数表示的模糊可变集合 V。A_+、A_-、A_0 分别为模糊可变集合的吸引（为主）域、排斥（为主）域和渐变式质变界；V 为对立模糊集。

11.1.2　相对差异函数模型

1. 相对差异函数定义

$$D_A(u) = \mu_A(u) - \mu_{A^c}(u) \qquad （11\text{-}10）$$

当 $\mu_A(u) > \mu_{A^c}(u)$ 时，$0 < D_A(u) \leqslant 1$；当 $\mu_A(u) = \mu_{A^c}(u)$ 时，$D_A(u) = 0$；当 $\mu_A(u) < \mu_{A^c}(u)$ 时，$-1 \leqslant D_A(u) < 0$。$D_A(u)$ 为 u 对 A 的相对差异度。映射

$$\begin{cases} D_A : U \to [-1,1] \\ u \mid \to D_A(u) \in [-1,1] \end{cases} \qquad （11\text{-}11）$$

为 u 对 A 的相对差异函数。

由 $\qquad\qquad\qquad \mu_A(u) + \mu_{A^c}(u) = 1 \qquad\qquad （11\text{-}12）$

可得 $\qquad\qquad D_A(u) = 2\mu_A(u) - 1$ 或 $\mu_A(u) = [1 + D_A(u)] / 2 \qquad （11\text{-}13）$

2. 相对差异函数模型

设 $X_0 = [a, b]$ 为实轴上可变模糊集合 V 的吸引域，即 $0 < D_A(u) \leqslant 1$，$X = [c, d]$ 包含 X_0（$X_0 \subset X$）的某一上、下界范围域区间，如图 11-1 所示。

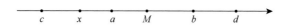

图 11-1　点 x、M 与区间 $[a, b]$ 和 $[c, d]$ 的位置关系

根据可变模糊集合 V 的定义可知，$[c, a]$ 与 $[b, d]$ 均为 V 的排斥域，即 $-1 \leqslant D_A(u) < 0$。设 M 为吸引域区间 $[a, b]$ 中 $D_A(u) = 1$ 的点值，可根据实际情况按物理分析确定。x 为 X 区间内任意点的量值，则 x 落入 M 点左侧时，其相对差异函数模型为

$$D_A(u) = \begin{cases} \left(\dfrac{x-a}{M-a}\right)^{\beta}, & x \in [a, M] \\[3mm] -\left(\dfrac{x-a}{c-a}\right)^{\beta}, & x \in [c, a] \end{cases} \tag{11-14}$$

$$D_A(u) = \begin{cases} \left(\dfrac{x-b}{M-b}\right)^{\beta}, & x \in [M, b] \\[3mm] -\left(\dfrac{x-b}{d-b}\right)^{\beta}, & x \in [b, d] \end{cases} \tag{11-15}$$

当 $\beta=1$ 时，相对差异函数模型为线性函数，式（11-11）与式（11-12）满足：

（1）当 $x=a$、$x=b$ 时，$D_A(u)=0$；

（2）当 $x=M$ 时，$D_A(u)=1$；

（3）当 $x=c$、$x=d$ 时，$D_A(u)=-1$，符合相对差异函数定义。$D_A(u)$ 确定以后，根据式（11-13）可求解相对隶属度 $\mu_A(u)$。为了得到各指标的综合相对隶属度，应用式（11-16）模糊可变评价模型。

可变模型集包括陈守煜在工程模糊集理论中提出的模糊优选模型、模糊模式识别模型、模糊聚类循环迭代模型，以及模糊决策、识别与聚类的统一模型等。可变模型参数集包括模型的指标权重、指标标准值等重要模型参数。引用陈守煜（2005）提出的可变模糊识别模型为

$$\nu_A(u) = \frac{1}{1 + \left(\dfrac{d_{\mathrm{g}}}{d_{\mathrm{b}}}\right)^{\alpha}} \tag{11-16}$$

$$d_{\mathrm{g}} = \left(\sum_{i=1}^{m} \{w_i[1-\mu_A(u)_i]\}^p\right)^{1/p} \tag{11-17}$$

$$d_{\mathrm{b}} = \left\{\sum_{i=1}^{m} [w_i\mu_A(u)_i]^p\right\}^{1/p} \tag{11-18}$$

式中，$\mu_A(u)$ 为事物 u 所具有的表征吸引性质 A 程度的相对隶属度；w_i 为指标 i 的权重；α 为模型优化准则参数；p 为距离参数。

通常情况下，式（11-16）中 α、p 可有 4 种搭配：

$$\alpha=1, p=\begin{cases}1\\2\end{cases}; \quad \alpha=2, p=\begin{cases}1\\2\end{cases} \tag{11-19}$$

当 $\alpha=1, p=2$ 时，式（11-20）变为

$$v_A(u) = \frac{d_{\mathrm{b}}}{d_{\mathrm{b}} + d_{\mathrm{g}}} \tag{11-20}$$

在式（11-17）和式（11-18）中，取 $p=2$，即取欧氏距离，此时式（11-21）相当于理想点模型，属于可变模糊集模型的一个特例。

当 $\alpha=1, p=1$ 时，式（11-16）变为

$$v_A(u) = \sum_{i=1}^{m} w_i \mu_A(u)_i \tag{11-21}$$

式（11-21）相当于模糊综合评判模型，是一个线性模型，属于可变模糊集模型的又一个特例。

当 $\alpha=2, p=1$ 时，式（11-16）变为

$$v_A(u) = \frac{1}{1 + \left(\dfrac{1 - d_{\mathrm{b}}}{d_{\mathrm{b}}}\right)^2} \tag{11-22}$$

$$d_{\mathrm{b}} = \sum_{i=1}^{m} w_i \mu_A(u)_i \tag{11-23}$$

式（11-23）为 Sigmoid 型函数，是可用以描述神经网络系统中神经元的激励函数。

当 $\alpha=2, p=2$ 时，式（11-20）变为

$$v_A(u) = \frac{1}{1 + \left(\dfrac{d_{\mathrm{g}}}{d_{\mathrm{b}}}\right)^2} \tag{11-24}$$

$$d_{\mathrm{g}} = \sqrt{\sum_{i=1}^{m} \{w_i[1 - \mu_A(u)_i]\}^2} \tag{11-25}$$

$$d_{\mathrm{b}} = \sqrt{\sum_{i=1}^{m} [w_i \mu_A(u)_i]^2} \tag{11-26}$$

此时可变模糊集模型相当于模糊优选模型。由此可见，可变模糊集模型是一个变化模型，在可变模糊集理论中是一个十分重要的模型，可广泛应用于水文、水资源、水环境、水利水电等水科学工程领域的评价、识别、预测等方面。

11.1.3　评价指标与分级标准

干旱指标的确定是一个非常复杂的问题，目前没有一个统一的标准。衡量一个地区是否属于干旱气候，一般用干燥指数，即蒸发势与降水量的比值。当干燥指数大于 1 时，表示干旱、雨水不足；当干燥指数大于 4 时，表示极端干旱。但是这样的指标对于塔里木河来说过于笼统，在实践中，不同时间、不同地域有不同的干旱指标。从时间上划分有月、季、年等阶段性的干旱指标，从地域上划分有局地、区域、全区的干旱指标。用国家气候中心制定的降水量等级的划分标准显然不能完全反映塔里木河流域的实际干旱情况，用河流径流量作为塔里木河的干旱指标比较切合实际，但是在分析以县级为单位的干旱风险评估时，很多地方没有代表性的水文站。塔里木河流域的春旱是最严重的，发生的频率高，其次夏旱和秋旱也比较严重（温克刚和史玉光，2006）。根据《干旱评估标准》规范和塔里木河的干旱特点，本节干旱指标采用降水量距平法（王春乙，2010）和农业旱灾等级采用综合减产成数法，具体如下。

（1）降水量距平法的计算公式：

$$D_\mathrm{p} = \frac{P - \overline{P}}{\overline{P}} \times 100\% \tag{11-27}$$

式中，D_p 为计算期内降水量距平百分比（%）；P 为计算期内降水量（mm）；$\overline{P}$ 为计算期内多年平均降水量（mm），计算期内的多年平均降水量 $\overline{P}$ 宜采用近 30 年的平均值。

计算期确定：应根据不同季节选择适当的计算期长度。夏季宜采用 1 个月，春、秋季宜采用连续 2 个月，冬季宜采用连续 3 个月，从农牧业生产角度考虑，春旱、夏旱和秋旱是威胁最大的。因此，本节采用塔里木河流域 24 个气象站点的 1960～2008 年降水量进行降水量距平分析。本书中春季降水距平 $D_春$ 表示春旱，计算时段为 4～5 月；夏季降水距平 $D_夏$ 表示夏旱，计算时段为 6 月；秋季降水距平 $D_秋$ 表示秋旱，计算时段为 9～10 月；旱情等级划分按表 11-1。

表 11-1　降水距平百分比旱情等级划分表

季节	计算时段	轻度干旱	中度干旱	重度干旱	极端干旱
春季（3～5 月）	2 个月	$-30 > D_\mathrm{p} \geqslant -50$	$-50 > D_\mathrm{p} \geqslant -65$	$-65 > D_\mathrm{p} \geqslant -75$	$D_\mathrm{p} < -75$
夏季（6 月）	1 个月	$-20 > D_\mathrm{p} \geqslant -40$	$-40 > D_\mathrm{p} \geqslant -60$	$-60 > D_\mathrm{p} \geqslant -80$	$D_\mathrm{p} < -80$
秋季（9～10 月）	2 个月	$-30 > D_\mathrm{p} \geqslant -50$	$-50 > D_\mathrm{p} \geqslant -65$	$-65 > D_\mathrm{p} \geqslant -75$	$D_\mathrm{p} < -75$

（2）综合减产成数法评估计算公式：

$$C=[I_3\times90\%+（I_2-I_3）\times55\%+（I_1-I_2）\times20\%]\times(-1) \tag{11-28}$$

式中，C 为综合减产成数（%）；I_1 为受灾（减产 1 成以上）面积占播种面积的比例（用小数表示）；I_2 为成灾（减产 3 成以上）面积占播种面积的比例（用小数表示）；I_3 为绝收（减产 8 成以上）面积占播种面积的比例（用小数表示）。

因为降水距平值越小，代表干旱程度越大。而综合减产成数越大，代表干旱程度越大。为了便于计算和对比研究，本书将综合减产成数乘以–1，使得综合减产成数越小，代表干旱程度越大。因此，其旱灾等级划分见表 11-2。综合减产成数法是一个综合干旱指标，该指标充分考虑了农业抗旱能力在干旱风险区划中的影响。农业抗旱能力受到自然、地域条件和人类活动等多方面因素的共同影响，塔里木河地区各县（市）抗旱能力也要从多方面综合判定，而受灾面积、成灾面积、绝收面积占播种面积的比例能很好地代表抗旱因子对干旱风险评估的影响。

表 11-2　农业旱灾等级划分表

旱灾等级	轻度旱灾	中度旱灾	重度干旱灾	极端旱灾
综合减产成数（%）	$-20<C\leqslant-10$	$-30<C\leqslant-20$	$-40<C\leqslant-30$	$C<-40$

11.1.4　干旱程度的确定

因为塔里木河流域主要受干旱的影响，所以将塔里木河流域各县（市）的粮食减产率与有关统计资料相结合，即可判定塔里木河流域的实际干旱情况。

各种自然因素和非自然因素的综合作用对农作物的最终产量产生影响，这种相互间的影响极其复杂，很难用定量的量化关系来表述。国内外研究者大都把这些因素按影响的性质、时间及尺度划分为农业技术措施、气象条件和随机"噪声"三大类。相应地，农作物产量也可以分解为趋势产量、气象产量和随机产量 3 部分，可表达为

$$y=y_t+y_w+\Delta y \tag{11-29}$$

式中，y 为小麦的实际产量，单位为 kg/hm²；y_t 为小麦的趋势产量，单位为 kg/hm²；y_w 为小麦产量的气象产量，单位为 kg/hm²；Δy 为小麦产量的随机分量，单位为 kg/hm²。由于影响各地小麦增、减产的偶然因素并不时常发生，而且局地性的偶然因素的影响也不太大，因此在实际产量分解中，一般都假定 Δy 可忽略不计。农作物产量的公式可以简化为

$$y=y_t+y_w \tag{11-30}$$

利用塔里木河流域各县（市）1990～2007 年粮食产量资料进行分析，对趋势产量进行模拟，根据表 11-3 粮食产量的方程，计算 1990～2007 年各县（市）的粮食趋

势产量。塔里木河流域 88%的县（市）的粮食产量曲线通过 95%的显著性检验。冬小麦减产率采用逐年的实际产量偏离趋势产量的相对气象产量的负值，计算公式为

$$y_d = \frac{y - y_t}{y_t} \times 100\% \qquad (11\text{-}31)$$

式中，y_d 为小麦减产率，单位为%；y 为实际产量，单位为 kg/hm^2；y_t 为趋势产量，单位为 kg/hm^2。根据表 11-4 粮食产量减产率定义 1990～2007 年每年的干旱程度，无旱、轻度干旱、中度干旱、重度干旱、极端干旱。根据粮食减产率和有关统计资料对塔里木河流域各县（市）干旱程度进行调整，将其作为塔里木河粮食生长时期内实际的干旱情况，以便其他指标与其对比。

表 11-3　塔里木河流域各县（市）粮食趋势产量

地级市	县（市）	粮食产量曲线	相关系数	雨量站
巴州	库尔勒市	$y=1.410x^3-58.57x^2+518.5x+6077$	0.88	库尔勒
	和硕县	$y=-0.316x^3-3.492x^2-39.03x+3499$	0.53	
	博湖县	$y=1.096x^3-36.29x^2-211.6x+4407$	0.47	
	轮台县	$y=-1.072x^3+18.19x^2+46.79x+3620$	0.78	轮台
	尉犁县	$y=-0.130x^3-12.21x^2+175.4x+1465$	0.88	铁干里克
	若羌县	$y=0.122x^3-7.294x^2-69.43x+3575$	0.88	若羌
	且末县	$y=-1.900x^3-28.92x^2+60.50x+2209$	0.77	且末
	焉耆县	$y=1.952x^3-80.20x^2+785.0x+5660$	0.45	焉耆
	和静县	$y=0.773x^3-44.53x^2+423.2x+5842$	0.64	和静
阿克苏地区	阿克苏市	$y=-7.971x^3+197.5x^2-1213x+11425$	0.52	阿克苏
	温宿县	$y=-10.97x^3+265.6x^2-1164x+10462$	0.96	
	库车县	$y=19.77x^3-662.8x^2-5886x+13720$	0.68	库车
	沙雅县	$y=-15.85x^3+443.4x^2-2706x+10563$	0.86	
	新和县	$y=-4.634x^3+121.5x^2-718.2x+8020.3$	0.57	拜城
	拜城县	$y=-9.921x^3+322.1x^2-1918x+9294$	0.93	
	乌什县	$y=10.12x^3-295.6x^2-2088x+14104$	0.67	柯坪
	阿瓦提县	$y=-3.737x^3+68.47x^2-251.1x+9294$	0.61	
	柯坪县	$y=-1.686x^3+48.85x^2-320.8x+1512$	0.71	
克州	阿图什市	$y=-2.639x^3+56.12x^2-117.7x+4077$	0.94	乌恰
	阿克陶县	$y=-3.002x^3+77.41x^2-187.5x+6158$	0.99	
	乌恰县	$y=0.314x^3-12.19x^2+124.9x+274.2$	0.41	
	阿合奇县	$y=-0.153x^3-1.089x^2+55.12x+416.5$	0.33	阿合奇

续表

地级市	县（市）	粮食产量曲线	相关系数	雨量站
	喀什市	$y=2.140x^3-38.97x^2+280.6x+1479$	0.78	
	疏附县	$y=-0.7023x^3+15.95x^2-422.4x+11826$	0.92	
	疏勒县	$y=2.241x^3-53.31x^2+734.9x+8344$	0.92	喀什
	英吉沙县	$y=-2.063x^3+47.59x^2+152.5x+6747$	0.98	
	伽师县	$y=1.307x^3-22.17x^2+511.9x+10988$	0.94	
喀什地区	泽普县	$y=-2.252x^3+36.26x^2+103.6x+8568$	0.43	
	莎车县	$y=11.01x^3-279.9x^2+2808x+22071$	0.93	
	叶城县	$y=1.165x^3+8.413x^2+270.3x+10988$	0.95	莎车
	麦盖提县	$y=0.131x^3-0.035x^2+180.9x+7230$	0.91	
	岳普湖县	$y=0.3675x^3-3.395x^2+109.1x+5090$	0.92	
	巴楚县	$y=-0.793x^3+56.24x^2-288.1x+9532$	0.86	巴楚
	塔什库尔干	$y=-0.360x^3+8.573x^2-40.46x+452.4$	0.75	塔什库尔干
	和田市	$y=-5.997x^3+121.4x^2-364.6x+7364$	0.46	
	和田县	$y=-3.547x^3+97.45x^2-542.6x+7923$	0.89	和田
	墨玉县	$y=0.199x^3-10.71x^2+737.6x+13428$	0.97	
	洛浦县	$y=-3.976x^3+96.95x^2-228.3x+8888$	0.96	
和田地区	策勒县	$y=0.838x^3-13.07x^2+102.7x+5853$	0.89	于田
	于田县	$y=-1.512x^3+40.86x^2-9.184x+8393$	0.93	
	民丰县	$y=-0.40x^3+11.09x^2-21.49x+1182$	0.97	民丰
	皮山县	$y=-9.952x^3+59.35x^2+2362x+1555$	0.96	皮山

表 11-4　粮食产量减产率的干旱等级

干旱类型	减产率（%）
轻度干旱	≤10
中度干旱	10～20
重度干旱	20～30
极端干旱	>30

11.1.5　评价指标权重

确定权重的方法有很多，在其他研究方法的思路上，结合塔里木河地区的干旱特点，引用级差加权指数法来确定干旱指数的权重（王春乙，2010），具体步骤如下：假设已有某时段的干旱资料，把各个子模式干旱等级统一为无旱、轻度干旱、中度干旱、重度干旱、极端干旱 5 个等级，并定量化为 0，1，2，3，4。然后，根据某时段逐年出现的干旱实况划定各年相应的干旱级别，将各个子模式计算的各年干旱级别与实况对照，并进行权重确定。权重计算的公式为

$$w_i = \frac{1}{n-1}\left(1 - \frac{A_{ij}}{\sum_{j=1}^{n}|A_{ij}|}\right) \tag{11-32}$$

式中，w_i 为权重；A_{ij} 为第 i 种干旱指标的模式在第 j 年计算的值与实测的值之差。

　　假设某时段的干旱资料是 18 年，把各个干旱指数的干旱级别分别统计为无旱、轻度干旱、中度干旱、重度干旱、极端干旱 5 个等级，并量化为 1，2，3，4，5。根据 50 年逐年出现干旱实况划定各年相应的干旱级别（无旱、轻度干旱、中度干旱、重度干旱、极端干旱），将各个干旱指数计算的各年干旱级别与实况对照，并进行权重的确定。计算过程以表 11-5 为例，表 11-6 是根据式（11-32）计算得出的各县（市）不同干旱指标的权重系数。图 11-2 是塔里木河流域各县（市）干旱指标的权重系数图，首先从图 11-2 中可以看出，不同县（市）不同指标的权重系数是不同的，全流域综合减产指数的权重最大；其次是春季降水距平和夏季降水距平，秋季降水距平权重是最低的。春季降水距平权重的较高区域主要分布在巴州和阿克苏地区，喀喇昆仑山北麓县（市）的比重较低；夏季降水距平较低的区域主要是喀什地区，和田地区的夏季降水距平较高；除巴州和阿克苏地区外，其他地区秋季降水距平权重较高；综合减产成数较低的县（市）主要有皮山县、柯坪县、阿合奇县、若羌县，这些县（市）的农业播种面积较小，如阿合奇县的播种面积仅 3000 多 hm^2，因此其综合减产成数的权重系数较低，阿克苏地区和喀什地区农业播种面积大，其对应的综合减产成数的权重系数低，因此级差加权指数法适合塔里木河流域干旱指标的权重系数计算。从图 11-2 和表 11-5 可以看出，各县（市）春、夏、秋季的降水距平的权重分布与各县（市）春、夏、秋旱发生的频率一致。

表 11-5　各干旱子模式的干旱等级

年份	实况的干旱等级	春季降水距平		夏季降水距平		秋季降水距平		综合减产成数	
		计算出的干旱等级	差值绝对值	计算出的干旱等级	差值绝对值	计算出的干旱等级	差值绝对值	计算出的干旱等级	差值绝对值
1990	4	3	1	2	2	2	2	1	3
1991	1	4	3	3	2	3	2	3	2
…	…	…	…	…	…	…	…	…	…
2007	3	3	0	2	1	5	2	5	2
总差值和	—		S_1		S_2		S_3		S_4
权重系数	—		$\dfrac{1-S_1/(S_1+S_2+S_3+S_4)}{4-1}$		$\dfrac{1-S_2/(S_1+S_2+S_3+S_4)}{4-1}$		$\dfrac{1-S_3/(S_1+S_2+S_3+S_4)}{4-1}$		$\dfrac{1-S_4/(S_1+S_2+S_3+S_4)}{4-1}$

表 11-6　各县（市）不同指标的权重系数　　　　（单位：%）

地级市	编号	县（市）	权重系数			综合减产成数
			$D_春$	$D_夏$	$D_秋$	
巴州	1	库尔勒市	0.264	0.236	0.215	0.285
	2	和硕县	0.267	0.241	0.222	0.270
	3	博湖县	0.265	0.246	0.201	0.288
	4	轮台县	0.259	0.279	0.174	0.289
	5	尉犁县	0.257	0.238	0.233	0.271
	6	若羌县	0.267	0.244	0.230	0.260
	7	且末县	0.263	0.227	0.213	0.297
	8	焉耆县	0.265	0.247	0.201	0.287
	9	和静县	0.251	0.255	0.210	0.284
阿克苏地区	10	阿克苏市	0.275	0.243	0.194	0.288
	11	温宿县	0.235	0.248	0.226	0.291
	12	库车县	0.269	0.261	0.184	0.286
	13	沙雅县	0.256	0.256	0.205	0.282
	14	新和县	0.234	0.279	0.221	0.266
	15	拜城县	0.226	0.276	0.214	0.284
	16	乌什县	0.246	0.235	0.220	0.299
	17	阿瓦提县	0.248	0.259	0.230	0.263
	18	柯坪县	0.286	0.239	0.225	0.250
克州	19	阿图什市	0.231	0.241	0.255	0.273
	20	阿克陶县	0.247	0.224	0.230	0.299
	21	乌恰县	0.230	0.238	0.250	0.282
	22	阿合奇县	0.248	0.257	0.243	0.252
喀什地区	23	喀什市	0.234	0.230	0.230	0.305
	24	疏附县	0.234	0.223	0.245	0.297
	25	疏勒县	0.225	0.244	0.229	0.302
	26	英吉沙县	0.230	0.234	0.234	0.301
	27	伽师县	0.234	0.223	0.238	0.304
	28	泽普县	0.232	0.226	0.235	0.306
	29	莎车县	0.243	0.223	0.233	0.301
	30	叶城县	0.235	0.217	0.239	0.309
	31	麦盖提县	0.238	0.218	0.241	0.304
	32	岳普湖县	0.235	0.222	0.231	0.312
	33	巴楚县	0.251	0.239	0.220	0.290
	34	塔什库尔干	0.239	0.244	0.224	0.294

续表

地级市	编号	县（市）	权重系数			综合减产成数
			$D_春$	$D_夏$	$D_秋$	
和田地区	35	和田市	0.224	0.261	0.221	0.293
	36	和田县	0.242	0.269	0.214	0.275
	37	墨玉县	0.246	0.266	0.226	0.263
	38	洛浦县	0.242	0.269	0.208	0.281
	39	策勒县	0.232	0.260	0.224	0.285
	40	于田县	0.232	0.272	0.230	0.265
	41	民丰县	0.228	0.264	0.218	0.290
	42	皮山县	0.253	0.261	0.261	0.225

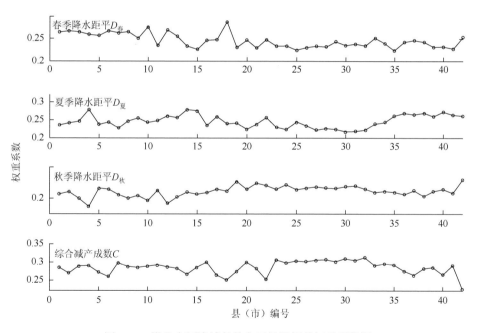

图 11-2　塔里木河流域各县市干旱指标的权重系数图

统计 42 个县级市 1990～2007 年干旱发生的季节,塔里木河流域的春旱在 4～5 月、夏旱在 6 月和秋旱在 9～10 月发生干旱的频率高,因此本节的指标如下:①春季降水距平 $D_春$ 的计算时段为 4～5 月;②夏季降水距平 $D_夏$ 的计算时段为 6 月;③秋季降水距平 $D_秋$ 的计算时段为 9～10 月;④综合减产成数 C。因为降水距平是负值,为了便于计算研究,将综合减产指数乘以–1,转化成与降水距平变化方向相一致的序列。

参照指标标准值和塔里木河流域的实际干旱指标情况，确定干旱可变集合的吸引（为主）域矩阵与范围域矩阵，以及点值 M_{ih} 的矩阵分别为

$$I_{ab} = \begin{bmatrix} [-100,-75] & [-75,-65] & [-65,-50] & [-50,-30] \\ [-100,-80] & [-80,-60] & [-60,-40] & [-40,-20] \\ [-100,-75] & [-75,-65] & [-65,-50] & [-50,-30] \\ [-1.0,-0.4] & [-0.4,-0.3] & [-0.3,-0.2] & [-0.2,-0.1] \end{bmatrix};$$

$$I_{cd} = \begin{bmatrix} [-100,-65] & [-100,-50] & [-75,-50] & [-65,-30] \\ [-100,-60] & [-100,-40] & [-80,-40] & [-60,-20] \\ [-100,-65] & [-100,-50] & [-75,-50] & [-60,-30] \\ [-1.0,-0.3] & [-1.0,-0.2] & [-0.4,-0.1] & [-0.3,-0.1] \end{bmatrix};$$

$$M = \begin{bmatrix} -100,-75,-57.5,-30 \\ -100,-80,-50,\ -20 \\ -100,-75,-57.5,-30 \\ -1.0,-0.4,-0.5,-0.1 \end{bmatrix}。$$

根据矩阵 I_{ab}、I_{cd} 与 M 判断样本特征值 x 在 M_{ih} 点的左侧还是右侧，据此选用式（11-10）或式（11-11）计算差异度 $D_A(u)$，再由式（11-12）计算指标对不同等级干旱的相对隶属度 $v_A(u)$。经过分析计算，α 和 p 的取值对各县（市）不同年份的干旱程度基本没有影响，为了便于分析，本节采用 $\alpha=1$ 和 $p=1$ 的可变模糊集模型来研究塔里木河流域的干旱风险评估。

11.1.6　综合评价结果分析

运用可变模糊评价法分别计算出塔里木河流域 42 个县（市）1990～2007 年的干旱等级，图 11-3 是塔里木河流域 1990～2007 年各县（市）的干旱等级时空分布图，由图 11-3 可知，塔里木河流域西北部地区（包括阿克苏河流域和渭干河流域）的库车、轮台、拜城、新和等县（市）的干旱等级和干旱次数小于其他地区，塔里木河流域南部地区（包括和田河流域）的和田、策勒、洛浦、于田和民丰等县（市）的干旱等级和干旱次数大于其他地区。塔里木河流域西南部地区（包括叶尔羌河流域）和塔里木河流域东北部地区（包括开孔河流域）干旱发生的次数小于塔里木河流域南部地区，但是干旱等级高于塔里木河流域西北部地区。

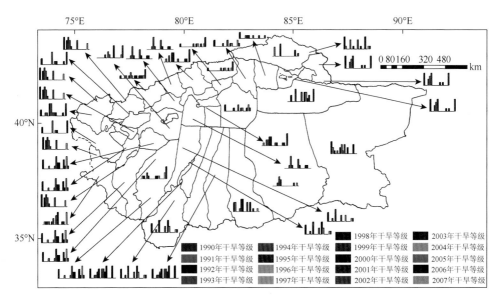

图 11-3　塔里木河流域干旱等级时空分布图

统计塔里木河地区不同干旱等级发生的频率，得到塔里木河地区不同干旱等级分布图（图 11-4），由图 11-4（a）可知，轻度干旱发生频率较高的地区主要是阿克苏地区，其他地区的轻度干旱发生频率较低。阿克苏地区的库车、沙雅和巴州的尉犁、若羌的中度干旱发生频率较高，阿克苏地区和巴州其他县（市）、克州的中度干旱发生频率较低，和田地区和喀什部分地区的中度干旱发生频率较高［图 11-4（b）］。重度干旱发生频率较高的地区主要分布在巴州、和田地区和喀什地区；重度干旱发生频率较低的区域集中在巴州、阿克苏地区、喀什、和田地区和克州［图 11-4（c）］。虽然巴州的库尔勒、和硕和博湖轻、中、重度干旱发生频率较低，但是该地区极端干旱发生的概率较高，和田地区、喀什地区和克州绝大部分地区极端干旱发生的频率较高［图 11-4（d）］。阿克苏地区极端干旱发生的频率低于其他地区。本节充分考虑了人为减灾抗灾水平在干旱等级中的影响，塔里木河流域南部和西南部地区的部分县（市）的中度干旱、重度干旱和极端干旱发生概率高，这与张强等（2011）研究南疆地区南部干旱历时和干旱强度轻微上升相一致（张强等，2013）。

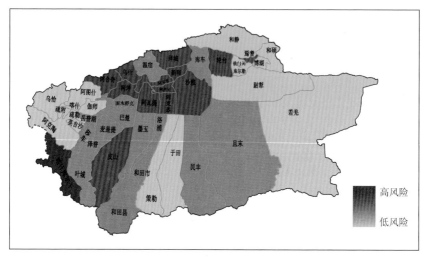

(a) 轻度干旱

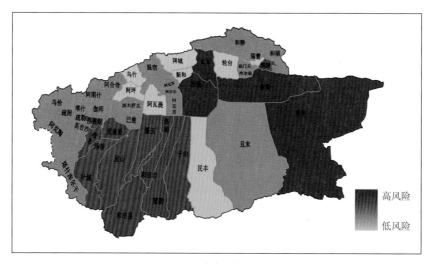

(b) 中度干旱

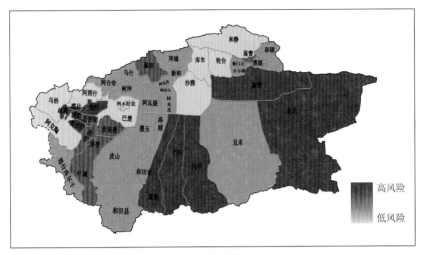

(c) 重度干旱

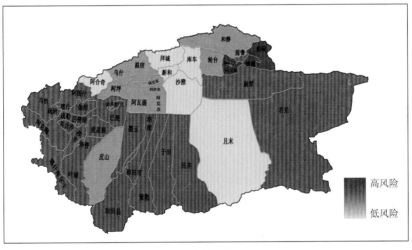

(d) 极端干旱

图 11-4　塔里木河流域各县（市）不同干旱等级分布图

　　巴州东北部地区轻度干旱、中度干旱和重度干旱的风险度低，但是极端干旱的风险度高；和田地区轻度干旱的风险度低，中度干旱和极端干旱的风险度较高，重度干旱的风险度最高；克州地区轻度干旱和重度干旱风险度低，中度干旱和极端干旱风险度高；喀什地区中度干旱和极端干旱的风险度高于轻度干旱，除巴楚、皮山以外的喀什地区重度干旱风险度较低；阿克苏地区轻度干旱和重度干旱风险度较高，中度干旱和极端干旱的风险度较低。施雅风等（2003）认为，塔里木河流域气候由暖干向暖湿转变，气温和降水呈显著增加趋势，但是塔里木河流域不同区域的气温和降水的变化差异不同，发源于天山南坡的河流年径流量增加显著，昆仑山北坡河流径流量变化不大或略有减少。塔里木河上游 3 条源流增加明显，但是塔里木河干流的年径流量呈现显著递减的趋势，越往下游线性下降趋势越显著，这主要是由人类大规模地开垦荒地、扩大灌溉面积、增加水资源消耗所致（罗岩等，2006）。巴州东北部地区的开都河发源于天山南坡，其轻度干旱发生的频率最低，尽管该地区渠首工程的现状供水能力和防渗率是塔里木河最高的，但是该地区的河流流域面积较小，拥有 5 座水库（库容 0.77 亿 m³）低于其他主要河流，对于极端干旱不能进行有效的缓解，其极端干旱发生的频率是最高的，因此巴州东北部地区要提高抵御极端干旱的能力。

喀什地区的主要河流叶尔羌河是典型的冰雪融水补给河流，西北地区气温和降水整体呈增加趋势，但是叶尔羌河年径流量线性增加趋势不显著（孙本国等，2006）。叶尔羌河流域的农业灌溉面积是全疆最大的，且耕地面积也呈增加趋势，降水量的增加并不能从根本上解决叶尔羌河的干旱问题，叶尔羌河流域有 37 座水库（库容 14.20 亿 m³）大于其他地区，但是叶尔羌河流域的渠道防渗率仅 28.11%，远低于其他流域渠道防渗率，大量水资源在渠道中被消耗，这也会影响到干旱时期的抗旱效果，因此喀什地区轻度干旱和中度干旱发生的频率较低，重度干旱和极端干旱发生的频率较高。阿克苏地区的主要河流阿克苏河年际变化较小，水量稳定，严重旱涝灾害发生概率较低（温克刚和史玉光，2006），因此阿克苏地区大部分地区轻度干旱发生频率较高，极端干旱发生的频率较低。平原区气温增加趋势大于山区气温增加趋势，和田河温度升高对径流增加有较大贡献，降水增加对年径流的影响较小（木沙如孜等，2012），和田地区的主要河流和田河年径流量增加趋势不显著，耕地面积却呈增加趋势（王顺德等，2004；陈忠升等，2009），因此和田地区轻度干旱发生频率较低，中度干旱和极端干旱发生频率较高，部分地区重度干旱发生频率高。

11.2　塔里木河流域气象干旱风险评估

11.2.1　计算方法

1. 干旱危险度评价

本节分析数据为塔里木河流域 24 个气象站 1960～2008 年的月降水量，数据由国家气象中心提供；另外，还搜集 42 个县（市）2010 年的人口、男性人口、女性人口、农业人口、文盲人口占 15 岁及以上人口比例、0～14 岁、15～59 岁人口、60 岁以上人口、耕地面积、有效灌溉面积、受旱面积、粮食产量、干旱造成农业直接经济损失、地区生产总值资料，该资料由塔里木河流域管理局和统计年鉴提供（新疆维吾尔自治区统计局，2010；新疆维吾尔自治区人民政府人口普查领导小组办公室，2012）。降水量的部分数据缺测，缺测资料不超过样本的 1%，其具有较好的代表性，本节选取该数据前后天的数据平均值作为该天的数据（Zhang et al.，2012c）。

　　风险是某一灾害发生的概率和期望损失的乘积，根据定义风险评估是危险度和易损性的乘积（黄崇福，2005）。与其他自然灾害风险相同，干旱风险主要是由实际干旱程度和承灾体容易受到干旱影响的程度共同决定的。因此，对于干旱风险的研究主要为干旱发生的频率、范围、干旱程度、区域基础设施和社会经济能力抵御干旱的能力（Shahid and Behrawan，2008）。因此，本节主要从干旱危险度和承灾体的易损度进行分析。

　　标准化降水指标由 Mckee 等在 1993 年提出，他从不同时间尺度评价干旱。由于干旱受前期降水的影响，因而标准化降水指标考虑不同时间尺度的值，将不同时间尺度的前期降水纳入计算，考虑它们对水资源盈缺状况的影响。不同时间尺度的标准化降水指标具有不同的物理意义。时间尺度较短的标准化降水指标能在一定程度上反映短期土壤水分的变化，这对于农业生产有重要意义。时间尺度较长的标准化降水指标能反映较长时间的径流量的变化情况，对于水库管理有重要作用（Wu et al.，2001）。短期干旱导致土壤表层水分缺失，这对于农业耕作具有重大的负面影响，农作物不能获取足够的水分，引起农业干旱（Heim and Richard，2002）。因此，本节选择时间尺度为 3 个月、6 个月、12 个月的标准化降水指标（简称 SPI3、SPI6 和 SPI12）对塔里木河流域的干旱危险度进行分析。

　　根据标准化降水指标干旱等级划分标准，计算 3 个月、6 个月和 12 个月尺度的各个干旱等级实际发生的概率，同时赋予不同干旱等级权重系数，各个干旱等级实际发生干旱的概率可以细分为 4 个等级（Shahid and Behrawan，2008），具体见表 11-7。定义干旱危险度指数（drought hazard index）为

$$DHI=(L_r \times L_w) + (M_r \times M_w) + (S_r \times S_w) + (E_r \times E_w) \tag{11-33}$$

式中，L_r 为轻度干旱的等级；L_w 为轻度干旱的权重；M_r 为中度干旱的等级；M_w 为中度干旱的权重；S_r 为重度干旱的等级；S_w 为重度干旱的权重；E_r 为极端干旱的等级；E_w 为极端干旱的权重。

表 11-7　干旱程度的权重和等级的划分

干旱程度	权重	不同等级的实际发生概率			
		1	2	3	4
轻度干旱	1	(0，16.0]	(16.0，18.0]	(18.0，20.0]	(20.0，+∞)

续表

干旱程度	权重	不同等级的实际发生概率			
		1	2	3	4
中度干旱	2	(0, 9.0]	(9.0, 10.0]	(10.0, 11.0]	(11.0, +∞)
重度干旱	3	(0, 3.5]	(3.5, 4.5]	(4.5, 5.5]	(5.5, +∞)
极端干旱	4	(0, 1.5]	(1.5, 2.0]	(2.0, 2.5]	(2.6, +∞)

2. 干旱易损度评价

1991 年和 1992 年联合国两次公布了自然灾害易损度的定义：在给定地区由于潜在损害现象可能造成的损失程度，取值为 0～1（United Nations and Department of Humanitarian Affairs，1991）。根据泥石流易损度的定义（刘希林和莫多闻，2002），可以将干旱易损度定义为："在一定区域和给定时段内，由于干旱灾害而可能导致的该区域内所存在的一切人、财、物的潜在最大损失。"根据易损度的定义，可以将承灾体分为两种最基本的类型：财产和人口。承灾体的易损度反映基于灾前的区域社会经济对于灾害的敏感状况和抵御能力，其与区域的社会经济发展有关（蒋勇军等，2001）。社会经济发达地区的承灾体的数量多、密度大、价值高，遭受灾害时人员伤亡和经济损失就大；同时，社会经济条件好的地区生产力水平高，防灾意识随着人们受教育程度的增加而增强，个人和政府为减少灾害损失而采取的防灾投入增加，因此该地区整体承灾能力相对较强，相对损失值有所降低，只不过增长的幅度由于承灾能力的增强而部分抵消，增长速度逐渐减缓而已。另外，易损度还受到人居条件、基础设施、公共政策和管理、组织能力、社会不平等、性别关系、经济模式等因素的影响。

易损度指标分为经济易损度、物质易损度、环境易损度、社会易损度 4 个方面，本节根据搜集的资料选取了 6 个社会经济干旱易损度［因旱农业经济损失百分比（GL）、女性与男性比率（FMR）、人口密度（PD）、文盲率（IR）、抚养比（DR）、农业人口与总人口百分比（AO）］和 3 个物质干旱易损度［有效灌溉面积占耕地面积百分比（IL）、粮食单产（FP）、受旱面积占耕地面积百分比（DA）］。运用自然断点分类（natural breaks）方法，分别将 9 个干旱易损度指标分为 4 个等级，自然断点分类方法是按数据固有的自然组别分类，使得类内差异最小，类间差异最大，并得到广泛的应用（Smith，1986；Shahid and Behrawan，2008）。9 个干旱易损度指标中，粮食单产和有效灌溉面积占耕地面积百分比指标数值越大，代表地区的农业生产力越高，抗旱能力越强，其干旱易损度的等级越低；其他 7 个指标的干旱易损度等级随着指标数值的增大而增大。在本节计算中为了保持一致性，将粮食单产和有效灌溉面积占耕地面积百分比的等级与指标数值成反比，其他指标的等级与指标数值成正比。塔里木河流域综合干旱易损度指标（DVI）的公式如下：

$$DVI = \frac{GL_r + FMR_r + PD_r + IR_r + DR_r + AO_r + IL_r + FP_r + DA_r}{9}\qquad（11-34）$$

式中，GL_r 为因旱农业经济损失百分比的干旱易损度等级；FMR_r 为女性与男性比率的干旱易损度等级；PD_r 为人口密度的干旱易损度等级；IR_r 为文盲率的干旱易损度等级；DR_r 为抚养比的干旱易损度等级；AO_r 为农业人口与总人口百分比的干旱易损度等级；IL_r 为有效灌溉面积占耕地面积百分比的干旱易损度等级；FP_r 为粮食单产，即每公顷耕地全年所生产的粮食数量的干旱易损度等级；DA_r 为受旱面积占耕地面积百分比的干旱易损度等级。

根据联合国（United Nations）1991 年提出的风险表达式，塔里木河流域干旱风险评估（DRI）的表达式为

$$DRI = DHI \times DVI \qquad（11-35）$$

式中，DHI 为各县（市）的干旱危险度；DVI 为各县（市）的干旱易损度，如果某一地区没有干旱发生或者易损度极低，那么该地区的干旱风险为 0。例如，塔里木河流域的沙漠和高山地区，特别是沙漠地区的干旱发生概率极高，但是该地区人类活动非常少，其易损度极低，这些地区的干旱风险为 0。因为并不是流域的每个县（市）都有相应的干旱危险度，在没有干旱危险度的情况下，本节采用相近的气象站的干旱危险度作为该县的干旱危险度。

11.2.2　塔里木河流域干旱风险时空特征

1. 干旱危险度分析

图 11-5 为 SPI3 的轻度干旱、中度干旱、重度干旱和极端干旱的空间分布图。由图 11-5（a）可知，塔里木河流域西南部地区的轻度干旱发生的频率大于其他地区，干旱发生频率最高的地区集中在莎车县和泽普县附近；中度干旱发生频率高的地区主要分布在塔里木河流域的东北部，干旱发生频率最高的地区集中在和静县和焉耆附近 [图 11-5（b）]。重度干旱发生频率高的地区主要分布在塔里木河流域的中部地区和西北部小部分地区，其中塔里木河流域中南部的且末县重度干旱发生的频率最高，其他地区重度干旱发生的频率低 [图 11-5（c）]；极端干旱发生频率较高的区域则分布在塔里木河流域的北部地区，其中巴楚县、阿克苏市、阿瓦提县、柯坪县、温宿县、轮台县和库车县附近的极端干旱发生频率最高，其他地区重度干旱发生频率低 [图 11-5（d）]。

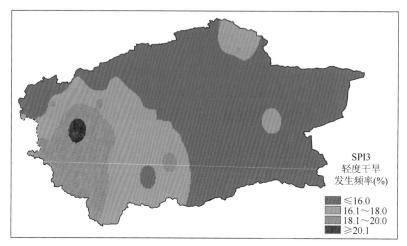

(a) 轻度干旱

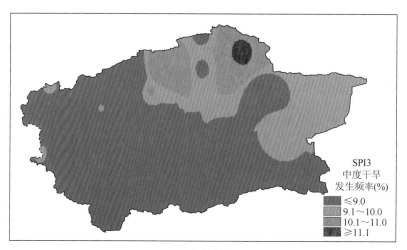

(b) 中度干旱

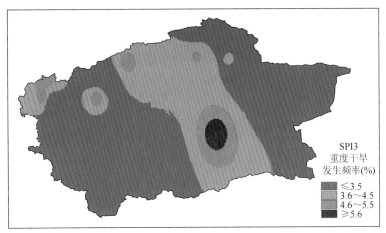

(c) 重度干旱

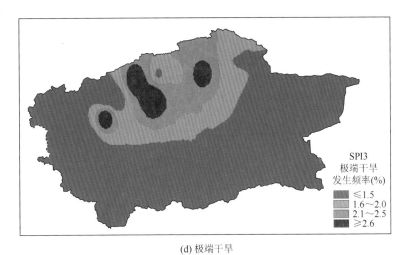

(d) 极端干旱

图 11-5　SPI3 的干旱等级时空分布图

　　随着时间尺度的变化，SPI6 不同干旱等级发生频率的空间分布也不同。SPI6 轻度干旱发生的频率远低于 SPI3 轻度干旱发生的频率 [图 11-5 (a)，图 11-6 (a)]，SPI6 轻度干旱发生频率较高的区域主要分布在塔里木河流域西北部的柯坪县；SPI6 中度干旱发生频率较高的区域主要分布在塔里木河流域东部、西南和西北的部分地区，塔里木河流域南部地区干旱发生频率低，中度干旱发生频率较高的区域远大于轻度干旱发生频率较高的区域；SPI6 重度干旱发生频率最小的区域则进一步缩小，塔里木河流域西部地区干旱发生频率较高，其中乌恰县、策勒县和于田县重度干旱发生频率最高 [图 11-6 (c)]；塔里木河流域大部分地区 SPI6 极端干旱发生频率较高，其中塔里木河流域中部地区极端干旱频率发生最高，塔里木河流域南部的民丰县和且末县附近极端干旱发生频率最低［图 11-6（d）］。

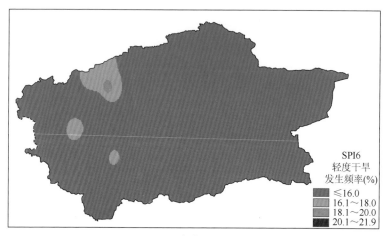

(a) 轻度干旱

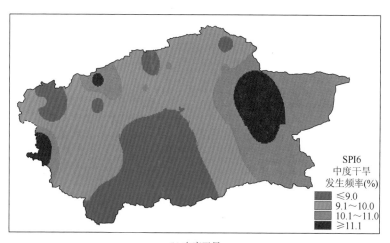

(b) 中度干旱

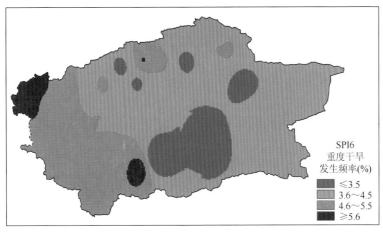

(c) 重度干旱

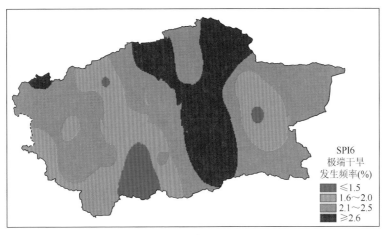

(d) 极端干旱

图 11-6　SPI6 的干旱等级时空分布图

随着时间尺度的增大，SPI 的不同干旱等级干旱发生频率较高的区域面积也随着增大（图 11-5～图 11-7），SPI12 轻度干旱发生频率最高的区域主要在库车县、沙雅县、新和县和喀什市，塔里木河流域东部地区干旱发生频率较高，塔里木河流域南部和西部轻度干旱发生频率低 [图 11-7 (a)]；与 SPI12 轻度干旱相比，SPI12 中度干旱发生频率高的地区则进一步扩大，主要分布在塔里木河流域东部、北部、西北部，其中拜城、温宿和乌什中度干旱发生频率最高 [图 11-7 (b)]；SPI12 重度干旱发生频率高的区域由东部往西部转移，主要集中在北部和西部，其中库尔勒、轮台县、库车县和沙雅县附近区域及西部部分地区发生干旱频率最高，干旱发生频率小的地区分布在南部地区，但是面积进一步缩小 [图 11-7 (c)]；

SPI12 极端干旱发生频率最高的空间分布与 SPI12 其他等级干旱的空间分布相似，主要分布在南部、西部地区和东北的部分地区，拜城附近的极端干旱发生频率低 [图 11-7 （d）]。

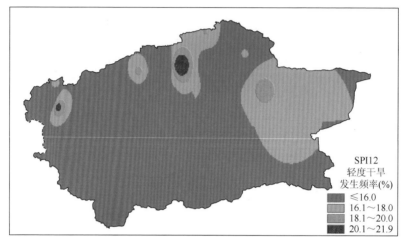

(a) 轻度干旱

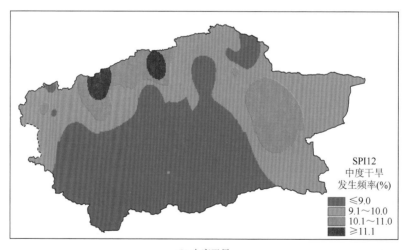

(b) 中度干旱

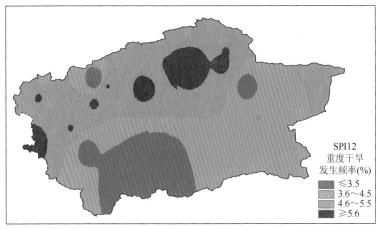

(c) 重度干旱

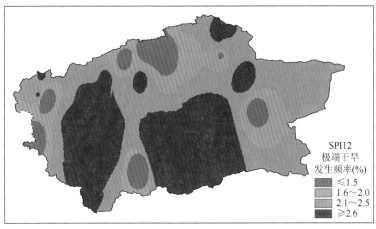

(d) 极端干旱

图 11-7　SPI12 的干旱等级时空分布图

　　根据式（11-33）计算不同时间尺度的干旱危险度指数，根据自然断点分类方法和反距离权重法对不同时间尺度的干旱危险度指数进行分级和空间插值，结果如图 11-8（a）～图 11-8（c）所示。由图 11-8（a）可知，SPI3 干旱发生频率最高和较高的区域主要分布在北部（天山南坡）和西北部地区，南部和东部干旱发生的频率较低 [图 11-8（a）]，该结果与张强等研究南疆地区南部干旱历时和干旱强度轻微上升相一致（Zhang et al.，2012a）；虽然 6 个月尺度的极端干旱危险度的面积变化不大，但是重度干旱危险度由塔里木河西部往东部蔓延，轻度和中度干旱危险度的区域逐渐缩小，总体上是中西部和北部地区的干旱危险度高，东部的干旱危险度低 [图 11-8（b）]。SPI12 干旱发生频率最高和较高的区域主要分布在中部和西北部地区，东南部地区干旱发生频率较低 [图 11-8（c）]。

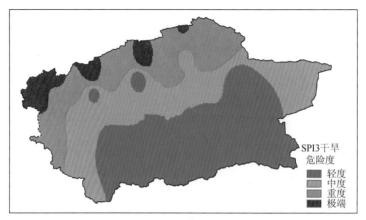

(a) 3月

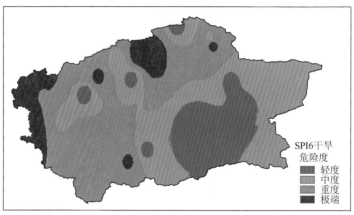

(b) 6月

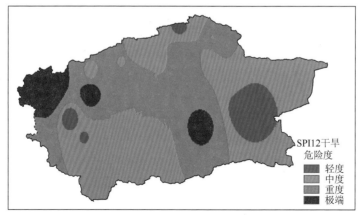

(c) 12月

图 11-8　3 月、6 月和 12 月尺度的干旱危险度区划图

2. 干旱易损度分析

图 11-9（a）～图 11-9（f）是社会经济干旱易损度指标因旱农业经济损失百分比、女性与男性比率、人口密度、文盲率、抚养比和农业人口与总人口百分比的空间分布图。因旱农业经济损失百分比指标反映地区农业损失占整个地区 GDP 总量的百分比，阿瓦提县、新河县和库车县的因旱农业经济损失占 GDP 的百分比最高，沙雅县、拜城县、乌什县、柯坪县、墨玉县和皮山县的因旱农业经济损失占 GDP 的百分比较高 [图 11-9（a）]。从人的个体来看，性别对干旱易损度有一定影响。例如，妇女生理和心理上的原因导致其在遭受自然灾害时比男子更容易受到伤害（Vaughan，2007；Bord and Connor，1997）。西部的阿图什县、伽师县、喀什、疏勒县、岳普湖县、英吉沙县与南部的麦盖提县、泽普县、叶城县、皮山县、和田县和策勒县的女性与男性比率最高，中西部地区其他县（市）女性与男性比率也较高 [图 11-9（b）]。人口密度高的区域主要集中在西北部和西南部地区，东南部地区和南部地区人口密度较低。人口密度最高的县（市）是焉耆县、库尔勒市、阿克苏市、麦盖提县、叶城县、英吉沙县、疏附县、疏勒县、喀什市和和田市；人口密度较高的县（市）是库车县、新和县、温宿县、乌什县、阿瓦提县、墨玉县、伽师县、岳普湖县和莎车县 [图 11-9（c）]。文盲率是指文盲人口占 15 岁及以上人口百分比，沙雅县、巴楚县和伽师县的文盲率是最高的，其次新和县、拜城县、温宿县、乌什县、墨玉县、麦盖提县、叶城县、英吉沙县和疏附县的文盲率较高，东北部巴州地区的文盲率最低 [图 11-9（d）]。抚养比是指总人口中非劳动年龄人口与劳动年龄人口的百分比，即(0～14 岁人口数+60 岁以上人口数)/15～59 岁劳动年龄人口数。低抚养比为经济发展创造了有利的人口条件，整个国家的经济呈高储蓄、高投资和高增长的局面。当抚养比下降时，全社会抚养的压力减轻，抵御灾害的能力大大提高。阿克陶县、伽师县和柯坪县的抚养比是最高的，西南部其他县（市）的抚养比也较高，塔里木河东部的抚养比是最低的 [图 11-9（e）]。

从整体上看，塔里木河流域农业人口与总人口百分比较高，塔里木河流域西部和东北部地区农业人口比重相对较低，中西部地区和南部地区各县（市）的农业人口与总人口百分比都较高，说明该地区以农业为主。农业人口与总人口百分比最高的县（市）主要分布在于田县、和田县、洛浦县、墨玉县、伽师县、莎车县、英吉沙县、疏附县、疏勒县和阿克陶县，库尔勒市、尉犁县和阿克苏市的农业人口与总人口百分比最低 [图 11-9（f）]。

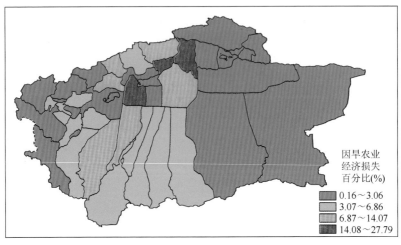

(a)

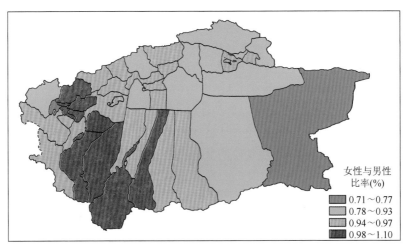

(b)

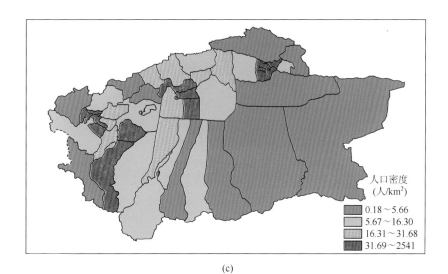

(c)

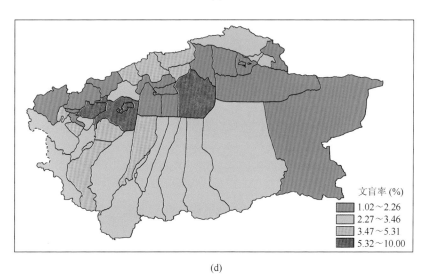

(d)

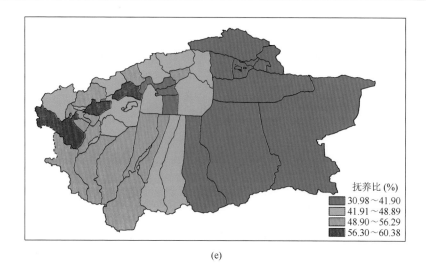

(e)

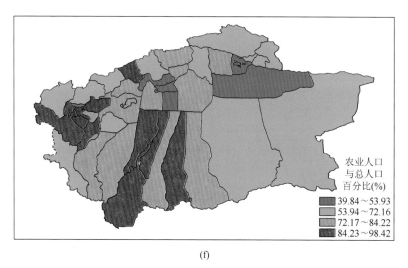

(f)

图 11-9　社会经济干旱易损度区划图

　　图 11-10（a）～图 11-10（c）是物质干旱易损度指标有效灌溉面积占耕地面积百分比、粮食单产和受旱面积占耕地面积百分比的空间分布图。图 11-10（a）显示，塔里木河流域大部分的有效灌溉面积占耕地面积百分比都很高，塔里木河南部的且末县、民丰县、玉田县、和田市和西南部的各县（市）是最高的，阿合奇县、阿克苏市、温宿县、和静县、库尔勒和尉犁县的有效灌溉面积占耕地面积百分比是最低的。有效灌溉面积对保障干旱区绿洲粮食生产与安全具有重要意义（杜晓梅等，2008），有效灌溉面积比重越高，该地区的抗旱能力越强。同样地，单位面积粮食产量也反映了该地区的农业生产力水平，北部地区的和

静县、拜城县和温宿县的粮食单产最高，其次是中部地区的各县（市），若羌县、库尔勒市、乌什县、阿克陶县、塔什库尔干的粮食单产最低［图 11-10（b）］。若羌县、民丰县和皮山县的受灾面积占耕地面积的百分比是最高的，其次塔里木河南部县（市）、柯坪县、阿瓦提县和新河县的受灾面积占耕地面积的百分比较高［图 11-10（c）］。

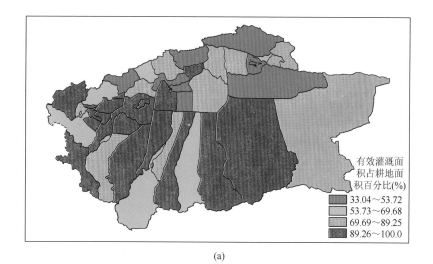

（a）

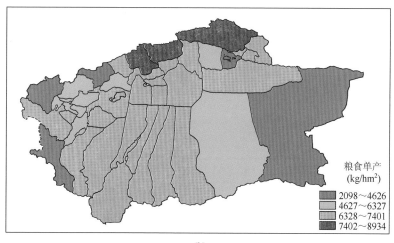

（b）

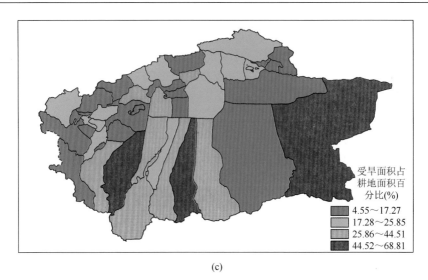

(c)

图 11-10　物质干旱易损度区划图

　　根据式（11-34）计算得到的综合干旱易损度的指标空间分布图（图 11-11），塔里木河流域区别于其他区域的一个最重要的特点是塔里木河流域的县级行政区划中包括山区、戈壁滩和沙漠等无人区，无经济活动的区域则不存在旱灾易发问题，因此塔里木河流域干旱易损度区划图应该按照县级行政区划中的绿洲范围进行绘制，并在制图中与兵团所在区域范围进行拼接，避免地方系统与兵团系统边界相互嵌套的问题。由图 11-11 可知，干旱易损度极端的区域主要分布在塔里木河流域南部和西北部地区，具体是民丰县、和田县、墨玉县、皮山县、叶城县、岳普湖县、伽师县、柯坪县、乌什县和新河县；干旱易损度重度的区域主要分布在西南地区和中北部地

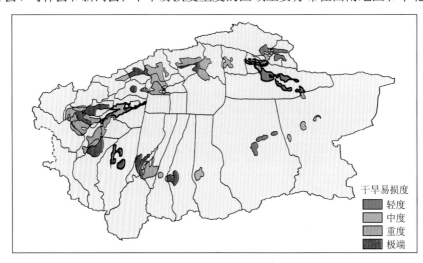

图 11-11　各县（市）综合干旱易损度图

区，具体是麦盖提县、泽普县、莎车县疏勒县、疏附县、英吉沙县、阿克陶县、阿瓦提县、沙雅县、拜城县、库尔勒市；塔里木河流域中东部地区干旱易损度较低。

图 11-12 (a) ～图 11-12 (c) 是根据式 (11-35) 计算的 3 个月、6 个月和 12 个月尺度的干旱风险图，不同地区不同尺度的干旱风险图差别很大，图 11-12 (a) 显示，拜城县和阿合奇县的 3 个月尺度的干旱风险等级是极端的，沙雅县、新和县、阿瓦提县、柯坪县和西南部各县（市）干旱风险等级是重度的，塔里木河流域南部和东北地区的各县（市）的干旱等级在轻度和中度之间。6 个月尺度的不同县（市）的干旱风险等级空间分布基本与 3 个月尺度的干旱风险等级空间分布一致，但是 6 个月尺度的轻度干旱风险和极端干旱风险的县（市）增加，中度干旱风险的县（市）减少（表 11-8）。沙雅县、新和县、乌什县和伽师县干旱风险等级是极端，塔里木河流域南部地区的皮山县、墨玉县、洛浦县、和田县和于田县干旱风险等级由 3 个月尺度的中度或轻度升级到重度。塔里木河流域西北部的温宿县、阿克苏市和阿瓦提县的干旱风险等级由 3 个月尺度的中度或重度降到轻度或中度 [图 11-12 (a) 和图 11-2 (b)]。随着时间尺度的增大，轻度干旱风险和重度干旱风险的县（市）减少，但是极端干旱风险的县（市）明显增加（表 11-8），极端干旱风险的县（市）主要分布在塔里木河流域的西南部，具体有阿图什市、伽师县、疏附县、疏勒县、岳普湖县、英吉沙县、阿克陶县；重度干旱风险主要分布在塔里木河流域的中部的县（市），具体是于田县、洛浦县、和田县、墨玉县、皮山县、巴楚县、麦盖提县、柯坪县、乌什县、乌恰县、温宿县、新和县、沙雅县；塔里木河流域的东部和东北部地区主要是轻度干旱风险 [图 11-12 (c)]。

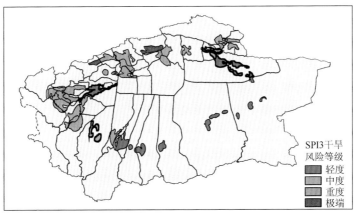

(a)

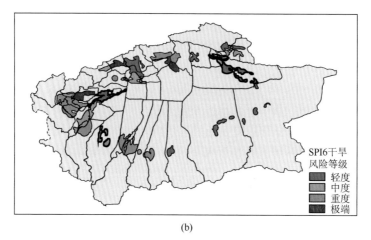

(b)

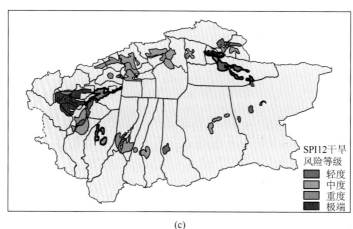

(c)

图 11-12　不同时间尺度的各县（市）干旱风险图

表 11-8　不同干旱风险等级的不同县（市）所占比重

干旱尺度（月份）	不同干旱风险等级县（市）占总县（市）的比重（%）			
	轻度	中度	重度	极端
3	14.3	42.9	33.3	4.8
6	21.4	35.7	33.3	9.5
12	7.1	42.9	31.0	19.0

　　综合分析不同时间尺度的干旱风险图可知，塔里木河流域西部各县（市）的干旱风险等级是最高的，其次塔里木河南部西北部部分县（市）的干旱风险等级较高，东北地区的县（市）和东南地区的县（市）的干旱风险度较低。干旱风险度与干旱危险度、干旱易损度分布具有一致性，塔里木河流域西部各县

（市）干旱风险度最高，这与该地区的干旱易损度高有直接的关系，通过分析各干旱易损度指标与干旱易损度的相关关系发现，农业人口与总人口百分比、抚养比和因旱农业经济损失百分比指标与干旱易损度的相关性高，女性与男性比率、文盲率次之，人口密度与干旱易损度的相关性最低，粮食单产和有效灌溉面积占耕地面积百分比指标与干旱易损度呈负相关，干旱风险度较高的区域的农业人口与总人口百分比，以及抚养比都比较高［图 11-9（e）和图 11-9（f）］。尽管塔里木河流域西部和南部各县（市）的有效灌溉面积占耕地面积百分比较高，但是塔里木河流域西部和南部地区的有效灌溉面积因工程设施损坏报废、建设占地、机井报废而减少（杜晓梅等，2008），而且该地区的粮食单产低于塔里木河流域其他地区，农业生产力低于塔里木河流域其他县（市），因此其干旱易损度高于其他地区。塔里木河流域西部地区的不同尺度干旱危险度高于塔里木河流域南部地区的干旱危险度（图 11-8），因此塔里木河流域西部干旱风险等级高于塔里木河流域南部地区。

11.3　本　章　小　结

本节选取不同季节降水距平指数和综合减产成数法作为塔里木河流域的干旱指标，采用级差加权法确定干旱指标的权重系数，运用可变模糊评价法计算塔里木河流域各县（市）干旱等级并分析干旱等级的时空变化特征，同时取不同尺度的标准化降水指数作为危险度指标，与人口密度、有效灌溉面积占耕地面积百分比、粮食单产等 9 个干旱易损度指标建立塔里木河流域的干旱风险评估，并分析了塔里木河流域干旱危险度、干旱易损度及干旱风险度的空间变化特征，得到以下有意义的结论。

（1）级差加权法确定的干旱指标权重系数中综合减产指数的权重系数最大，其次是春季降水距平和夏季降水距平，秋季降水距平权重最小。干旱指标的权重系数能很好地反映不同地区的干旱类型，巴州地区的农业生产受到春旱的影响最大，和田地区的夏旱对农业生产的影响最大，塔里木河流域西南部的克州地区、阿克苏河和喀什地区部分县（市）秋旱对农业生产的影响大。综合减产指数主要受播种面积的影响，播种面积大，区域的综合减产指数权重系数大。

（2）巴州东北部地区轻度干旱、中度干旱和重度干旱的风险度低，但是极端干旱的风险度高；和田地区轻度干旱的风险度低，中度干旱和极端干旱的风险度较高，重度干旱的风险度最高。克州地区轻度干旱和重度干旱风险度低，中度干旱和极端干旱风险度高；喀什地区中度干旱和极端干旱的风险度高于轻度干旱，除巴楚、皮山以外，喀什地区重度干旱风险度较低；阿克苏地区轻度干旱和重度干旱风险度较高，中度干旱和极端干旱的风险度较低。

（3）SPI3 和 SPI6 的干旱危险度与可变模糊评价法的轻度干旱和中度干旱的空间分布相一致，而 SPI12 的干旱危险度与可变模糊评价法的重度干旱和极端干旱的空间分布一致。塔里木河流域北部和西部地区的 SPI3 和 SPI6 的干旱危险度高，南部和东部地区干旱危险度低，塔里木河流域中部和西北部地区 SPI12 的干旱危险度高。

（4）塔里木河流域西北部和西南部地区的干旱易损度高于其他地区，其中西南部地区的干旱易损度最高。农业人口与总人口百分比、抚养比和因旱农业经济损失百分比指标与干旱易损度的相关性最高。

（5）塔里木河流域西部的干旱风险等级是最高的，其次塔里木河南部和西北部地区的干旱风险等级较高，东北地区和东南地区的县（市）的干旱风险度较低。

第12章 干旱模拟分析及时空演变特征

12.1 基于马尔可夫模型的新疆水文气象干旱研究

国内外学者对枯水流量变化特征做了大量工作，Zhang 等基于 Copula 函数对东江流域和鄱阳湖流域干旱特征进行研究（Zhang et al.，2012a，2013；陈永勤等，2013）；Akyuz 等（2012）运用一阶和二阶马尔可夫模型对干旱特征进行预测；Sharma 和 Panu（2012）运用马尔可夫模型预测加拿大草原地区的干旱历时；Shukla 和 Wood（2008）运用标准径流指数和 SPI 对干旱进行研究；冯国章（1994）分别采用解析法和试验法对极限水文干旱历时的概率分布做了分析；张强等（2013）、刘卫国等（2013）分别运用标准化降水指数和帕尔默干旱指数对新疆地区的干旱特征进行研究。尽管对新疆水文干旱、气象干旱的研究比较多，但是运用多个干旱指标，特别是将水文干旱和气象干旱相结合的干旱指标的研究并没有，基于此，本节建立了基于气象干旱指标 SPI 和水文干旱指标 SRI 的二维变量的干旱指数，结合马尔可夫链模型，揭示流域气候变化和人类活动对塔里木河流域干旱的影响。该项研究对于科学理解在当前气候变化与人类活动的双重影响下，塔里木河流域抗旱、生态环境演变与塔里木河下游生态问题的研究具有一定的科学与现实意义。

本节所用数据为塔里木河流域主要水文站（同古孜洛克、卡群、沙里桂兰克和大山口）长序列月径流量资料，资料来源于塔里木河流域管理局；与水文站相近的主要气象站（和田、莎车、阿合奇和巴音布鲁克）长序列月降水量资料来源于国家气象中心（图9-4，表12-1）。本数据具有一定的代表性，径流量缺失的数据取缺失数据的前后三天的平均值，缺失的降水量通过建立线性回归方程进行计算。

表 12-1　各水文站数据的详细信息

水文站名	气象站名	纬度	经度	所属流域	起止时间（年份）
同古孜洛克	和田	37°08′N	79°56′E	和田河	1962～2007
卡群	莎车	38°16′N	77°16′E	叶尔羌河	1962～2007
沙里桂兰克	阿合奇	40°56′N	78°27′E	阿克苏河	1962～2007
大山口	巴音布鲁克	43°02′N	84°09′E	开都河	1972～2007

12.1.1　SPI-SRI 干旱指数

标准化径流指数（standardized runoff index，SRI）（Shukla and Wood，2008）是以 McKee 等（1993）提出的标准化降水指数（standardized precipitation index，SPI）为理论依据的。本节中的径流量用月径流的中值来计算，与月平均径流相比较，月径流量的中值不受枯水季节某时段连续降水的影响，能很好地代表枯水季节的径流量。SPI 的原理就是 McKee 等（1993）提出用伽马（Γ）分布概率密度函数求某一时间尺度的降水量累积概率。由于新疆主要以春旱威胁最大，其次是夏旱和秋旱（温克刚和史玉光，2006），新疆短时期的干旱对于农业生产威胁最大，因此本节计算 SPI 的尺度采用 3 个月尺度。

本节运用一个新的二维变量状态——SPI-SRI 对塔里木河流域干旱进行研究。根据 Eyton（1984）对二维变量的分级方法和定义，SPI 的无旱值是（–0.5，0.5），本节定义无旱状态点必须满足 SPI 和 SRI 介于–0.5～0.5，同时无旱等级状态也必须满足距原点（0，0）的马氏距离小于 0.5。马氏距离表示数据的协方差距离。它是一种有效地计算两个未知样本集相似度的方法。与欧氏距离不同的是，它考虑到各种特性之间的联系，还可以排除变量之间相关性的干扰。这些小于 0.5 马氏距离的 SPI-SRI 二维变量点形成一个等概率的椭圆，椭圆内的点划分为正常状态（Tokarczyk and Szalińska，2014），本节将 SPI-SRI 二维变量划分为 5 个等级，具体见表 12-2。

表 12-2　SPI-SRI 二维联合干旱指标干旱等级

等级	气象和水文条件	SPI 值	SRI 值	马氏距离 D
1 级	气象、水文无旱	$-0.5 \leq \mathrm{SPI} \leq 0.5$	$-0.5 \leq \mathrm{SRI} \leq 0.5$	$D < 0.5$
2 级	气象、水文湿润	$\mathrm{SPI} > 0.5$	$\mathrm{SRI} > 0.5$	$D \geq 0.5$
3 级	气象干旱、水文湿润	$\mathrm{SPI} < -0.5$	$\mathrm{SRI} > 0.5$	$D \geq 0.5$
4 级	气象、水文干旱	$\mathrm{SPI} < -0.5$	$\mathrm{SRI} < -0.5$	$D \geq 0.5$
5 级	气象湿润、水文干旱	$\mathrm{SPI} > 0.5$	$\mathrm{SRI} < -0.5$	$D \geq 0.5$

12.1.2　马尔可夫链

随机过程 $X(t)$ 的转移概率 p_{ij} 为

$$p_{ij}(n,k) = P(X_{n+k} = j \mid X_n = i) \quad (i,j = 1,2,\cdots,m; n,k \text{为正整数}) \qquad (12\text{-}1)$$

$$p_{ij} = \frac{n_{ij}}{\sum\limits_{i=1}^{S} n_{ij}} \qquad (12\text{-}2)$$

式中，p_{ij} 为马尔可夫过程从时刻 n 状态 i 转移到时刻 $(n+k)$ 状态 j 的概率，简称转移概率。在时刻 n 所处的状态已知的条件下，马尔可夫过程在时刻 $(n+k)(k>0)$ 所处的状态只与其在时刻 n 所处的状态有关，而与其在时刻 n 以前所处的状态无关。这种特性称为马尔可夫过程的无后效性（马氏性）。

随机过程 $X(t)$ 在连续 m 个月的状态均是 i 的概率为

$$P(X_1 = i|X_0 = i)P(X_2 = i|X_1 = i)\cdots P(X_{m-1} = i|X_{m-2} = i)P(X_m \neq i|X_{m-1} = i) = p_{ii}^{m-1}(1 - p_{ii})$$
$$(12\text{-}3)$$

如果在 $X_0 \sim X_m$ 的连续 $m(m=1,2,\cdots,k)$ 个月发生状态 i，则期望停留时间 $E(T_i|X_0)$ 为

$$E(T_i|X_0) = \sum_{k=1}^{+\infty} kP(m = k|X_0 = i) \qquad (12\text{-}4)$$

首达概率矩阵 $h_{ij}^{(n)}$ 的计算公式为

$$h_{ij}^{(n)} = P(T_{ij} = n) = P(X_n = j, X_{n-1} \neq j, \cdots, X_1 \neq j|X_0 = i) \qquad (12\text{-}5)$$

式中，T_{ij} 为状态 i 到状态 j 的平均首达时间统计值；$h_{ij}^{(n)}$ 为状态 i 经 n 步转移到状态 j 的概率，则首达概率的递归方程为

$$h_{ij}^{(n)} = \begin{cases} p_{ij} & n = 1 \\ \sum\limits_{k \in S-\{j\}}^{+\infty} p_{ik} h_{kj}^{(n-1)} & n \geqslant 2 \end{cases} \qquad (12\text{-}6)$$

状态 i 到状态 j 的平均首达时间 μ 为

$$\mu_{ij} = E[T_{ij}] = \sum_{n=1}^{+\infty} nP(T_{ij} = n) = \sum_{n=1}^{+\infty} nh_{ij}^{(n)} \qquad (12\text{-}7)$$

$$\mu_{ij} = 1 + \sum_{\substack{k=1 \\ k \neq j}}^{S} p_{ik} \mu_{kj} \qquad (12\text{-}8)$$

当 $i = j$ 时，平均首达时间称为状态 i 的平均回转时间（施仁杰，1992）。固定概率矩阵 π_i 与首次返回概率有关：

$$\mu_{ii} = \frac{1}{\pi_i} \qquad (12\text{-}9)$$

根据转移概率矩阵来进行状态间的可置换性分析，称为"置换分析"。旱涝过程的演变就如自左向右写字一样，各状态随机的顺次发生。如果有两个状态后

面跟随着同一状态，则认为它们之间彼此存在着可置换性。例如， BCA<u>D</u>CF<u>BC</u> <u>DC</u>EF<u>BC</u>，B 和 D 都可转移到 C，所以 BD 可置换（陈育峰，1995）。

置换矩阵是通过转移概率矩阵行向量之间的相似系数 $\cos\theta$ 来获得的。设有一个 $(m\times m)$ 阶的转移概率矩阵，其元素 p_{ij} 所定义的状态 i 和 j 之间的置换系数为

$$L_{ij}=\frac{\sum_{k=1}^{m}p_{ik}\cdot p_{jk}}{\sqrt{\sum_{k=1}^{m}p_{ik}^2\cdot\sum_{k=1}^{m}p_{jk}^2}} \tag{12-10}$$

式中， p_{ik}， p_{jk} 分别为由状态 i 和 j 转移到状态 k 的概率；$0\leqslant L_{ij}\leqslant 1$，$L_{ij}$ 越接近于 1，状态 i 与 j 在序列中地位的相似性越高；L_{ij} 越接近于 0，表明这两个状态的动态变化很不相似，因此 L_{ij} 为考虑状态 i 和 j 动态变化相似性程度的指标。

一阶马尔可夫模型并不一定能很好地分析时间序列过程，本节运用 AIC 模型对一阶马尔可夫模型和二阶马尔可夫模型进行评估，选择最适合 SRI-SPI 二维联合状态的模型。在计算马尔可夫模型之前必须检验随机过程是否满足马氏性，本节运用 χ^2 检验法检验马尔可夫链的马氏性（Wilks，2011）。当样本容量足够大时，统计量如下：

$$\chi^2=\sum_{i=0}^{S}\sum_{j=0}^{S}\frac{(n_{ij}-e_{ij})^2}{e_{ij}} \tag{12-11}$$

$$e_{ij}=\frac{\sum_{j=0}^{S}n_{ij}\cdot\sum_{i=0}^{S}n_{ij}}{n} \tag{12-12}$$

式中，n 为样本总量。

12.1.3 结果分析

1. 综合干旱指标分析

图 12-1 显示塔里木河流域和田河、叶尔羌河、阿克苏河和开都河的 SPI-SRI 分布图，根据表 12-2 的分级标准，将 SPI-SRI 综合干旱指数划分为 5 个状态，椭圆内的点代表状态 1，根据干旱形成的过程，状态 3 代表干旱的初始阶段——气象干旱，由于连续无降水引起地表水资源量的减少，形成了水文干旱（状态 4）；然后，降水事件的发生，使气象干旱得以恢复到正常或者湿润状态，但是不足以立刻恢复水文干旱到正常或者湿润状态，因此状态 5 代表了气象不干旱、水文干旱的状态。如果降水足以使水文干旱恢复到正常或者湿润状态时，这时就由状态 5 转向状态 1 或者状态 2。根据式（12-13）～式（12-14），塔里木河流域 4 条河

各站点数据均满足马氏性。图 12-2 是一阶、二阶马尔可夫链模型的 AIC 信息准则

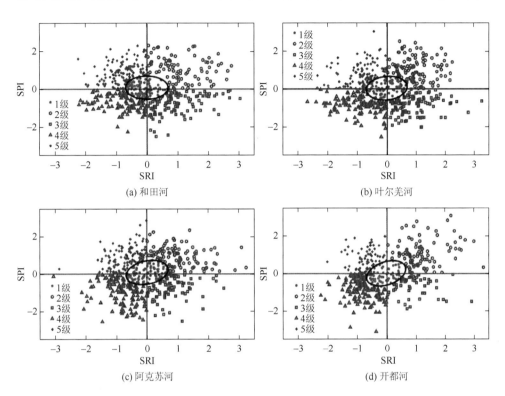

(a) 和田河

(b) 叶尔羌河

(c) 阿克苏河

(d) 开都河

图 12-1　塔里木河流域水文站和气象站对应综合干旱指数的相关关系

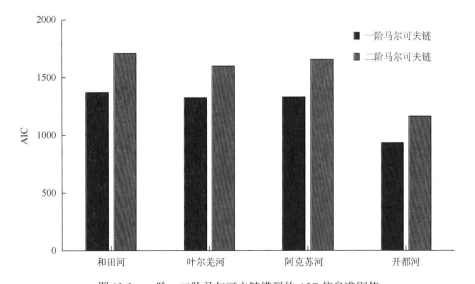

图 12-2　一阶、二阶马尔可夫链模型的 AIC 信息准则值

值，AIC 值越小，表明该模型越适合该流域时间序列，因此本节选择一阶马尔可夫链模型作为预测 SPI-SRI 综合干旱指数的模型。图 12-3 显示塔里木河流域各河流 SPI-SRI 从 20 世纪 80 年代中后期开始呈增加趋势，1995 年之后以湿润为主。开都河流域在 80 年代之前 SPI-SRI 以干旱为主，其他流域在 80 年代前旱涝交替发生。

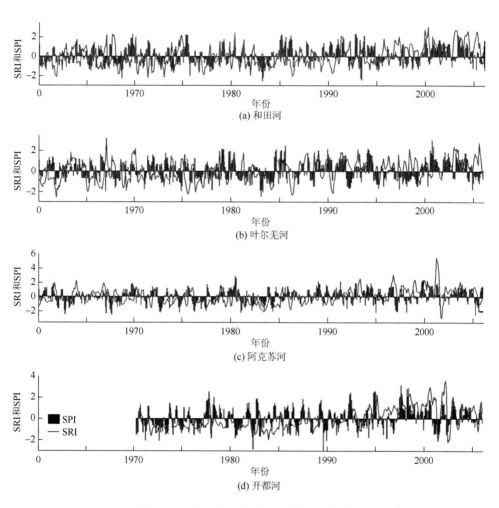

图 12-3　塔里木河流域 SRI 和 SPI 示意图

图 12-4 是塔里木河流域年内各月份各状态出现的频率，从整体上来说，和田河流域状态 1 平均出现的频率为 0.222，是最大的，其次，状态 5 平均出现的频率为 0.220，是次大的；叶尔羌河流域状态 4 平均出现的频率为 0.224，是最大的，其次状态 2 平均出现的频率为 0.207，是次大的；阿克苏河流域状态 5 平均出现的

频率为 0.233，是最大的，状态 4 平均出现的频率为 0.222，是次大的；开都河状态 4 平均出现的频率是流域最大的，达到 0.307，其次是状态 2 平均出现的频率为 0.224。从年内分布来看，各个流域不同月份的干旱状态（状态 3、状态 4 和状态 5）占的频率最大，和田河、叶尔羌河和阿克苏河在 1～2 月出现非干旱状态（状态 1、状态 2）的频率最大。新疆农业种植主要集中在 3～9 月，因此本节更多地关注 3～9 月各状态出现的频率。

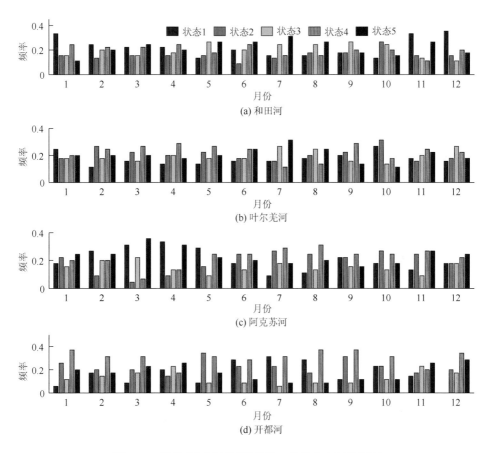

图 12-4　塔里木河流域不同月份 5 种状态出现的频率

表 12-3 显示，塔里木河流域 3～9 月出现干旱的频率高于其他月份，和田河流域和叶尔羌河流域 3～9 月出现频率最高的状态均是干旱状态，阿克苏河流域在 4～6 月出现干旱的频率低于和田河流域和叶尔羌河流域，6 月湿润状态和干旱状态出现的频率一样。尽管开都河流绝大部分月份状态 4 和状态 5 出现的频率大于其他流域，但是开都河流域 5～6 月状态 1 和状态 2 出现的频率高于其

状态，开都河流域出现干旱的频率低于其他流域，7 月正常状态和干旱状态出现
的频率相同。

表 12-3　塔里木河流域不同月份对应出现频率最高的状态

流域	1 月	2 月	3 月	4 月	5 月	6 月	7 月	8 月	9 月	10 月	11 月	12 月
和田河	1	1	5	4	3 和 5	5	5	5	3	2	1	1
叶尔羌河	1	2	4	4	4	4	5	3 和 5	4	2	4	3
阿克苏河	5	1	4	1	1	2 和 4	4	4	4	2	4	5
开都河	4	4	4	5	2	1	1 和 4	4	4	4	5	4

　　虽然西北地区由暖干向暖湿转变的问题存在争议，但是大量研究已经证明，
1987 年以来新疆的气温和降水呈显著增加趋势，随着温度的上升，降水量、冰川
消融量和径流量连续多年增加，植被有所改善，沙尘暴日数锐减（施雅风，2003），
因此本节将 1987 年作为分界点，分别计算 1987 年前后塔里木河流域不同月份 5
种状态出现的频率（图 12-5）。1987 年之前和田河流域 1～7 月、11 月以水文干旱
为主，8～10 月以气象干旱为主［图 12-5（a1）］；1987 年之后和田河流域 1～4
月、9～12 月以状态 1、状态 2 为主，5～6 月以气象干旱为主，7～8 月以气象水
文干旱为主［图 12-5（b1）］；由和田河流域 1987 年之前各状态频率与 1987 年之
后的差值可以看出［图 12-5（c1）］，1987 年之后状态 3 除 8～10 月外，其他月
份出现频率均大于 1987 年之前的，即 1987 年之后仅在 8～10 月气象干旱出现
频率降低，其他月份气象干旱出现频率增加。1987 年之后状态 4 除 9 月外，其
他月份出现频率均小于 1987 年之前的，即 1987 年之后各月份气象水文干旱出
现频率降低。1987 年之后状态 5 出现频率的减小趋势没有状态 4 明显，减小月
份主要分布在 1～3 月、5～7 月和 11 月，1987 年 8～10 月和 12 月状态 5 出现频
率增加。
　　叶尔羌河流域 1987 年之前 1～7 月和 11～12 月以气象水文干旱和水文干旱为
主，8～10 月以气象干旱为主［图 12-5（a2）］；1987 年之后除 8～10 月的水文干
旱出现频率增加外，其他月份的气象水文干旱和水文干旱出现频率降低［图 12-5
（b2）］。1987 年之后各种干旱类型出现频率增加和减小的月份分布与和田河基本
一致［图 12-5（c1）和图 12-5（c2）］。1987 年之前，阿克苏河流域以气象水文干
旱和水文干旱为主［图 12-5（a3）］；1987 年之后阿克苏河流域 2～5 月以气象干
旱或水文干旱为主［图 12-5（b3）］，但是在 1 月、6～12 月气象水文干旱和水文
干旱出现频率呈减小趋势，而状态 2 出现频率增加明显，阿克苏河流域 1 月、6～
12 月在 1987 年之后呈湿润化趋势，干旱出现频率降低［图 12-5（c3）］。开都河

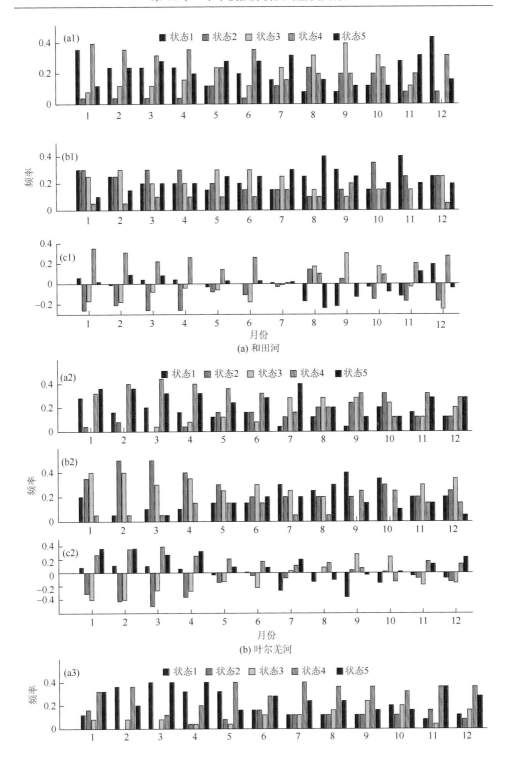

(a) 和田河

(b) 叶尔羌河

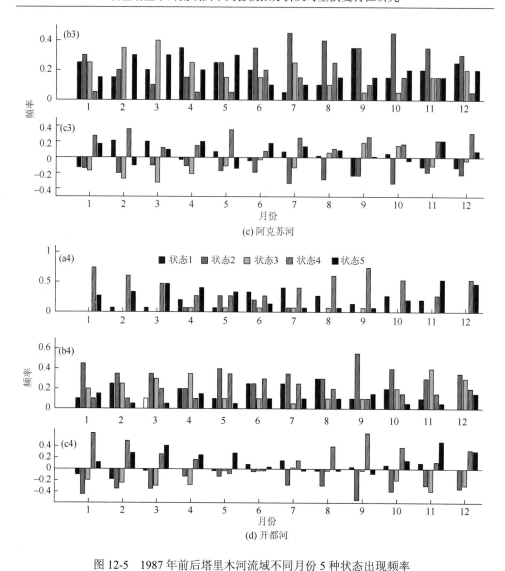

图 12-5　1987 年前后塔里木河流域不同月份 5 种状态出现频率

（a1）～（a4）表示 1987 年之前；（b1）～（b4）表示 1987 年之后；（c1）～（c4）表示 1987 年之前频率–
1987 年之后频率

流域在 1987 年前后的干旱类型与阿克苏河流域的基本一致，开都河流域在 1987
年之前的干旱类型以气象水文干旱和水文干旱为主，而且状态 1、状态 3 出现的
频率远远低于其他流域［图 12-5（a4）］；1987 年之后开都河流域 1～4 月和 10～
12 月的干旱类型以气象干旱为主，但是部分月份状态 2 出现频率较大，5～9 月的
干旱类型以水文干旱为主［图 12-5（b4）］。尽管开都河流域在 1987 年之后 1～5
月和 8～12 月的部分气象水文干旱和水文干旱出现频率降低，状态 2 出现频率增

加，但是开都河在 4~6 月状态 2 增加趋势没有其他月份明显，而且 5~9 月的水文干旱状态出现频率也是稍微增加［图 12-5（c4）］。

2. 综合干旱指标的状态转移概率

图 12-6 是塔里木河流域和田河、叶尔羌河、阿克苏河和开都河的各等级之间的转移概率，从图 12-6 中可以看出，开都河流域状态 2 之间的一步转移概率（连续湿润）和状态 4 之间的一步转移概率（连续干旱）是各流域中概率最高的，分别达到 0.66 和 0.70，表明开都河流域连续湿润或者干旱的概率最大。阿克苏河流域连续干旱的概率也较大，而和田河流域连续湿润的概率较大。各流域中，状态 2 和状态 4、状态 2 和状态 5、状态 3 和状态 5 之间的相互转移概率均小于 0.12，低于其他状态之间的转移概率，这反映了湿润状态（状态 2）与水文干旱（状态 4、状态 5）的相互转移概率低，湿润状态必须经历气象干旱才能发生水文干旱，同样地，水文干旱必须经历气象不干旱才能达到湿润状态。和田河和开都河状态 4（气象、水文干旱）转移到状态 2（气象、水文湿润）的概率为 0，表明干旱不能一步转移到湿润。另外，开都河流域的状态 2 转移到状态 4、状态 3 转移到状态 5，阿克苏河流域的状态 5 转移到状态 3 的概率均为 0，表明上述状态之间不能转移。

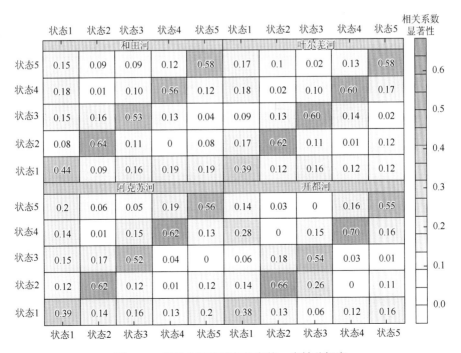

图 12-6　塔里木河流域各状态的一步转移概率

3. 综合干旱指标的重现期和历时

由有限序列计算所得的转移概率是一个与初始阶段各状态分布有密切联系的条件概率。但是马尔可夫模型的理论研究已经证明，随着状态转移过程的发展，初始阶段的影响逐渐消失，因而当 n 趋向于无穷大时，体系在时间 n 处于状态 j 的概率不依赖于在时刻 0 的初始状态，绝对概率分布收敛于一个独立于初始转移矩阵的极限分布 π_i，而 μ_{ii} 则是该特定状态重复再现的平均回转时间，即状态 i 的重现期。图 12-7 是通过式（12-8）～式（12-9）计算得到的不同流域各等级的重现期。从 SRI-SPI 的分级来看，塔里木河流域状态 4 的重现期为 4.4 个月，是最小的，但其发生的频率最高，状态 3 的重现期为 6.2 个月，是最大的，但其发生频率最低。由状态 3 和状态 4 各流域重现期可以看到，各流域重现期在状态 3 的大小排序与重现期在状态 4 的大小排序相反。开都河状态 3 的重现期为 7.7 个月，是最大的，和田河状态 3 的重现期为 5.0 个月，是最小的，和田河和开都河的状态 4 变化恰好与状态 3 相反，开都河状态 4 的重现期为 3.4 个月，是最小的，和田河状态 4 的重现期为 5.1 个月，是最大的。阿克苏河流域状态 5 的重现期为 4.4 个月，是最小的，开都河流域状态 5 的重现期为 5.9 个月，是最小的。

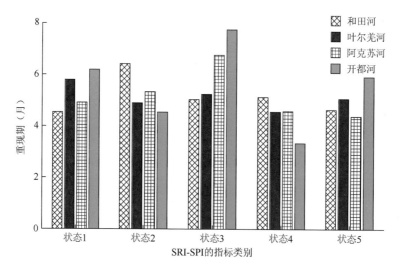

图 12-7 塔里木河流域各站点 SRI-SPI 分级的重现期

从流域来看，和田河流域状态 2 重现期为 6.4 个月，是最大的，其次是状态 4、状态 3、状态 5，状态 1 的重现期为 4.5 个月，是最小的，说明和田河流域状态 1 发生的频率最高，状态 5 和状态 3 发生的频率较高，其对应的重现期分别为 4.6 个月和 5.0 个月；叶尔羌河流域各等级重现期相差不大，叶尔羌河流域状态 1 的重现期为 5.2 个月，是最大的，其次是状态 3、状态 5、状态 2，状态 4 的 4.6 个月的重现期最小，说明状态 4 发生频率最高，状态 2 和状态 5 的发生频率较大，其对应的重现期分别为 4.9 个月和 5.1 个月；阿克苏河流域状态 3 的 6.8 个月的重现期最大，其次是状态 2、状态 1、状态 4，状态 5 的 4.4 个月的重现期最小，说明状态 5 发生频率最高，其次是状态 4 和状态 1；开都河流域各等级平均重现期最大，开都河流域状态 3 的重现期为 7.7 个月，是最大的，其次是状态 1、状态 5、状态 2，状态 4 的重现期为 3.3 个月，是最小的，状态 4 发生频率最高。

　　图 12-8 是流域各站点的 SRI-SPI 分级的期望停留时间，即各等级的历时。从分级来看，状态 2 各流域平均历时 2.6 个月，是最大的，最小的是状态 1，平均历时 1.6 个月。从流域来看，开都河流域各级别的平均历时最大，平均历时约 2.4 个月，这也使开都河流域的各等级平均重现期最大。开都河流域各分级中，状态 4 和状态 2 的历时最大，分别是 3.0 个月和 2.8 个月，这反映了开都河流域大涝大旱的情况。和田河、叶尔羌河和阿克苏河各分级的历时基本相同，和田河和叶尔羌河状态 2 的 2.5 个月历时最大，其次是状态 3，状态 1 历时最小。阿克苏河流域状态 4 的 2.6 个月历时最大，其次是状态 2，状态 1 历时最小。

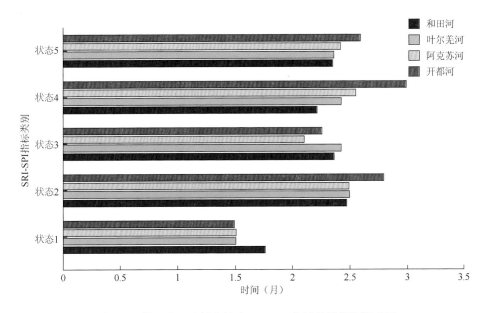

图 12-8　塔里木河流域各站点 SRI-SPI 分级的期望停留时间

表 12-4 是各流域等级的置换系数，置换系数实质是相似关系，本节用相关系数统计检验的方法将各状态加以分类，如果置换系数通过了 95%的置信度检验，则说明两个等级之间存在着显著的置换性。从表 12-4 中发现，仅状态 1 与状态 3、状态 4 和状态 5 存在显著的可置换性，其他等级之间的可置换性不显著。

表 12-4 塔里木河各流域状态的置换系数

流域	状态	1	2	3	4	5
和田河	状态 1	1.0000	0.4855	0.6895	0.7871	0.7331
	状态 2		1.0000	0.4043	0.1248	0.2843
	状态 3			1.0000	0.4940	0.3743
	状态 4				1.0000	0.4668
	状态 5					1.0000
叶尔羌河	状态 1	1.0000	0.7508	0.6259	0.7660	0.7993
	状态 2		1.0000	0.4048	0.1441	0.3525
	状态 3			1.0000	0.4146	0.1776
	状态 4				1.0000	0.4749
	状态 5					1.0000
阿克苏河	状态 1	1.0000	0.6702	0.7569	0.7565	0.8935
	状态 2		1.0000	0.4337	0.1096	0.3114
	状态 3			1.0000	0.4371	0.2798
	状态 4				1.0000	0.4810
	状态 5					1.0000
开都河	状态 1	1.0000	0.6034	0.4956	0.9994	0.7725
	状态 2		1.0000	0.5674	0.0548	0.2334
	状态 3			1.0000	0.3329	0.1819
	状态 4				1.0000	0.4212
	状态 5					1.0000

4. 干旱灾害特征分析

利用计算各等级的平均首达时间演绎干旱灾害形成、演化和持续性（图12-9），干旱灾害历时是指从一个状态到另一个状态经历的时间（以月为单位）。干旱灾害分为干旱灾害形成、干旱灾害演变和干旱灾害持续 3 个阶段，干旱灾害形成历时主要包括气象干旱灾害形成历时，主要是从湿润状态到气象干旱经历的时间（2 级到 3 级），以及水文干旱灾害形成历时，主要是从正常状态到水文干旱经历的时间（1 级到 4 级）；干旱灾害演化历时主要包括气象干旱、水文不干旱状态到水文干旱状态的历时（3 级到 4 级）和气象、水文干旱到气象不干旱、水文干旱状态的历时（4 级到 5 级）；干旱灾害持续性历时主要包括水文干旱状态到正常状态、湿润状态的历时（4 级或 5 级到 1 级或 2 级）。图 12-9（a）中点越趋向于圆心处，平均首达时间越长，表明干旱形成缓慢，但是到达湿润状态的周期短；点离圆心越远，平均首达时间越短，表明干旱形成较快，但是到达湿润状态的周期长，干旱灾害的危害性大。然而，干旱持续时间首达时间越早，到达湿润状态的周期越长，干旱灾害越严重，为了保持与干旱灾害形成、干旱灾害演变的危险方向的一致性，将干旱灾害持续以反向显示。图 12-9 红色箭头指示方向，表示干旱灾害的危险性呈由小到大的趋势。

图 12-9 是塔里木河各流域干旱灾害演变雷达图，和田河流域是塔里木河流域各河流状态 2 到状态 3 的平均首达时间（7.8 个月）中最小的，在气象干旱形成过程中（状态 2 到状态 3）的干旱危害最大。开都河流域在气象干旱形成过程中平均首达时间（11.1 个月）是最大的，其干旱危害最小，但开都河流域在气象、水文干旱形成过程中（状态 1 到状态 4）的平均首达时间（6.8 个月）是最小的，其对应的气象、水文干旱危害最大。阿克苏河流域在气象、水文干旱形成过程中（状态 1 到状态 4）的平均首达时间（9.3 个月）是最大的，其干旱危害最小。在连续的气象干旱引起水文干旱的过程中（状态 3 到状态 4），各个流域的平均首达时间介于 9.0～10.0 个月，和田河流域平均首达时间是最大的，和田河流域干旱危害程度最小，开都河流域和阿克苏河流域的干旱危害最大。气象干旱已经结束，在水文干旱持续的过程中（状态 4 到状态 5），阿克苏河流域的平均首达时间（6.4 个月）是最小的，干旱危害最大，叶尔羌河流域的平均首达时间（9.4 个月）是最大的，其干旱危害最小。尽管叶尔羌河在干旱灾害形成和演变过程中的干旱危害不大，但是叶尔羌河流域和开都河流域在干旱灾害持续阶段，在水文干旱到正常或者湿润状态（状态 4 或状态 5 到状态 1 或状态 2）的平均首达时间是最长的，其干旱危害最大，和田河流域的干旱危害最小。

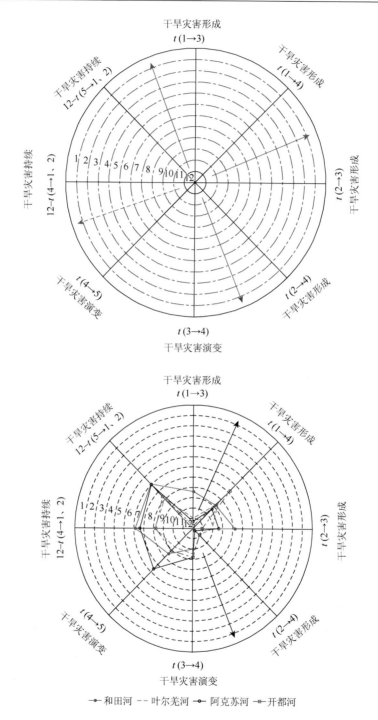

图 12-9 塔里木河流域各站点平均首达时间演绎干旱灾害形成、演变和持续性

5. 干旱灾害预测

图 12-10 为预测了初始状态是非水文干旱（状态 1、状态 2、状态 3）到水文干旱（状态 4、状态 5）的未来 1～6 个月的发生概率图。随着预测时间的增加，初始状态是状态 2 或状态 3 到水文干旱的概率增加。图 12-10（a）和图 12-10（b）为初始状态是状态 1，分别到达状态 4 和状态 5 的未来 6 个月的概率，开都河流域发生状态 4 的概率最大，为 0.275～0.320，初始状态 1 的阿克苏河流域未来 1～3 个月发生状态 4 的概率最小，分别为 0.144、0.195 和 0.213；同样地，初始状态 1 的和田河流域未来 4～6 个月发生状态 4 的概率最小，分别为 0.175、0.210 和 0.212。然而，开都河流域未来 1～6 个月从状态 1 到状态 5 的发生概率最小，发生概率介于 0.145～0.183，阿克苏河流域最大，发生概率介于 0.198～0.233。未来 1～6 个月的状态 2 到状态 4、状态 5 的发生概率远小于其他状态之间的发生概率[图 12-10（c）和图 12-10（d）]，说明从湿润状态达到水文干旱状态的概率很低。

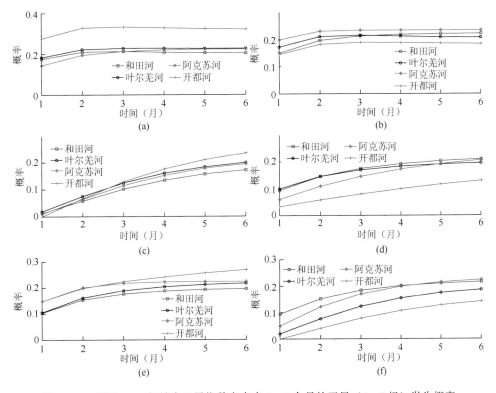

图 12-10　预测 1～3 级综合干旱指数在未来 1～6 个月的干旱（4～5 级）发生概率

（a）表示 1～4 级；（b）表示 1～5 级；（c）表示 2～4 级；（d）表示 2～5 级；（e）表示 3～4 级；（f）表示 3～5 级

同样地,开都河初始状态是状态 2,其未来 3～6 个月到达状态 4 的概率大于其他流域,其发生概率分别为 0.130、0.178 和 0.213,初始状态 3 未来 1～6 个月到达状态 4 的概率也大于其他流域,最大发生概率为 0.256,但是开都河流域初始状态 2 或状态 3 未来 1～6 个月到达状态 5 的概率小于其他流域,最小概率为 0,说明开都河流域从非水文干旱状态到状态 4 的概率最大,从非水文干旱状态到状态 5 的概率最小。和田河流域变化与开都河流域变化相反,和田河流域的初始状态为状态 2 或状态 3,其未来 1～6 个月到达状态 4 的概率小于其他概率,最小概率为 0.012,其未来 1～6 个月到达状态 5 的概率大于其他流域,最大概率为 0.210,说明和田河流域从非水文状态到状态 4 的概率最小,从非水文状态到状态 5 的概率最大。

12.1.4　分析与讨论

和田河流域和叶尔羌河流域共同发源于昆仑山和喀喇昆仑山北麓,两条流域的干旱特征基本相似,和田河流域和叶尔羌河流域在 1987 年以前以气象水文干旱为主,秋季气象干旱发生频率高,1987 年之后和田河流域和叶尔羌河流域气象干旱发生频率增加,以气象干旱为主,但流域内气象水文干旱、水文干旱发生频率远低于 1987 年之前,秋季水文干旱发生频率减小不明显或略有增加。然而,从整体上看,和田河流域和叶尔羌河流域干旱类型发生频率略有不同,和田河流域气象干旱或水文干旱发生频率高,干旱历时达到 2.4 个月,气象水文干旱发生频率较低。和田河流域初始状态是状态 2 或者状态 3,未来发生水文干旱的概率最大,但是和田河流域干旱形成过程中的危害最大。叶尔羌河流域气象水文干旱发生频率最大,历时达到 2.4 个月,水文干旱发生频率也较高。和田河流域仅初始状态是状态 2,未来发生水文干旱的概率最大,与和田河流域不同,该流域在气象干旱持续过程中的危害最大。和田河流域是以冰雪融水补给为主、降水补给为辅的河流,研究表明,和田河流域雨水对径流量的补给在减少,而积雪融水对径流量的补给在增加(褚桂红等,2010),和田河流域四季和年气温呈增加趋势(刘海涛等,2010),和田河流域蒸发主要受平均气温和相对湿度的影响(黄领梅等,2002),随着和田河流域上游平均气温的增加,其蒸发量也呈现出逐年上升的趋势,尤其是夏季蒸发量增加趋势显著。气温的增加同时也会引起积雪的大量融化,塔里木河流域积雪融化与夏季上空 0℃ 层的平均高度有关系,和田河流域夏季上空 0℃ 层的平均高度下降,导致夏季径流呈减小趋势(张广兴等,2005)。春季降水量的减小(徐宗学等,2008)导致和田河流域春季气象干旱发生频率增加,其夏季蒸发量的增加也引起秋季水文干旱的形成,从而引起和田河流域旱灾受灾面积和成灾面积的增加趋势大于其他地区(孙鹏等,2013)。

　　叶尔羌河源区气温总体呈上升趋势，而降水量呈增加趋势；该地区气温增加的趋势显著，降水增加的趋势不显著，气温的增加趋势大于降水，气温在高海拔的升温幅度大于低海拔，径流量线性增加不显著（孙本国等，2006，2008）。具体到季节，帕米尔高原区的秋季升温最明显，春季次之，而冬季最不显著。帕米尔高原区的降水以夏季的线性增湿最为显著，冬、春季降水呈不太显著的线性下降趋势，气温是叶尔羌河源区径流量变化的主要影响因素（刘天龙等，2008）。春季气温增加较显著，但是冬季和春季降水呈不显著的下降趋势，这就导致了春季气象水文干旱频率发生较高，同时夏季上空 0℃层的平均高度下降（张广兴等，2005），径流增加趋势不明显，从而引起水文干旱的发生，因此气温和降水的年内增加和减小的趋势不一致，叶尔羌河流域气象水文干旱发生频率大。

　　阿克苏河流域和开都河流域均发源于天山南坡，其干旱特征与发源于昆仑山和喀喇昆仑山北麓的和田河流域和叶尔羌河流域相似。阿克苏河流域在 1987 年之前以气象水文干旱和水文干旱为主，在 1987 年 2～5 月以气象干旱或水文干旱为主，6 月以后干旱发生频率降低，湿润化明显。阿克苏河流域水文干旱发生频率最高，历时达到 2.2 个月，初始状态是状态 1，未来发生水文干旱的概率最大，流域内干旱演变过程的危害最大。开都河流域 1987 年之前干旱变化特征基本一致，1987 年之后 5～9 月干旱发生频率增加，气象水文干旱发生频率最高，历时达到 3.0 个月，因此导致初始状态是状态 1，未来发生气象水文干旱的概率最大，流域内干旱演变过程和干旱持续过程的危害最大。开都河流域是发生连续干旱和连续湿润概率最大的流域，与其他 3 个流域相比较，开都河流域的面积为 19 022km^2，远远小于其他 3 个流域的流域面积，开都河流域主要依靠降水、冰雪融水补给，春季由于季节性积雪融水的补给，径流量占全年的比重高于其他流域。据统计，巴州在 1979～1987 年连续发生干旱，开都河流域春季干旱连枯期一般是 3～4 年，开都河流域的干旱年与新疆地区的干旱年比较同步（温克刚和史玉光，2006）。同时，开都河上游年径流量、降水量在 1980～2010 年呈明显增加趋势，7～9 月径流量增加明显，且年最大日径流量大多发生在春季的 4～5 月（张一驰等，2004）。尽管天山南坡的阿克苏河流域和开都河流域出山径流呈增长趋势，但是阿克苏河流域增加趋势明显大于开都河流域（王维霞等，2013）。阿克苏河流域径流以高山冰川融水补给为主，约占 70%。阿克苏河流域是西北内陆河中高山冰川面积最多的两条河流之一，开都河流域径流以降水补给为主，约占 80%（凌红波等，2011）。这样就导致开都河流域气象水文干旱发生频率高，阿克苏河流域水文干旱受到气温和降水的影响比较大。在降水少而气温高的情况下，阿克苏河流域水文干旱发生频率并不一定会增加，但是开都河流域气象水文干旱发生的频率一定会增加，径流量补给类型比重的不同导致发源于天山南坡两个流域干旱类型的不同。

　　与阿克苏河流域相似，叶尔羌河流域是西北内陆河中高山冰川面积最多的两条河流之一，但是叶尔羌河流域气象水文干旱发生频率高于阿克苏河流域，主要是因为阿克苏河流域径流增加显著，叶尔羌河流域增加不显著，塔里木河流域越靠北分布的河流，其径流与冬季存储的固体降水关系越大，而越靠南分布的河流其径流与夏季气温联系越紧密（徐长春等，2006）。叶尔羌河流域春夏季节增温不显著，秋冬季节增温显著（孙本国等，2006），叶尔羌河地表径流受热量及降水条件的制约非常明显，固体降水的积累和消融取决于山区温度和太阳辐射等热力条件，其春夏季气温增加不显著和夏季上空 0℃层的平均高度下降也影响到叶尔羌河流域径流量的增加，从而也会导致水文干旱的发生。尽管 1987 年以来新疆的气温和降水呈显著增加趋势，但是塔里木河流域干旱发生的概率还是很大的，塔里木河流域的干旱情况没有从根本上扭转。

国内外常用的干旱指数包括单因素指数（如降水距平）（张广兴等，2005）、简单多因素指数（如降水量-蒸发量指标）（徐宗学等，2008）和复杂综合指数（SPI、帕尔默干旱指数）（刘卫国等，2013），但是大部分指标并没有将气象和水文干旱结合起来分析。水文干旱能从不同程度反映降水量和土壤的变化情况，特别是塔里木河流域农业以灌溉为主，光考虑气象干旱，对于新疆干旱状态的描述方面是不够的。因此，必须考虑水文干旱的影响，基于此，本节将气象干旱和水文干旱两个复杂的综合指标结合起来，建立新的 SPI-SRI 双因子指标，并讨论两种干旱状态的转换，以达到动态描述新疆干旱状态演变的目的，这是以往任何一个单要素指标所不能达到的。

12.2　基于月尺度马尔可夫模型的塔里木河流域丰枯研究

本节所用数据为塔里木河流域 8 个主要水文站（图 9-4），即同古孜洛克、玉孜门勒克、卡群、沙里桂兰克、协合拉、黄水沟、大山口、阿拉尔 1962～2007年月中值数据，其中大山口水文站月中值数据起止时间为 1972～2008 年。水文站数据均来自塔里木河流域管理局，部分缺失数据通过与相邻水文站水文序列建立回归关系进行插补（$R^2 > 0.8$）（张强等，2013）。

12.2.1　Kolmogorov-Smirnov 检验与参数估计

本节选用韦克比分布、对数逻辑分布、对数正态分布、皮尔逊Ⅲ分布、广义极值分布、韦布尔分布、广义帕累托分布 7 种分布（表 12-5），分别拟合 8 个水文站 12 个月的月中值流量序列，并用 K-S D 值检验分布拟合优度，月径流量的中值不受极值的影响，能很好地代表这个月的径流量。根据国家标准《水文基本术语和符号标准》（GB/T50095—98）中河川径流丰、平、枯划分标准，利用拟合最好的概率分布函数，将 8 个水文站各月划分为丰、平、枯 3 种状态（中华人民共和国水利部，1998），将 $P \leqslant 37.5\%$ 的月中值流量划分为枯水月，$P > 62.5\%$ 的月中值流量划分为丰水月，$37.5\% < P \leqslant 62.5\%$ 的月中值流量划分为平水月。由 Justel 等（1997）研究的检验总体的分布函数是否服从某一函数 $F_n(x)$ 的假设条件如下：H_0：$F(x) = F_n(x)$，H_1：$F(x) \neq F_n(x)$。如果原假设成立，那么 $F(x)$ 和 $F_n(x)$ 的差距就较小。当 n 足够大时，对于所有的 x 值，$F(x)$ 和 $F_n(x)$ 之差很小这一事件发生的概率为 1，即

$$D_n = \max_{-\infty < x < +\infty} |F(x) - F_n(x)|; \quad P\left\{\lim_{n \to +\infty} D_n = 0\right\} = 1 \qquad (12\text{-}13)$$

式中，$F(x)$ 与 $F_n(x)$ 分别为理论与经验分布函数。若 $D_n < D_{n,\alpha}$（显著水平为 α，容量为 n 的 K-S 检验临界值），则认为理论分布与样本序列的经验分布拟合较好，无显著差异。显著水平 α 为 0.05，样本序列长度为 46 年和 36 年的 K-S 检验的临界值为 0.201 和 0.227。8 种分布函数的参数统一用线性矩来估计。线性矩是目前水文极值频率分析中概率分布函数参数估计最为稳健的方法之一（Hosking，1990），其最大特点是对水文极值序列中的极大值和极小值不是特别敏感。

表 12-5　分布函数表达式及参数意义

分布函数	表达式	参数意义
韦克比分布	$x(F) = \xi + \dfrac{\alpha}{\beta}[1 - (1-F)^\beta] - \dfrac{\gamma}{\delta}[1 - (1-F)^{-\delta}]$	β、γ、δ 为形状参数；ξ 为位置参数；α 为尺度参数
对数逻辑分布	$F(x) = \left[1 + \left(\dfrac{\beta}{x-\gamma}\right)^\alpha\right]^{-1}$	α、β、γ 分别为形状参数、尺度参数和位置参数
对数正态分布	$F(x) = \Phi\left[\dfrac{\ln(x-\gamma)-\mu}{\sigma}\right]$	μ、σ、γ 分别为形状参数、尺度参数和位置参数
皮尔逊III分布	$F(x) = \dfrac{\beta^\alpha}{\Gamma(\alpha)}\displaystyle\int_x^{+\infty}(x-\gamma)^{\alpha-1}\mathrm{e}^{-\beta(x-\gamma)}\mathrm{d}x$	α、β、γ 分别为形状参数、尺度参数和位置参数
广义极值分布	$F(x) = \begin{cases} \exp\left[-\left(1 + k\dfrac{x-\mu}{\sigma}\right)^{-1/k}\right] & k \neq 0 \\ \exp\left[-\exp\left(-\dfrac{x-\mu}{\sigma}\right)\right] & k = 0 \end{cases}$	k、σ、μ 分别为形状参数、尺度参数和位置参数
韦布尔分布	$F(x) = 1 - \exp\left[-\left(\dfrac{x-\gamma}{\beta}\right)^\alpha\right]$	α、β、γ 分别为形状参数、尺度参数和位置参数
广义帕累托分布	$F(x) = \begin{cases} 1 - \left[1 + k\dfrac{x-\mu}{\sigma}\right]^{-1/k} & k \neq 0 \\ 1 - \exp\left[-\dfrac{x-\mu}{\sigma}\right] & k = 0 \end{cases}$	k、σ、μ 分别为形状参数、尺度参数和位置参数

12.2.2 月尺度马尔可夫模型

1. 马尔可夫过程的定义

在马尔可夫模型计算状态一步转移概率时，我们更多地关注状态一步转移概率是否随季节性或者逐月变化而变化。设 X_n 为月尺度的随机变量，$n=1,2,3,\cdots,12$ 表示 1 月、2 月、……、12 月，月中值流量划分为状态 1、状态 2 和状态 3，其分别表示枯水月、平水月和丰水月，如 $X_1=X_{\mathrm{Jan}}=1$，表示 1 月是枯水月份。马尔可夫链能很好地描述随机变量的随机过程，定义一步转移矩阵（Lohani et al.，1998）

$$p_{i,j}^{(n,n+1)}=P[X_{n+1}=j|X_n=i],\ i,j=1,2,3;\ n=1,2,\cdots,12 \qquad （12\text{-}14）$$

$$p_{i,j}^{(n,n+1)}=\frac{N_{i,j}^{(n,n+1)}}{N_i^{(n)}} \qquad （12\text{-}15）$$

式中，$p_{i,j}^{(n,n+1)}$ 为从第 n 个月状态 i 转移到第 $(n+1)$ 个月状态 j 的概率；$N_{i,j}^{(n,n+1)}$ 为从第 n 个月状态 i 转移到第 $(n+1)$ 个月状态 j 的次数；$N_i^{(n)}$ 表示第 n 个月发生状态 i 的次数。如果 $N_i^{(n)}=0$，定义：

$$p_{i,j}^{(n,n+1)}=1/3\ \ j=1,2,\cdots,7 \qquad （12\text{-}16）$$

2. 月尺度的绝对概率

设 $f^{(k)}$ 为 k 步转移概率的状态概率向量，则月尺度的状态转移矩阵为

$$f^{(k)}=[f^{(0)}][P_1][P_2]\cdots[P_k] \qquad （12\text{-}17）$$

式中，$f^{(0)}$ 为初始状态概率的行向量；P_1 为起始月份是 1 月的状态一步转移矩阵，P_1 也可以写成 $P_1=P^{(1,2)}=P^{(1月,2月)}$。另外，起始月份并不一定局限于 1 月，起始月可以选择 12 月中的任何一个月份。同时，由于起始月份的状态一步转移矩阵的自然循环，如从第 14 个月到第 15 个月的状态一步转移矩阵可以转化为 2 月到 3 月的状态一步转移矩阵。

$$P^{(14,15)}=P^{(2,3)}=P^{(2月,3月)} \qquad （12\text{-}18）$$

根据马尔可夫链的理论研究，状态转移矩阵在经过 k 步转移后，状态转移概率不受初始状态概率 $f^{(0)}$ 的影响，其状态转移矩阵达到一个稳定的状态 $\phi^{(m,k)}$，即绝对概率（施仁杰，1992）。绝对概率 $\phi^{(m,k)}$ 计算公式如下（Isaacson and Madsen，1985）：

$$\phi^{(m,k)}=f_m^{(k)}=[P_m][P_{m+1}]\cdots[P_k] \qquad （12\text{-}19）$$

式中，$\phi^{(m,k)}$ 表示起始月份是 m 月的 k 步绝对概率，尽管绝对概率 $f_m^{(k)}$ 不受 $f^{(0)}$ 的

影响，但是 $f_m^{(k)}$ 受起始月份 m 的影响，也就是说，当前月的干旱状态会影响下一个月的干旱状态，令 $\phi^{(m,k)}$ 中的 $k \to +\infty$，则起始月份 1 月的绝对概率矩阵为

$$\phi^{(1,+\infty)} = [\text{Jan}] = \{[P_1][P_2]\cdots[P_{11}[P_{12}]\} \times \{[P_1][P_2]\cdots[P_{11}[P_{12}]\}\cdots \quad (12\text{-}20)$$

根据式（12-18）得 row[Jan] $= f_1^{+\infty}$，则起始月份 2 月的绝对概率矩阵为

$$\phi^{(2,+\infty)} = [\text{Feb}] = \{[P_2][P_3]\cdots[P_{11}][P_{12}][P_1]\} \times \{[P_2][P_3]\cdots[P_{11}][P_{12}][P_1]\}\cdots \quad (12\text{-}21)$$

$$[\text{Feb}] = [P_2][P_3]\cdots[P_{11}][P_{12}][\text{Jan}][P_1] = [\text{Jan}][P_1] \quad (12\text{-}22)$$

$$\text{row}[\text{Feb}] = f_2^{+\infty} = \text{row}[\text{Jan}][P_1] \quad (12\text{-}23)$$

同样地，起始月份是 3 月、4 月、……、12 月的绝对概率矩阵公式如下：

$$\text{row}[\text{Mar}] = f_3^{+\infty} = \text{row}[\text{Feb}][P_2]$$

$$\text{row}[\text{Apr}] = f_4^{+\infty} = \text{row}[\text{Mar}][P_3]$$

$$\cdots \quad (12\text{-}24)$$

$$\text{row}[\text{Dec}] = f_{12}^{+\infty} = \text{row}[\text{Nov}][P_{11}]$$

$$\text{row}[\text{Jan}] = f_1^{+\infty} = \text{row}[\text{Dec}][P_{12}]$$

3. 月尺度的期望滞留时间和平均首达时间

状态的期望滞留时间是表达状态发生时的历时，连续 $m=1$ 个月的起始月份是 1 月的状态均是 i 的概率如下：

$$P[X_{\text{Feb}} \neq i | X_{\text{Jan}} = j] = P[m=1 | X_{\text{Jan}} = i] = 1 - p_{i,i}^{1,2} \quad (12\text{-}25)$$

式中，$p_{i,i}^{1,2}$ 为 1 月是状态 i 且 2 月是状态 i 的概率，式（12-25）表示 1 月是状态 i 而 2 月是状态 $j (j \neq i)$，也可以解释为在起始月份的最后一天状态转移发生。连续 $m=2$ 个月的起始月份是 1 月的状态均是 i 的概率如下：

$$P[m=2 | X_{\text{Jan}} = i] = P[X_{\text{Mar}} \neq i, X_{\text{Feb}} = i | X_{\text{Jan}} = i]$$
$$= P[X_{\text{Feb}} = i | X_{\text{Jan}} = i] P[X_{\text{Mar}} = i | X_{\text{Feb}} = i] \quad (12\text{-}26)$$
$$= p_{i,i}^{1,2}(1 - p_{i,i}^{2,3})$$

同样地，连续 $m=12$ 个月的起始月份是 1 月的状态均是 i 的概率如下：

$$P[m=12 | X_{\text{Jan}} = i] = p_{i,i}^{1,2} \times p_{i,i}^{2,3} \times \cdots \times p_{i,i}^{10,11} \times p_{i,i}^{11,12}(1 - p_{i,i}^{12,1}) \quad (12\text{-}27)$$

则连续 $m=k$ 个月的起始月份是 1 月的状态均是 i 的概率如下：

$$E[R_{uj} | n] = \sum_{k=1}^{12} kP[m=k | X=i] \quad (12\text{-}28)$$

式中，R_{uj} 为不间断连续发生状态 j 的随机变量；n 为起始月份。

定义平均首达时间 $m_{i,j}$ 为状态 i，经 n 步转移第一次到达状态 j 所经历的时间，对于起止时间 n 从状态 i 到状态 j 的平均首达时间为

$$m_{i,j}^{(n)} = p_{i,j}^{(n,n+1)} + \sum_{k \neq j} p_{i,k}^{(n,n+1)}[1 + m_{k,j}^{(n+1)}] \tag{12-29}$$

$$m_{i,j}^{(n)} = 1 + \sum_{k \neq j} p_{i,k}^{(n,n+1)} m_{k,j}^{(n+1)} \tag{12-30}$$

如果起始月份是 1 月，则其公式如下：

$$m_{i,j}^{(1)} = m_{i,j}^{\text{Jan}} = 1 + \sum_{k \neq j}^{3} p_{i,k}^{1,2} m_{k,j}^{\text{Feb}} \tag{12-31}$$

式中，$p_{i,k}^{12}$ 为 1 月状态 i 到 2 月状态 k 的一步转移概率矩阵。

当 $i = j$ 时，平均首达时间称为状态 i 的平均回转时间 $m_{i,i}$，其计算公式如下：

$$m_{i,i}^{(n)} = p_{i,i}^{(n,n+1)} + \sum_{k \neq i} p_{i,k}^{(n,n+1)}(1 + m_{k,i}^{n+1}) \tag{12-32}$$

$$m_{i,i}^{(n)} = 1 + \sum_{k \neq i} p_{i,k}^{(n,n+1)} m_{k,i}^{n+1} \tag{12-33}$$

一阶马尔可夫模型并不一定能很好地分析时间序列过程，本节运用 AIC 模型（Wilks，2011）对一阶马尔可夫模型和二阶马尔可夫模型进行评估，AIC 值越低，表明模型越适合塔里木河流域。

$$\text{AIC}(r) = -2 \times L_r + S^r(S-1) \tag{12-34}$$

其中，L_1 和 L_2 分别是

$$L_1 = \sum_{i=0}^{S} \sum_{j=0}^{S} n_{ij} \times \ln(p_{ij}) \tag{12-35}$$

$$L_2 = \sum_{h=0}^{S} \sum_{i=0}^{S} \sum_{j=0}^{S} n_{hij} \times \ln(p_{hij}) \tag{12-36}$$

在计算马尔可夫模型之前必须检验随机过程是否满足马氏性，本节运用 χ^2 检验法检验马尔可夫链的马氏性。当样本容量足够大时，统计量为（Wilks，2011）

$$\chi^2 = \sum_{i=0}^{S} \sum_{j=0}^{S} \frac{(n_{ij} - e_{ij})^2}{e_{ij}} \tag{12-37}$$

$$e_{ij} = \frac{\sum_{j=0}^{S} n_{ij} \cdot \sum_{i=0}^{S} n_{ij}}{n} \tag{12-38}$$

式中，n 为样本总量。

12.2.3　概率分布函数选择及状态划分

运用线性矩法估计 7 个分布函数的参数，并运用 K-S 法进行拟合优度检验（表 12-6 和图 12-11），结果表明，所有分布均通过 K-S 检验。8 个水文站点不同

月份中的拟合最优的分布不同，但是绝大部分站点的月份拟合最优的是韦克比分布，计算各站点 1~12 月各分布函数的 K-S 统计值的平均值发现，韦克比分布函数 K-S 统计值 D 最小，韦克比分布函数是最适合塔里木河流域的分布函数，因此本节选用韦克比分布作为区域研究的概率分布函数，这主要是由于韦克比分布有 5 个参数，与其他分布函数相比，其在描述水文分布特征方面灵活性更强（张强等，2013）。基于此，本节运用韦克比分布函数来划分塔里木河流域月中值的枯水月、平水月和丰水月，根据韦克比分布函数计算频率下的月中值流量来划分 8 个水文站点的 3 种状态，状态划分阈值见表 12-7。

表 12-6　月中值流量 7 种概率分布的 K-S D 统计量

水文站	月份	韦克比分布	对数逻辑分布	对数正态分布	皮尔逊III分布	广义极值分布	韦布尔分布	广义帕累托分布
同古孜洛克	1	0.04	0.77	0.10	0.10	0.09	0.11	0.12
	2	0.05	0.07	0.08	0.09	0.07	0.09	0.10
	3	0.08	0.08	0.10	0.10	0.08	0.11	0.09
	4	0.06	0.09	0.11	0.13	0.10	0.14	0.12
	5	0.05	0.07	0.07	0.07	0.07	0.07	0.05
	6	0.06	0.06	0.06	0.07	0.06	0.08	0.09
	7	0.06	0.10	0.10	0.10	0.10	0.09	0.06
	8	0.06	0.06	0.06	0.06	0.06	0.06	0.09
	9	0.06	0.06	0.06	0.07	0.06	0.08	0.08
	10	0.08	0.06	0.08	0.10	0.08	0.11	0.09
	11	0.06	0.06	0.06	0.06	0.06	0.07	0.06
	12	0.04	0.06	0.06	0.06	0.05	0.06	0.08
	平均值	0.06	0.13	0.08	0.08	0.07	0.09	0.09
玉孜门勒克	1	0.05	0.06	0.06	0.07	0.05	0.07	0.08
	2	0.07	0.08	0.07	0.08	0.06	0.10	0.10
	3	0.07	0.07	0.06	0.06	0.06	0.06	0.08
	4	0.05	0.06	0.05	0.04	0.07	0.04	0.05
	5	0.04	0.06	0.05	0.05	0.05	0.05	0.05
	6	0.05	0.08	0.07	0.06	0.06	0.06	0.07
	7	0.09	0.08	0.09	0.09	0.11	0.11	0.09
	8	0.06	0.08	0.09	0.09	0.10	0.10	0.09
	9	0.05	0.06	0.06	0.06	0.06	0.07	0.09
	10	0.05	0.07	0.08	0.09	0.07	0.10	0.07
	11	0.07	0.08	0.07	0.07	0.07	0.08	0.09
	12	0.09	0.09	0.09	0.09	0.08	0.08	0.10
	平均值	0.06	0.07	0.07	0.07	0.07	0.08	0.08

续表

水文站	月份	韦克比分布	对数逻辑分布	对数正态分布	皮尔逊III分布	广义极值分布	韦布尔分布	广义帕累托分布
卡群	1	0.06	0.08	0.08	0.08	0.06	0.07	0.09
	2	0.05	0.08	0.07	0.07	0.06	0.06	0.08
	3	0.08	0.11	0.10	0.09	0.09	0.10	0.10
	4	0.04	0.05	0.05	0.07	0.04	0.08	0.06
	5	0.06	0.08	0.08	0.11	0.06	0.06	0.05
	6	0.08	0.08	0.09	0.10	0.09	0.11	0.12
	7	0.05	0.07	0.06	0.04	0.08	0.05	0.05
	8	0.06	0.06	0.07	0.07	0.07	0.07	0.11
	9	0.05	0.08	0.07	0.08	0.07	0.10	0.07
	10	0.08	0.07	0.07	0.07	0.08	0.08	0.09
	11	0.08	0.12	0.11	0.11	0.11	0.11	0.07
	12	0.06	0.08	0.06	0.07	0.08	0.09	0.06
	平均值	0.06	0.08	0.08	0.08	0.07	0.08	0.08
协合拉	1	0.05	0.07	0.08	0.09	0.07	0.10	0.11
	2	0.06	0.07	0.07	0.07	0.06	0.07	0.09
	3	0.08	0.06	0.08	0.09	0.06	0.10	0.07
	4	0.12	0.09	0.10	0.11	0.10	0.12	0.13
	5	0.06	0.06	0.07	0.08	0.06	0.09	0.09
	6	0.06	0.09	0.09	0.09	0.08	0.09	0.06
	7	0.06	0.08	0.08	0.08	0.06	0.08	0.06
	8	0.06	0.05	0.05	0.05	0.04	0.06	0.07
	9	0.04	0.06	0.07	0.08	0.06	0.09	0.09
	10	0.06	0.06	0.08	0.08	0.05	0.10	0.08
	11	0.04	0.07	0.10	0.10	0.07	0.12	0.11
	12	0.09	0.08	0.10	0.11	0.09	0.12	0.14
	平均值	0.07	0.07	0.08	0.09	0.07	0.10	0.09
沙里桂兰克	1	0.05	0.05	0.06	0.08	0.05	0.08	0.07
	2	0.07	0.06	0.10	0.22	0.08	0.17	0.11
	3	0.06	0.09	0.13	0.36	0.13	0.13	0.13
	4	0.07	0.06	0.07	0.10	0.06	0.09	0.06
	5	0.08	0.09	0.09	0.09	0.11	0.09	0.07
	6	0.05	0.07	0.06	0.05	0.07	0.05	0.06
	7	0.06	0.08	0.11	0.11	0.08	0.12	0.09
	8	0.07	0.07	0.07	0.07	0.06	0.08	0.09
	9	0.08	0.08	0.08	0.09	0.06	0.12	0.09
	10	0.06	0.07	0.06	0.06	0.06	0.07	0.10

水文站	月份	韦克比分布	对数逻辑分布	对数正态分布	皮尔逊III分布	广义极值分布	韦布尔分布	广义帕累托分布
沙里桂兰克	11	0.06	0.09	0.08	0.09	0.07	0.07	0.08
	12	0.04	0.06	0.05	0.15	0.05	0.73	0.06
	平均值	0.06	0.07	0.08	0.12	0.07	0.15	0.08
大山口	1	0.11	0.12	0.12	0.11	0.15	0.12	0.11
	2	0.11	0.11	0.11	0.13	0.09	0.11	0.13
	3	0.07	0.06	0.06	0.08	0.08	0.09	0.07
	4	0.07	0.07	0.08	0.09	0.08	0.11	0.12
	5	0.09	0.10	0.08	0.08	0.09	0.10	0.10
	6	0.08	0.11	0.14	0.15	0.12	0.17	0.15
	7	0.07	0.09	0.08	0.12	0.06	0.07	0.07
	8	0.08	0.08	0.10	0.11	0.10	0.11	0.08
	9	0.10	0.11	0.12	0.12	0.12	0.13	0.10
	10	0.06	0.08	0.07	0.18	0.07	0.07	0.07
	11	0.07	0.10	0.09	0.07	0.10	0.07	0.07
	12	0.09	0.11	0.11	0.11	0.12	0.11	0.09
	平均值	0.08	0.09	0.10	0.11	0.10	0.10	0.10
黄水沟	1	0.06	0.08	0.08	0.07	0.07	0.08	0.06
	2	0.06	0.09	0.08	0.08	0.07	0.07	0.09
	3	0.07	0.07	0.06	0.07	0.05	0.09	0.07
	4	0.06	0.06	0.05	0.07	0.05	0.09	0.07
	5	0.06	0.08	0.08	0.09	0.08	0.10	0.11
	6	0.06	0.08	0.07	0.06	0.07	0.07	0.08
	7	0.06	0.08	0.11	0.13	0.07	0.13	0.11
	8	0.09	0.07	0.08	0.12	0.10	0.10	0.09
	9	0.06	0.05	0.05	0.07	0.05	0.08	0.07
	10	0.04	0.08	0.08	0.08	0.07	0.08	0.08
	11	0.06	0.10	0.09	0.08	0.09	0.08	0.07
	12	0.07	0.08	0.07	0.07	0.07	0.06	0.08
	平均值	0.06	0.08	0.07	0.08	0.07	0.09	0.08
阿拉尔	1	0.08	0.10	0.10	0.09	0.07	0.09	0.12
	2	0.06	0.10	0.09	0.09	0.08	0.08	0.12
	3	0.06	0.11	0.10	0.09	0.09	0.09	0.06
	4	0.04	0.06	0.05	0.06	0.05	0.08	0.07
	5	0.05	0.06	0.05	0.11	0.08	0.08	0.05
	6	0.14	0.11	0.10	0.12	0.18	0.11	0.14

续表

水文站	月份	韦克比分布	对数逻辑分布	对数正态分布	皮尔逊III分布	广义极值分布	韦布尔分布	广义帕累托分布
	7	0.04	0.07	0.07	0.07	0.07	0.08	0.11
	8	0.05	0.09	0.09	0.08	0.08	0.09	0.06
	9	0.05	0.06	0.05	0.05	0.05	0.04	0.07
阿拉尔	10	0.07	0.08	0.08	0.07	0.07	0.08	0.11
	11	0.08	0.11	0.11	0.09	0.12	0.10	0.08
	12	0.12	0.15	0.15	0.15	0.12	0.15	0.11
	平均值	0.07	0.09	0.09	0.09	0.09	0.09	0.09

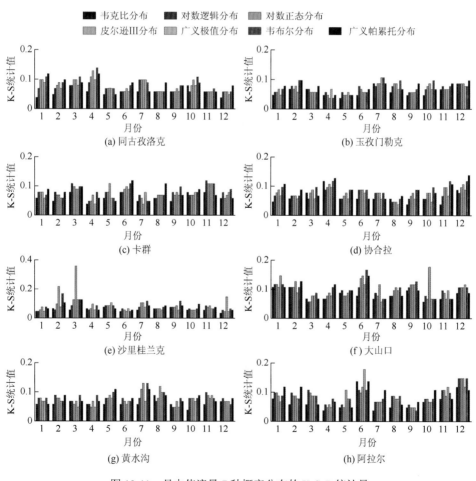

图 12-11　月中值流量 7 种概率分布的 K-S D 统计量

表 12-7 韦克比分布计算下不同频率的月中值流量 （单位：m³/s）

月份	同古孜洛克		沙里桂兰克		卡群		沙里桂兰克	
	37.5%	62.5%	37.5%	62.5%	37.5%	62.5%	37.5%	62.5%
1	7.5	8.4	3.8	4.4	47.4	51.1	26.4	28.1
2	7.6	8.3	4.0	4.6	48.0	51.6	25.2	26.8
3	8.1	8.8	3.7	4.3	45.0	48.6	24.3	25.9
4	10.3	11.2	3.6	5.1	43.5	47.1	29.3	32.2
5	21.1	27.7	9.8	15.9	59.5	76.6	68.0	84.2
6	71.4	85.4	45.9	55.3	180.7	221.1	216.2	273.8
7	196.5	259.0	76.9	95.0	525.3	686.1	415.8	488.1
8	221.9	273.1	65.6	78.4	658.9	787.6	435.8	500.8
9	45.6	57.1	21.7	28.1	205.4	245.2	163.9	186.5
10	14.9	16.7	6.3	8.1	90.8	96.9	62.9	69.0
11	10.0	11.1	4.7	5.6	68.6	72.9	41.0	43.8
12	8.8	9.7	4.1	5.1	57.1	62.3	29.8	32.2

月份	协合拉		大山口		黄水沟		阿拉尔	
	37.5%	62.5%	37.5%	62.5%	37.5%	62.5%	37.5%	62.5%
1	13.2	16.8	45.3	55.2	3.3	3.8	58.7	75.3
2	12.1	14.6	44.0	49.9	3.2	3.7	50.8	65.7
3	14.0	16.6	43.5	50.9	3.2	3.6	32.0	42.2
4	25.3	38.7	84.9	104.1	2.8	3.3	13.4	18.2
5	72.7	103.0	109.1	142.1	4.9	6.5	10.8	18.0
6	132.8	178.5	156.6	181.3	10.3	14.0	20.9	52.4
7	194.9	232.6	166.2	204.5	14.6	19.3	286.3	385.0
8	187.6	217.9	144.1	180.8	11.5	15.5	480.9	627.8
9	78.3	93.1	104.1	126.5	7.4	9.7	121.1	173.3
10	41.3	47.7	81.3	94.4	5.1	6.2	62.0	79.1
11	28.6	33.7	59.3	71.9	4.3	5.3	26.7	39.1
12	21.2	24.9	48.2	59.1	3.5	4.3	54.6	80.5

12.2.4 不同月份状态转移概率

据式（12-34）计算一阶、二阶马尔可夫链模型的 AIC 信息准则值，AIC 值越小，表明该模型越适合该流域时间序列，计算发现，一阶马尔可夫链模型适合塔里木河流域，本节用一阶马尔可夫链计算塔里木河 8 个站点不同起始月份的频率和一步转移概率（图 12-12，图 12-13），从图 12-12 的不同起始月份的 3 个状态的发生频率来看，塔里木河流域整体丰水月发生频率为 0.38，是最高的，枯水月发生频率 0.37 略低于丰水月，平水月发生频率 0.25 是最低的，说明塔里木河流域的月丰枯变化非常显著。从塔里木河流域各站点不同月份枯水频率分布来看，1～3月大山口枯水月发生频率分别为 0.44、0.42 和 0.44，是最高的，而同古孜洛克在1～3 月枯水月发生频率分别为 0.33、0.33 和 0.30，是最低的；4～9 月发生枯水频率最高的站点分别是阿拉尔（0.39）、沙里桂兰克（0.44）、阿拉尔（0.48）、卡群（0.41）、阿拉尔和同古孜洛克（0.39）、同古孜洛克和协合拉（0.41）；而 4～9 月发生枯水频率最低的站点分别是大山口（0.26）、卡群（0.37）、卡群（0.33）、大山口（0.33）、协合拉（0.32）、大山口（0.28）。

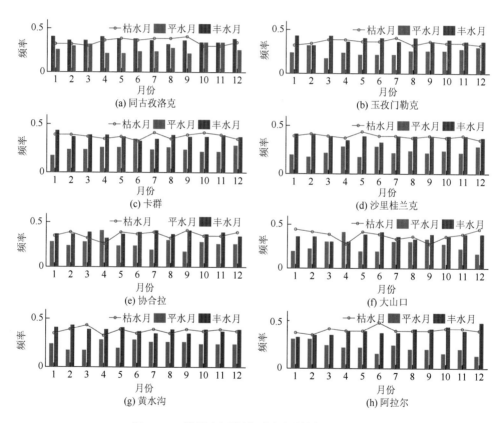

图 12-12　塔里木河流域不同月份的各状态频率

在农作物需水的 4～9 月中，开都河流域的枯水月出现的频率是最低的，塔里木河干流的阿拉尔 4～9 月发生枯水频率为 0.41，是最高的。塔里木河流域的春旱对农牧业威胁最大，因为 5 月正是农作物需水时期，河流处在枯水期，降水的减小会给农业生产带来极大的影响（温克刚和史玉光，2006）。这也导致了 5 月叶尔

	枯	平	丰	枯	平	丰	枯	平	丰	枯	平	丰
	1月			2月			3月			4月		
丰	0.07	0.08	0.79	0.4	0.14	0.53	0.21	0.33	0.65	0.24	0.2	0.63
平	0.2	0.58	0.21	0.27	0.36	0.35	0.14	0.2	0.29	0.29	0.3	0.1
枯	0.73	0.33	0	0.33	0.5	0.12	0.64	0.47	0.06	0.47	0.5	0.26
	5月			6月			7月			8月		
丰	0.33	0.4	0.44	0.24	0.46	0.44	0.17	0.36	0.47	0.28	0.54	0.33
平	0.22	0.2	0.28	0.24	0.18	0.28	0.44	0.36	0.06	0.22	0.15	0.27
枯	0.44	0.4	0.28	0.53	0.36	0.28	0.39	0.27	0.47	0.5	0.31	0.4
	9月			10月			11月			12月		
丰	0.21	0.2	0.59	0	0.25	0.75	0.07	0.19	0.88	0.19	0.33	0.67
平	0.26	0.6	0.29	0.5	0.38	0.19	0.29	0.44	0.06	0.44	0.25	0.11
枯	0.53	0.2	0.12	0.5	0.38	0.06	0.64	0.38	0.06	0.38	0.42	0.22
	枯	平	丰	枯	平	丰	枯	平	丰	枯	平	丰

(a)

	枯	平	丰	枯	平	丰	枯	平	丰	枯	平	丰
	1月			2月			3月			4月		
丰	0.13	0.09	0.6	0.38	0.33	0.6	0.06	0.25	0.7	0.22	0.27	0.71
平	0.33	0.45	0.25	0.06	0.33	0.13	0.28	0.38	0.15	0.22	0.18	0.24
枯	0.53	0.45	0.15	0.56	0.33	0.27	0.67	0.38	0.15	0.56	0.55	0.06
	5月			6月			7月			8月		
丰	0.35	0.4	0.47	0.29	0.2	0.53	0.37	0.3	0.53	0.2	0.25	0.58
平	0.18	0.3	0.21	0.18	0.3	0.21	0.37	0.3	0.12	0.33	0.25	0.21
枯	0.47	0.3	0.32	0.53	0.5	0.26	0.26	0.4	0.35	0.47	0.5	0.21
	9月			10月			11月			12月		
丰	0	0.42	0.76	0	0.08	0.89	0	0.31	0.76	0.27	0.36	0.65
平	0.29	0.33	0.18	0.19	0.67	0.11	0.25	0.46	0.24	0.27	0.29	0.18
枯	0.71	0.25	0.06	0.81	0.25	0	0.75	0.23	0	0.47	0.36	0.18
	枯	平	丰	枯	平	丰	枯	平	丰	枯	平	丰

(b)

(c)

	1月 枯	1月 平	1月 丰	2月 枯	2月 平	2月 丰	3月 枯	3月 平	3月 丰	4月 枯	4月 平	4月 丰
丰	0	0.13	0.8	0.06	0.18	0.88	0.18	0.45	0.56	0.38	0.17	0.5
平	0.28	0.38	0.15	0.28	0.36	0.12	0.24	0.18	0.33	0.19	0.17	0.39
枯	0.72	0.5	0.05	0.67	0.45	0	0.59	0.36	0.11	0.44	0.67	0.11

	5月 枯	5月 平	5月 丰	6月 枯	6月 平	6月 丰	7月 枯	7月 平	7月 丰	8月 枯	8月 平	8月 丰
丰	0.12	0.5	0.41	0.33	0.31	0.4	0.37	0.27	0.5	0.5	0.5	0.17
平	0.35	0.33	0.35	0.27	0.19	0.27	0.16	0.36	0.31	0.06	0.08	0.5
枯	0.53	0.17	0.24	0.4	0.5	0.33	0.47	0.36	0.19	0.44	0.42	0.33

	9月 枯	9月 平	9月 丰	10月 枯	10月 平	10月 丰	11月 枯	11月 平	11月 丰	12月 枯	12月 平	12月 丰
丰	0.22	0.27	0.59	0	0.5	0.76	0	0.4	0.72	0.13	0.46	0.71
平	0.28	0.18	0.18	0.26	0.3	0.12	0.44	0.4	0.06	0.31	0.15	0.06
枯	0.5	0.55	0.24	0.74	0.2	0.12	0.56	0.2	0.22	0.56	0.38	0.24

(d)

	1月 枯	1月 平	1月 丰	2月 枯	2月 平	2月 丰	3月 枯	3月 平	3月 丰	4月 枯	4月 平	4月 丰
丰	0	0.22	0.89	0.05	0.13	0.84	0.28	0.2	0.5	0.35	0.38	0.44
平	0.28	0.33	0	0.21	0.63	0.05	0.28	0.3	0.28	0.18	0.15	0.19
枯	0.72	0.44	0.11	0.74	0.25	0.11	0.44	0.5	0.22	0.47	0.46	0.38

	5月 枯	5月 平	5月 丰	6月 枯	6月 平	6月 丰	7月 枯	7月 平	7月 丰	8月 枯	8月 平	8月 丰
丰	0.3	0.13	0.44	0.28	0.31	0.6	0.28	0.2	0.61	0.29	0.36	0.5
平	0.2	0.63	0.22	0.22	0.23	0.2	0.39	0	0.22	0.18	0.27	0.22
枯	0.5	0.25	0.33	0.5	0.46	0.2	0.33	0.8	0.17	0.53	0.36	0.28

	9月 枯	9月 平	9月 丰	10月 枯	10月 平	10月 丰	11月 枯	11月 平	11月 丰	12月 枯	12月 平	12月 丰
丰	0.11	0.2	0.78	0	0.27	0.83	0.06	0.2	0.78	0.19	0.23	0.76
平	0.17	0.4	0.22	0.29	0.27	0.11	0.17	0.6	0.22	0.25	0.31	0.06
枯	0.72	0.4	0	0.71	0.45	0.06	0.78	0.2	0	0.56	0.46	0.18

	枯	平	丰	枯	平	丰	枯	平	丰	枯	平	丰
	1月			2月			3月			4月		
丰	0.19	0.15	0.71	0.11	0.27	0.76	0.13	0.23	0.56	0.42	0.32	0.4
平	0.25	0.23	0.24	0.28	0.45	0.18	0.6	0.31	0.33	0.25	0.26	0.2
枯	0.56	0.62	0.06	0.61	0.27	0.06	0.27	0.46	0.11	0.33	0.42	0.4
	5月			6月			7月			8月		
丰	0.39	0.18	0.53	0.35	0.27	0.56	0.28	0.22	0.53	0.33	0.57	0.35
平	0.17	0.36	0.24	0.24	0.18	0.17	0.28	0.44	0.26	0.13	0.07	0.29
枯	0.44	0.45	0.24	0.41	0.55	0.28	0.44	0.33	0.21	0.53	0.36	0.35
	9月			10月			11月			12月		
丰	0.21	0.5	0.47	0.13	0.23	0.76	0	0.25	0.72	0.22	0.33	0.56
平	0.42	0.25	0.16	0.31	0.23	0.24	0.19	0.33	0.28	0.39	0.17	0.25
枯	0.37	0.25	0.37	0.56	0.54	0	0.81	0.42	0	0.39	0.5	0.19
	枯	平	丰	枯	平	丰	枯	平	丰	枯	平	丰

(e)

	枯	平	丰	枯	平	丰	枯	平	丰	枯	平	丰
	1月			2月			3月			4月		
丰	0	0.14	0.92	0	0	0.85	0.21	0.27	0.45	0.4	0.4	0.36
平	0.25	0.43	0.08	0.13	0.88	0.15	0.36	0.55	0.36	0.2	0.07	0.36
枯	0.75	0.43	0	0.87	0.13	0	0.43	0.18	0.18	0.4	0.53	0.27
	5月			6月			7月			8月		
丰	0.2	0.43	0.64	0.21	0.29	0.53	0	0.45	0.54	0.08	0.27	0.83
平	0.2	0.14	0.21	0.36	0.43	0.2	0.33	0.36	0.23	0.31	0.55	0.17
枯	0.6	0.43	0.14	0.43	0.29	0.27	0.67	0.18	0.23	0.62	0.18	0
	9月			10月			11月			12月		
丰	0	0	0.93	0	0.3	0.85	0	0.25	0.86	0	0	0.93
平	0.3	0.5	0.07	0.15	0.4	0.15	0	0.5	0.14	0.25	0.33	0.07
枯	0.7	0.5	0	0.85	0.3	0	1	0.25	0	0.75	0.67	0
	枯	平	丰	枯	平	丰	枯	平	丰	枯	平	丰

(f)

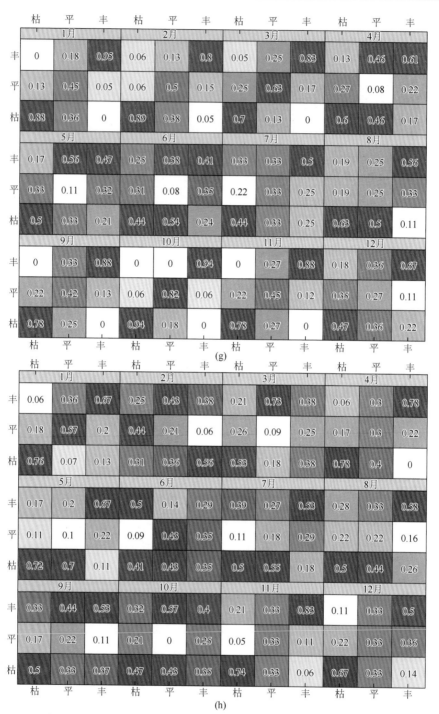

图 12-13 同古孜洛克（a）、玉孜门勒克（b）、卡群（c）、沙里桂兰克（d）、协合拉（e）、大山口（f）、黄水沟（g）和阿拉尔（h）各状态的一步转移概率

羌河发生枯水的频率为 0.37，是最高的，其他流域 5 月发生枯水最低频率也大于其他月份。阿拉尔站点在 6 月的枯水频率为 0.48，是最高的，这主要是因为 5 月塔里木河源流区大量引水灌溉引起 6 月枯水月发生频繁。塔里木河流域各站点其他月份丰水发生频率差别不大，主要分布在 0.37～0.40。

图 12-13 显示，不同站点不同月份各状态之间的一步转移概率不同，考虑到塔里木河流域的干旱发生频率高、持续时间长和区域性强的特点（温克刚和史玉光，2006），本节重点讨论丰、平、枯水月到枯水月、枯水月到丰水月、平水月和丰水月之间的一步转移概率。从图 12-13（a）～图 12-13（h）可知，塔里木河流域枯水月转到枯水月（连续平水期）、丰水月转到丰水月（连续丰水月）、平水月转到枯水月和枯水月转到平水月发生的概率远大于其他状态之间的一步转换概率，而塔里木河流域大部分站点的丰水月与枯水月之间相互一步转移概率低于其他状态之间的一步转移概率。

从整体上看，塔里木河流域在 1～3 月和 10～12 月的枯水月之间的一步转移概率（连续枯水期）高，11 月连续枯水期的平均概率为 0.76，是最高的，而在 4～9 月连续枯水期的平均概率低，7 月连续枯水期的平均概率为 0.44，是最低的。大山口和黄水沟连续枯水期的平均概率为 0.67，是最高的，协合拉连续枯水期的平均概率为 0.48，是最低的，表明塔里木河流域在枯季发生连续枯水期频率高，夏季的径流量占到总径流量的 70%，农业用水相对不紧张（温克刚和史玉光，2006），这也导致了夏季丰水期的连续枯水期发生频率低于其他季节。阿克苏河 4～9 月连续枯水发生频率低，而开都河流域 4～9 月连续枯水发生频率高。

塔里木河流域在 4～9 月的丰水月之间的一步转移概率（连续丰水期）低，6 月连续丰水期的平均概率为 0.47，是最低的，大山口连续丰水期的平均发生概率为 0.72，是最高的。1～3 月和 9～12 月的连续丰水期发生频率高，11 月连续丰水期的平均概率为 0.80，是最高的。尽管塔里木河流域 10 月至翌年 3 月径流量占总径流量比重低，但是发生丰水月的频率高，而 4～9 月径流量占总径流量比重高，枯水月的发生频率反而增大。塔里木河流域在 4 月和 6 月平水月转到枯水月的平均概率分别为 0.5 和 0.45，是最高的，在 11 月平均概率为 0.28，是最低的，表明 4 月和 6 月后极易发生枯水期。协合拉在平水月转到枯水月的平均概率为 0.43，是最高的，大山口和黄水沟在平水月转到枯水月的平均概率为 0.34，是最低的。这表明在平水月情况下，阿克苏河最易发生枯水，而开都河最不易发生枯水。塔里木河流域丰水月转到枯水月的平均概率远低于连续枯水期、连续丰水期的概率，6 月和 7 月丰水月转到枯水月的平均概率分别为 0.28 和 0.26，是最高的，11 月和 1 月的分别为 0.04 和 0.06，是最低的。阿拉尔丰水月转到枯水月的平均概率为 0.24，是最高的，大山口丰水月转到枯水月的平均概率为 0.09，是最低的，大山口丰水月不易转到枯水月，而阿拉尔站丰水月后极易发生枯水月。塔里木河流域在 3 月枯水月转到平水月的平均概率为 0.30，是最高的，在 11 月枯水月转移到平水月的平均概率为 0.20，是最低的。从流域来看，同古孜洛克和协合拉枯水月转到平水月的平均概率为 0.29，是最高的，表明阿克苏河流域从枯水月转到平水月的概率大，而阿拉尔从枯水月不易转到平水月，其平均转移概率为 0.19，是最低的。而塔里木河流域枯水月与丰水月相互转移平均概率相同，6 月和 4 月枯水月转到丰水月的平均概率分别为 0.31 和 0.27，是最高的，11 月的平均概率为 0.04，是最低的。阿拉尔枯水月转到丰水月的平均概率为 0.24，是最高的，开都河流域的大山口和黄水沟枯水月不易转到丰水月。

但是塔里木河流域各站点的月内变化有所不同，塔里木河流域 4～9 月丰枯变化对塔里木河流域的影响比较大，特别是塔里木河流域春季农业用水紧张（温克刚和史玉光，2006），本节重点分析 4～9 月各站点的状态转移概率，塔里木河流域在 4～6 月平水月转到枯水月的概率大，在 9 月平水月转到枯水月的概率小，表明塔里木河 4～6 月的平水期极易发生枯水。塔里木河流域连续枯水期的年内分布不均匀，玉孜门勒克、卡群、沙里桂兰克和黄水沟在 9 月发生连续枯水的概率最大，大山口和阿拉尔分别在 7 月和 5 月连续枯水期的概率最大。同古孜洛克和玉孜门勒克在 7 月丰水月转到枯水月的概率最大，卡群、沙里桂兰克和协合拉在 4 月丰水月极易转到枯水月，开都河流域在 6 月后极易发生枯水月，阿拉尔则在 9 月丰水月转到枯水月的概率最大。4～5 月是塔里木河流域水资源供需矛盾最严重的时期，塔里木河南部地区和田河（同古孜洛克）、叶尔羌河（玉孜门勒克、卡群）及阿拉尔在 4～5 月 3 个状态转到枯水月的概率最大，阿克苏河和开都河整体上在 4～5 月 3 个状态转到枯水月的概率低于其他站点。

12.2.5　状态重现期和历时月内分布特征

从图 12-14 可知，塔里木河流域各站点年内平水月重现期最大，其发生频率最小，而枯水月和丰水月的重现期小，其发生概率大。丰水月各月平均重现期 2.7 个月大于枯水月各月平均重现期 2.6 个月，枯水月发生的概率大于丰水月发生的概率。从流域的年内分布来看，塔里木河流域各站点在 3～9 月的枯水月重现期最小，其枯水月发生频率大。3～4 月玉孜门勒克和阿拉尔枯水月重现期 2.4 个月最小，沙里桂兰克和大山口枯水月 5 月重现期 2.3 个月最小，阿拉尔在 6 月枯水月发生频率高、7 月叶尔羌河的枯水月发生频率高，8～9 月同古孜洛克、阿拉尔重现期 2.7 个月，是最小的。其中，阿拉尔枯水月发生频率最高的月份最多，特别是在 4 月和 6 月，这主要是因为塔里木河源流区的河流大量引水灌溉，造成阿拉尔丰水期到达时间滞后一些（孙鹏等，2013）。塔里木河流域沙里桂兰克丰水月的月平均重现期为 2.5 个月，是最小的，阿克苏河的沙里桂兰克的丰水月发生频率最高。玉孜门勒克（3 月）、黄水沟（4～5 月）、大山口（6 月）、协合拉（7 月、9 月）、阿拉尔和玉孜门勒克（8 月）的丰水月重现期是最小的，4～7 月和 9 月丰水期发生频率高，主要集中在天山南麓的开都河和阿克苏河，南疆南部的和田河和叶尔羌河丰水月发生频率低于开都河和阿克苏河，这也与塔里木河南部地区 4～5 月 3 个状态转到枯水月的概率最大相吻合。

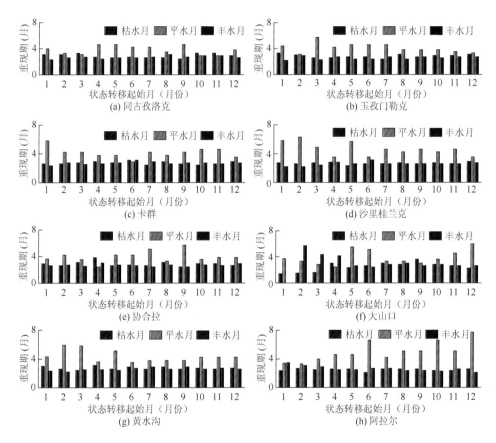

图 12-14　塔里木河流域 3 个状态不同起始月的重现期

图 12-15 是塔里木河流域各状态不同起始月的期望停留时间，即各状态发生的历时。由图 12-15 可知，丰水月历时 2.8 个月是最大的，其次是枯水月的 2.4 个月，平水月 1.5 个月历时最小，表明塔里木河流域丰枯水发生后持续的时间长。大山口和沙里桂兰克枯水月历时 3.1 个月和 2.4 个月是最大的，而协合拉和同古孜洛克枯水月历时 1.8 个月和 1.9 个月是最小的；大山口在平水月和丰水月的历时为 1.8 个月和 3.6 个月，也是最大的，开都河流域大山口径流量的丰枯变化剧烈，而协合拉径流量的丰枯变化较为平稳，从各站的枯水月（4～9 月）分布来看，除了阿拉尔在 4 月枯水月历时 2.7 个月最大外，5～9 月大山口的枯水月历时是塔里木河流域最大的；协合拉和玉孜门勒克的枯水月历时小于其他站点。这主要是因为

塔里木河流域来水主要是高山冰雪融水和降水，开都河流域面积小于和田河、叶尔羌河和阿克苏河，开都河流域的降水补给比重占到总径流量的 80%，是塔里木河流域最高的，降水补给比重越高，径流量的年际变化越大（高前兆等，2008），从而造成了大山口枯水月的历时最大。

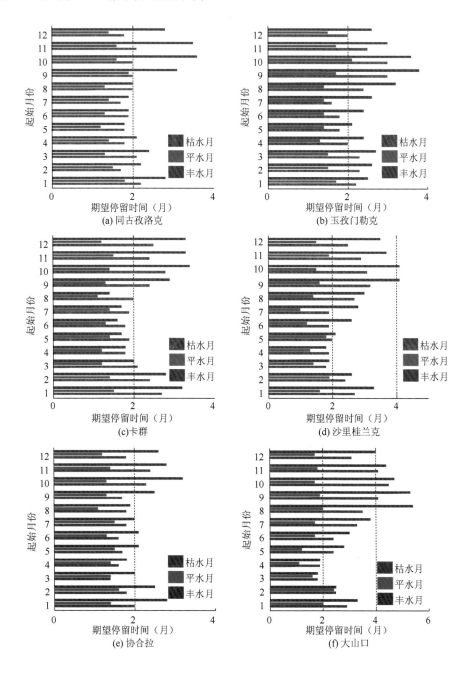

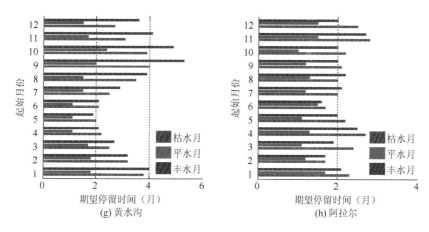

图 12-15　塔里木河流域各站点各状态不同起始月的期望停留时间

12.2.6　干旱灾害特征分析

图 12-16 是塔里木河流域 12 个月的各状态之间的平均首达时间，平水月、丰水月转到枯水月平均首达时间表示在丰、平水期转到枯水期平均经历的时间，平均经历时间越短，表明枯水期形成越快，对工农业生产的影响越大，干旱的危害性就越大。相反，枯水月转到平水月、丰水月的平均首达时间越长，表明枯水期到达平水期或者丰水期经历的时间越长，枯水期持续的时间越长，对工农业生产的影响越大，干旱的危害性就越大。丰水期转到枯水期的平均首达时间越长（或平水期转到丰水期的平均首达时间越短），表明丰水期持续的时间越长。

从整体上看，塔里木河流域 4～8 月的各状态平均首达时间小于 1～3 月和 9～12 月各状态平均首达时间。卡群 1～12 月枯水月转到平水月的平均首达时间为 3.8个月，是最小的，黄水沟平均首达时间为 6.1 个月，是最大的。而阿拉尔 1～12月枯水月转到丰水月的平均首达时间为 4.5 个月，是最小的，黄水沟平均首达时间为 9.2 个月，是最大的，表明黄水沟枯水月转到平、丰水月的历时大，干旱的危害性最大，卡群和阿拉尔分别在枯水月转到平、丰水月的危害最小。协合拉 1～12 月从平、丰水月转到枯水月的平均首达时间是最小的，其干旱的危险性大；开都河流域的大山口和黄水沟从平、丰水月转到枯水月的平均首达时间是最大的。

从站点月内的分布来看，同古孜洛克分别在 3 月和 5 月枯水月转丰、平水月的平均首达时间为 5.0 个月和 2.9 个月，是最小的，干旱的危害性最大；同时，在9 月和 11 月丰、平水月转到枯水月的平均首达时间为 5.8 个月和 10.7 个月，是最大的，其干旱的危害性最大（图 12-16）。玉孜门勒克、卡群、沙里桂兰克、协合拉、大山口和黄水沟在 3～5 月枯水月转丰、平水月的平均首达时间是最小的，其在 3～5 月干旱的危害性最大；阿拉尔分别在 2 月和 6 月枯水月转丰、平水月的平

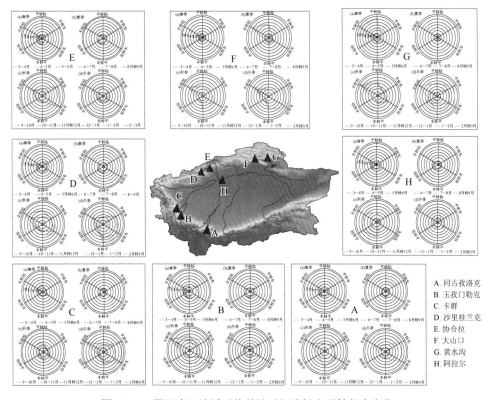

图 12-16　塔里木河流域平均首达时间演绎丰平枯状态变化

均首达时间为 3.0 个月和 2.2 个月，是最小的，干旱的危害性最大（图 12-16）。除了大山口和黄水沟，其他站点丰、平水月转到枯水月的平均首达时间的最大值主要集中在 1～2 月和 10～12 月，大山口和黄水沟在 8 月和 3 月丰、平水月转到枯水月的平均首达时间是最大的，其干旱的危害性最大（图 12-15）。4～5 月的丰枯状况对塔里木河流域农牧业生产影响最大的，4～5 月阿拉尔的枯水月到丰、平水月的平均首达时间为 7.7 个月和 6.4 个月，大于其他站点，阿拉尔在 4～5 月干旱的危害最大。

12.2.7　枯水期预测

图 12-17 和图 12-18 是预测了不同起始月的初始状态是平水月、丰水月到枯水月的未来 1～6 个月的发生概率图，同古孜洛克的初始状态是平水月在 1 月和 4 月后转到枯水月的概率为 0.43，是最大的，其次是 8 月的概率 0.40；玉孜门勒克、卡群、沙里桂兰克、协合拉、大山口、黄水沟和阿拉尔在初始状态是平水月，分别在 6 月（0.45）、1 月（0.54）、1 月（0.47）、5 月（0.57）、9 月（0.60）、2 月（0.55）

和 11 月（0.49）后发生枯水月的概率最大。塔里木河站点在 3～9 月初始状态是平水月，未来 6 个月转到枯水月平均概率最大的是 4 月（0.41）和 5 月（0.38）。从月内分布角度看，在初始状态是平水月的前提下，黄水沟在 1 月未来发生枯水月的频率为 0.49，是最大的，塔里木河流域各站点 2～6 月平水月未来 6 个月转到枯水月的概率最高，分别为协合拉（0.40）、沙里桂兰克（0.41）、沙里桂兰克（0.44）、协合拉（0.57）、玉孜门勒克（0.45），而塔里木河流域各站点 7～12 月平水月未来 6 个月转到枯水月概率最高的分别为沙里桂兰克（0.44）、黄水沟（0.45）、大山口（0.60）、沙里桂兰克（0.45）、阿拉尔（0.49）和大山口（0.72）。塔里木河流域 4～5 月平水状态极易发展成为枯水状态，这将进一步加剧塔里木河流域 4～5 月水资源短缺。

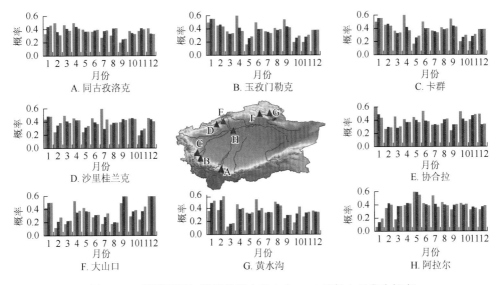

图 12-17　预测不同起始月的平水月未来 1～3 月枯水月发生概率

图 12-19 和图 12-20 表示初始状态是丰水月未来 6 个月发生枯水月的概率，丰水月转到枯水月的概率远低于平水月转到枯水月的概率。同古孜洛克年内未来 6 个月丰水月转到枯水月概率最高的是 8 月，其发生概率为 0.42，同时在 8 月玉孜门勒克和阿拉尔未来丰水月转到枯水月的概率分别为 0.39 和 0.42，是最高的；6 月玉孜门勒克、卡群和黄水沟未来丰水月转到枯水月的概率分别为 0.39、0.39 和 0.37，是最高的；协合拉、沙里桂兰克和大山口分别在 2 月（0.43）、4 月（0.42）和 7 月（0.34）转到枯水的概率高。塔里木河流域各站点 1～6 月丰水月未来 6 个月转到枯水月概率最高的分别是玉孜门勒克（0.33）、协合拉（0.43）、协合拉（0.39）、沙里桂兰克（0.42）、协合拉（0.38）和卡群（0.39）；而塔里木河流域各站点 7～

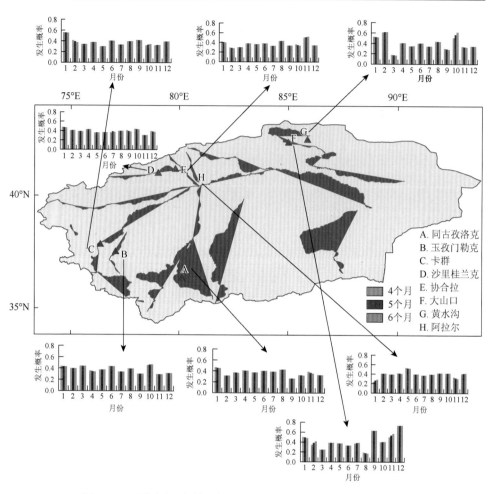

图 12-18　预测不同起始月的平水月未来 4～6 月枯水月发生概率

12 月丰水月未来 6 个月转到枯水月概率最高的分别为同古孜洛克（0.40）、同古孜洛克（0.42）、协合拉（0.41）、协合拉（0.40）、卡群（0.30）和协合拉（0.33）。阿克苏河的协合拉是丰水月时，未来发生枯水的概率高于其他站点。塔里木河南部地区在 6 月或者 8 月丰水月易发生枯水，而塔里木河北部地区时间比较分散，主要集中在 2 月、4 月和 7 月。

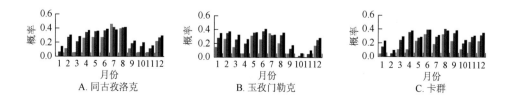

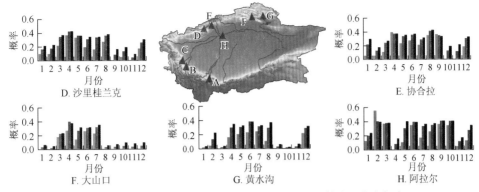

图 12-19 预测不同起始月的丰水月未来 1～3 月枯水月发生概率

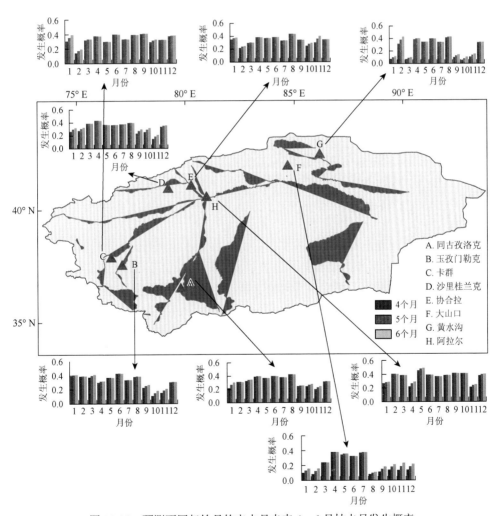

图 12-20 预测不同起始月的丰水月未来 4～6 月枯水月发生概率

12.3　本　章　小　结

（1）建立新的水文气象干旱指数，从干旱灾害形成、演变和持续 3 个方面对干旱灾害进行研究，开都河流域、和田河流域在干旱形成中危害大，阿克苏河流域在干旱演变中危害大，开都河流域和叶尔羌河流域在干旱持续中危害大。开都河流域和叶尔羌河流域主要以气象水文干旱为主，分别在干旱形成、持续和干旱持续过程的危害大；和田河流域以气象干旱或水文干旱为主，在干旱形成过程中危害大，阿克苏河流域以水文干旱为主，在干旱演变过程中危害大。各流域干旱类型的不同主要是因为各流域不同补给类型比重不同，同时也受到降水、气温和径流年内分配比等的影响。

（2）1987 年以后各流域的水文干旱有所缓解，大部分月份的气象水文干旱和水文干旱的发生频率都低于 1987 年之前的，阿克苏河流域干旱发生频率降低最明显，湿润化趋势显著。而开都河流域有干旱化的趋势。在长期干旱预测中，各河流从状态 2 达到状态 4 或者状态 5 的概率最低，开都河流域从非水文干旱状态到状态 4 的概率最大，从非水文干旱状态到状态 5 的概率最小。而和田河流域从非水文状态到状态 4 的概率最小，从非水文状态到状态 5 的概率最大。

（3）塔里木河流域以丰水期和枯水期为主，塔里木河流域的丰枯变化显著，阿拉尔 4～9 月枯水发生平均概率最高，大山口枯水平均概率则是最低的；5 月叶尔羌河枯水发生频率高，阿拉尔枯水发生最高频率是在 6 月，这与塔里木河干流径流量比重大于 10%出现的月份比其流域滞后一个月有关系（孙鹏等，2013）。阿拉尔 4～9 月枯水发生频率概率最高，主要是因为阿克苏河、叶尔羌河、和田河 3 条源流汇入塔里木河径流量减少，径流量减少是由源流灌溉面积扩大、引水量增加造成的（王德顺等，2003）。开都河上游年径流量、降水量在 1980～2010 年呈明显增加趋势，7～9 月径流量增加明显，年最大日径流量大多发生在春季 4～5 月（王维霞等，2013），这也导致了大山口枯水平均概率最低。

（4）塔里木河流域 10 月至翌年 3 月连续枯水频率最高，4～9 月连续枯水频率最低；阿克苏河在 10 月至翌年 3 月连续枯水频率最低，开都河枯水发生频率低，但是连续枯水发生频率高。4～9 月中，各流域连续丰水月的概率低于连续枯水月的概率，连续丰水月发生频率最高的是开都河流域，表明开都河流域大旱或者大涝的概率最大。据统计，巴州在 1979～1987 年连续发生干旱，开都河流域春季干旱连枯期一般是 3～4 年，开都河流域的干旱年与新疆地区的干旱年比较同步，因此开都河流域连续枯水频率高。

（5）塔里木河流域在 4 月和 6 月平水期转到枯水期的频率最高，6 月和 7 月丰水期转到枯水期的频率最高。丰水期重现期低值主要集中在天山南麓的开都河和阿克苏河,南疆南部的和田河和叶尔羌河丰水月重现期高于开都河和阿克苏河。塔里木河流域枯水历时最大,主要分布在 9 月至翌年 3 月,开都河枯水历时大于其他站点,表明一旦发生枯水,开都河流域的枯水历时最大,这样与连续枯水概率最高有直接关系。

(6)塔里木河流域在 3~5 月枯水月转丰、平水月的平均首达时间是最小的,干旱危害最大。大山口和黄水沟在 8 月和 3 月丰、平水月转到枯水月的平均首达时间是最大的,其干旱的危害性最大,其他站点丰、平水月转到枯水月的平均首达时间最大值主要集中在 1~2 月和 10~12 月。

(7)塔里木河站点在 3~9 月初始状态是平水月,在未来 6 个月转到枯水月平均概率最大的是 4 月和 5 月,塔里木河流域在 4~5 月平水状态极易发展成为枯水状态,这将进一步加剧塔里木河流域 4~5 月水资源短缺。塔里木河南部地区在 6 月或者 8 月丰水月时,未来 6 个月易发生枯水,而塔里木河北部地区时间比较分散,主要集中在 2 月、4 月和 7 月。1987 年以来新疆的气温和降水呈显著增加趋势,塔里木河流域由暖干向暖湿转变,这降低了 4~9 月连续枯水发生概率,但是 4~5 月各状态转到枯水的概率仍最大,4~5 月枯水状态对于工农业生产的威胁仍然最大,今后要更加重视和提高 4~5 月的防旱抗旱能力。

第三篇　塔里木河流域非平稳性洪水时空演变特征研究

第13章　新疆塔里木河流域洪水变化特征、成因及影响研究

洪水是人类遭遇的最严重的自然灾害之一，每年在全球范围内造成几十亿美元的损失，并且在 20 世纪后半叶以来，洪水造成的损失还在持续增加。因此，理解洪水发生过程，如量级、频率和峰现时间等具有重要的研究价值。新疆降水机制的变化导致洪涝灾害在近几十年呈显著上升趋势（Zhang et al., 2012d; Sun et al., 2012b）。之前的研究已经表明，新疆洪水发生频次增加，洪峰流量增大（陈亚宁等，2009），并且洪灾导致的受灾面积也呈显著增加趋势（王秋香等，2008）。但是，依然缺乏对新疆塔里木河流域洪水量级、频率和峰现时间等洪水特征的全面分析，尤其缺乏对不同成因下塔里木河流域洪水变化特征的定量分析。本章采用 9 种洪水指标，从年、季节及超定量采样（POT）等多个角度开展新疆塔里木河流域洪水特征的研究，并统计 1950 年以来暴雨型、升温型以及溃坝型 3 种主要成因下，塔里木河流域各行政区域洪水发生次数及造成灾害量级的变化，并结合塔里木河流域 21 种极端降水和气温指标深入分析洪水变化的气候成因，从而为全面有效地理解塔里木河流域洪水变化特征、科学指导塔里木河流域防洪减灾提供相关的科学依据。

13.1　数据和研究方法

13.1.1　数据

本章选择塔里木河流域 8 个主要水文控制站点长时间日流量序列资料（大部分站点时间长度为 1957～2008 年）（表 13-1），数据来源于塔里木河流域管理局，部分缺失资料采用多年平均法进行插值。另外，本章收集了 1950～2000 年塔里木河流域 5 个地区（州）的洪水发生次数及相应日期的数据，数据来源于《中国气象灾害大典——新疆卷》（温克刚和史玉光，2006）。另外，收集了距离每个水文站点最近的气象站点 1961～2010 年日降水、日平均气温数据（表 13-1）。

表 13-1 站点流量和降水序列及区域洪水发生次数详细信息

站点	序列长度（年份）	径流序列		降水序列		区域	洪水发生次数
		阈值（m³/s）	窗宽（天）	阈值（mm）	窗宽（天）		窗宽（天）
同古孜洛克	1962～2008	292	2295	3.43	1917	阿克苏	1570
玉孜门勒克	1957～2009	137	1441	4.77	1185	克州	1325
卡群	1957～2009	659	1825	4.49	1852	喀什	1355
沙里桂兰克	1956～2007	330	1175	14.46	2040	和田	2046
协合拉	1956～2007	290	1939	5.53	1719	巴州	1681
黄水沟	1957～2008	40.5	1411	17.48	1709		
大山口	1972～2008	225	2349	13.82	1728		
阿拉尔	1958～2008	534	1938	3.89	2087		

13.1.2 研究方法

1. 洪水指标

表 13-2 展现了本章采用的 9 种洪水指标，分别从年、季节及 POT 采样反映洪水发生量级、频率及洪峰出现时间变化特征（本章采用的年份均为水文年：3 月至翌年 2 月）。年最大值采样容易忽略一年中发生的低于最大那场洪水的其他大洪水信息，并且对于没有发生洪水的干旱年份，同样采集了样本数据，因此本章增加了 POT 采样，对年最大值采样进行补充，如一年中洪水发生次数、相应量级及峰现时间等。本章采用美国水资源协会（USWRC）提出的判别标准对洪峰独立性进行判别（Lang et al.，1999）：

$$\begin{cases} D > 5 + \lg(0.3861A) \\ Q_{\min} < -\dfrac{3}{4}\min(Q_1, Q_2) \end{cases} \tag{13-1}$$

式中，D 为连续两个洪峰的间隔时间；A 为流域面积，单位为 km²；Q_1 和 Q_2 分别为连续两个洪峰的量级，单位为 m³/s。通过超定量样本均值法（MRL，超定量样本超过部分均值是门限值的线性函数）和分散指数法（DI，门限值的选择应该使样本分散指数位于合适的置信区间）确定门限值区间，结合年平均洪水发生次数（AOA），选择满足平均发生次数在 2.4～3 的较大门限值作为阈值（张丽娟等，2013）。

洪水指标 MDF 被用来描述 POT 采样的洪水出现时间特征，将一年中每次洪水出现日期转换为角度值（Macdonald et al.，2010）：

$$\theta_i = \mathrm{WD} \frac{2\pi}{\mathrm{LENYR}} \qquad 0 \leqslant \theta_i \leqslant 2\pi \qquad (13\text{-}2)$$

式中，WD 为洪水发生的日期；LENYR 为一年的天数（365 天或者 366 天）。POT 采样的每年洪水发生日期转换为角度 θ_i 的向量，MDF 通过公式（13-3）和式（13-4）进行计算：

$$\begin{cases} \overline{\theta} = \tan^{-1}\left(\dfrac{\overline{y}}{\overline{x}}\right) \\ \mathrm{MDF} = \overline{\theta}\dfrac{\mathrm{LENYR}}{2\pi} \end{cases} \qquad (13\text{-}3)$$

式（13-3）中，

$$\begin{cases} \overline{x} = \dfrac{1}{N}\displaystyle\sum_{i=1}^{N}\cos\theta_i \\ \overline{y} = \dfrac{1}{N}\displaystyle\sum_{i=1}^{N}\sin\theta_i \end{cases} \qquad (13\text{-}4)$$

表 13-2　选用的 9 种洪水指标的详细信息

洪水指标	简称	定义	类型
Annual maximum flow（m³/s）	AMF	年最大 1 日流量	量级
Day of AMF（d）	AMFD	年最大 1 日流量发生日期	峰现时间
Annual maximum flow in spring（m³/s）	AMFSp	春季（3～5 月）年最大 1 日流量	量级
Annual maximum flow in summer（m³/s）	AMFSu	夏季（6～8 月）年最大 1 日流量	量级
Annual maximum flow in autumn（m³/s）	AMFAu	秋季（9～11 月）年最大 1 日流量	量级
Annual maximum flow in winter（m³/s）	AMFWi	冬季（12 月至翌年 2 月）年最大 1 日流量	量级
Peaks-over-threshold magnitude（m³/s）	POT3M	超过阈值的洪峰流量，平均每年 2.4～3 个洪水样本	量级
Peaks-over-threshold frequency（events per year）	POT3F	POT 采样，每年选择的样本数量	频率
Mean day of flood occurrence（d）	MDF	POT 采样，每年选择的洪水发生的平均日期	峰现时间

2. 气象指标

塔里木河流域 8 个主要控制性水文站点（除阿拉尔水文站）主要位于出山口，

上游没有强烈的人类活动干扰，如水库等。本章主要从气候变化方面分析塔里木河流域洪水变化特征的成因。新疆洪水发生原因主要有 3 种：暴雨型、升温型和溃坝型（温克刚和史玉光，2006）。因此，本章选择 21 种降水和气温指标来全面反映新疆气候变化规律（表 13-3）。通过将气候指标进行标准化处理，发现塔里木河流域降水和气温的趋势规律：

$$\mathrm{CI_{norm}} = \frac{\mathrm{CI}_i - \mathrm{Mean(CI)}}{\mathrm{Sd(CI)}} \tag{13-5}$$

式中，CI_i 为第 i 年的气候指标值；$\mathrm{Mean(CI)}$ 为气候指标的均值；$\mathrm{Sd(CI)}$ 为气候指标的标准差；$\mathrm{CI_{norm}}$ 小于 0 表示气候指标值低于均值，并呈下降趋势，反之亦然。

表 13-3　21 种降水和气温指标详细信息

缩写	定义	单位
CWD	年内日降水量连续≥1mm 的日数最大值	天
PRCPTOT	年内日降水量≥1mm 的降水量之和	mm
R1	年内日降水量≥1mm 的日数	天
R5	年内日降水量≥5mm 的日数	天
R10	年内日降水量≥10mm 的日数	天
R95PTOT	年内日降水量高于标准时段日降水量序列第 95 百分位值的降水量之和	mm
R99PTOT	年内日降水量高于标准时段日降水量序列第 99 百分位值的降水量之和	mm
Rx1day	年内 1 日降水量最大值	mm
Rx5day	年内 5 日降水量最大值	mm
SDII	年内日降水量之和与日降水量≥1mm 的日数之比	mm/天
DTR	每年温度日较差的平均值	℃
GSL	秋季至冬季的第一次至少连续 6 日平均气温高于定义温度至冬季至春季第一次至少连续 6 日平均气温高于定义温度的持续天数	天
SU	年内最高气温大于 25℃的日数	天
TN90P	日最低气温高于 90%气候分位数的比例	%
TNN	每年内日最低气温的最小值	℃
TNX	每年内日最低气温的最大值	℃
TR	年内日最低气温大于 20℃的天数	天
TX90P	日最高气温高于 90%气候分位数的比例	%
TXN	每年内日最高气温的最小值	℃

缩写	定义	单位
TXX	每年内日最高气温的最大值	℃
WSDI	每年至少连续 6 天日最高气温（TX）>90%分位值的日数	天

3. 洪水变化趋势和突变分析

时间趋势特征主要分为两类：单调趋势变化和突变。常用统计方法检测序列时间趋势特征：参数和非参数检验方法。世界气象组织（World Meteorological Organization，WMO）建议使用 Mann-Kendall 检测序列时间趋势特征（Chebana et al.，2013），同时为了去除时间序列的自相关性，本章使用修正的 Mann-Kendall 检测法（Zhang et al.，2015）。为了分析不同时期洪水时间特征变化规律，同时对每个洪水指标建立一个 21 年的时间窗口，对每个时间窗口进行 Mann-Kendall 检测，依次滑动向前。

突变点检测方法有多种，包括参数和非参数、单突变点和多突变点检测方法。参数检测方法要求序列满足独立性和正态分布假设，非参数检测方法要求序列满足独立性和一致性假设。由于采用的时间序列在 50 年左右，因此采用单突变点检测方法。由于不同的突变点检测方法检测结果可能有差异，本章选择多个突变点检测方法进行综合判定。雷红富等（2007）通过对 10 种突变点检测方法进行性能检测，认为秩和检验法最优。Killick 和 Eckley 等于 2014 年开发的 changepoint 包，其中包含的基于似然函数框架的单突变点检测方法 AMOC 具有较大的灵活性，可以克服序列正态分布假设的限制，并能够延展至多突变点检测。Erdman 和 Emerson 于 2007 年开发的 bcp 包，具体介绍了基于贝叶斯的突变点检验方法，其结合了贝叶斯在统计学中的优势，可以给出突变点发生的具体概率。因此，本章选择非参数的秩和检验法、参数的 AMOC 检验法和基于贝叶斯的 bcp 检验法分别检测突变点，然后综合判定最佳改变时间节点。

13.1.3　POT 采样阈值确定

通过试算，分别绘制洪水平均每年发生次数（AOA）与阈值曲线、超定量样本超过部分均值（MRL）与阈值曲线和分散指数（DI）与阈值曲线（图 13-1）。以同古孜洛克站为例[图 13-1（a）]，AOA 与阈值曲线显示阈值处于 200~300m³/s 时，洪水平均每年发生次数处于 2.4~3.0，与此同时，超定量样本超过部分均值随着阈值的增加而下降，且存在较好的线性函数关系。从分散指数与阈值曲线图可知，当阈值为 292m³/s 时，分散指数处于 95%置信区间内，即年超定量发生次数符合泊松分布。因此，综合判定，同古孜洛克水文站阈值取 292m³/s。同理，由图 13-1 判定玉孜门勒克、卡群、沙里桂兰克、协合拉、黄水沟、大山口、阿拉尔各水文站[图 13-1（b）～图 13-1（h）]阈值应分别为 137m³/s、659m³/s、330.5m³/s、290m³/s、40.5m³/s、225.65m³/s 和 534.5m³/s。

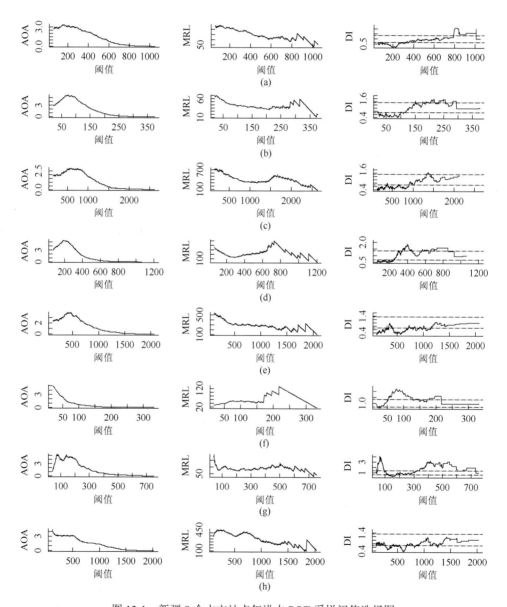

图 13-1　新疆 8 个水文站点年洪水 POT 采样阈值选择图

（a）～（h）依次为同古孜洛克、玉孜门勒克、卡群、沙里桂兰克、协合拉、黄水沟、大山口、阿拉尔

13.2　洪水变化时空分布特征

13.2.1　洪水时间变化特征

首先对 9 种洪水指标进行时间趋势和突变检测,以分析塔里木河流域洪水量级、频率和峰现时间变化特征(图 13-2)。从图 13-2(AMF)中可以看出,塔里木河流域年最大洪峰流量均呈上升趋势,其中位于开都河的黄水沟和大山口水文站,以及位于阿克苏河的协合拉水文站呈显著上升趋势;塔里木河流域几乎所有站点年最大洪峰流量最佳时间改变节点均位于 20 世纪 80 年代中后期到 90 年代前期(阿克苏河的协合拉水文站最佳改变时间节点为 1980 年)。对于年最大洪峰流量发生日期(图 13-2,AMFD),同古孜洛克、玉孜门勒克及大山口水文站呈上升趋势,年最大流量发生时间出现推迟现象,其中大山口站推迟现象达到显著性水平;其他测站年最大洪峰流量发生日期呈下降趋势,发生时间出现提前现象,其中协合拉水文站提前现象达到显著性水平。塔里木河流域春季一般由于温度升高,导致冰川、积雪等融化,从而产生融雪性洪水。位于天山山脉、喀喇昆仑山山脉的沙里桂兰克、协合拉和卡群水文站春季洪水量级均呈显著上升趋势,并且在 1980 年左右发生突变(图 13-2,AMFSp)。塔里木河流域夏季主要由暴雨引发的洪水,洪峰流量一般较大,因此年最大洪峰流量一般出现在夏季。所以,夏季洪峰流量与年最大洪峰流量具有相同的趋势和突变特征(图 13-2,AMF 和 AMFSu)。叶尔羌河玉孜门勒克水文站、阿克苏河沙里桂兰克水文站和开都河大山口水文站秋季最大洪峰流量均呈显著上升趋势,并分别于 2000 年、1997 年和 1987 年发生突变(图 13-2,AMFAu)。塔里木河流域由于复杂多样的地理条件,在冬季易发生冰川湖溃决引起的冰川洪水(溃坝型洪水),其主要发生在叶尔羌河流域。然而,从图 13-2(AMFWi)可以看出,叶尔羌河流域玉孜门勒克和卡群水文站和开都河大山口水文站冬季洪峰流量呈显著上升趋势,并分别于 1971 年、1986 年、1993 年发生突变,冰洪有加剧态势;然而,位于塔里木河干流的阿拉尔水文站冬季洪峰流量呈显著下降趋势,并于 1996 年发生突变。

对于 POT 采样序列,大部分站点(除同古孜洛克站和卡群站),超定量洪水量级均呈上升趋势,其中开都河流域黄水沟水文站呈显著上升趋势并于 1993 年发生突变(图 13-2,POT3M)。同古孜洛克、协合拉和阿拉尔水文站洪水发生次数呈下降趋势,其中协合拉水文站呈显著下降趋势,并于 1998 年发生突变;其他测站洪水发生次数均呈上升趋势,并且沙里桂兰克水文站和黄水沟水文站均呈显著

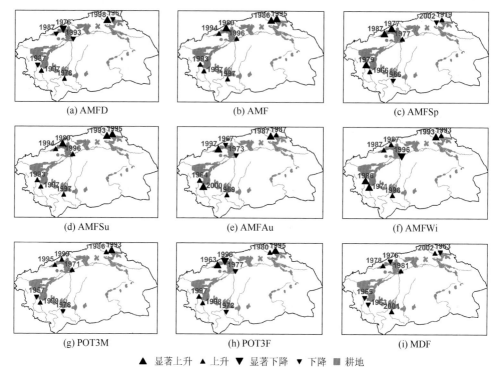

(a) AMFD　　　　　　　　(b) AMF　　　　　　　　(c) AMFSp

(d) AMFSu　　　　　　　　(e) AMFAu　　　　　　　(f) AMFWi

(g) POT3M　　　　　　　　(h) POT3F　　　　　　　(i) MDF

▲ 显著上升　▲ 上升　▼ 显著下降　▼ 下降　■ 耕地

图 13-2　　新疆塔里木河流域 9 种洪水要素指标时间趋势和最佳改变时间点空间分布图

上升趋势，分别于 1963 年、1995 年发生突变（图 13-2，POT3F）。超定量洪水发生时间没有显著的趋势，相比较 AMFD，协合拉水文站年最大洪峰流量和超定量洪水发生时间均提前，而大山口水文站则相反（图 13-2，MDF）。

图 13-3 给出了洪水指标在最佳改变时间节点后序列相对于改变之前的序列的变化比例，能够定量直观地反映出各个洪水指标（除 MDF）变化的大小。同古孜洛克站在最佳变化时间节点之后的序列相比之前的序列，春季、秋季和冬季洪峰流量变化较大，分别上升 54%、31% 和 37%，其余洪水指标则没有明显变化。玉孜门勒克站所有洪水指标在变异后均在增加，且增加幅度较大，其中最明显的是年和季节洪水指标与洪水发生次数，分别上升 36%、55%、36%、57%、34% 和61%。卡群站变异后除秋季洪峰流量有 29% 的下降外，其余指标基本都在上升，其中 AMFSp、POT3M 和 POT3F 上升最显著，分别为 26%、63% 和 42%。沙里桂兰克站在变异后 AMFD 减少，但是其余指标均在增加，尤其是 AMF、AMFSp、AMFSu、AMFAu、AMFWi 和 POT3F，分别达到 48%、63%、45%、53%、106%和 177%。协合拉水文站春季和冬季洪峰流量在变异后增加幅度高于塔里木河流域其他水文站点，且异常显著，分别达到 71% 和 149%。开都河流域的黄水沟水文站和大山口水文站基本所有洪水指标在变异后均在增加。对于黄水沟水文站，

AMF、AMFSu、AMFAu、POT3M 和 POT3F 增加较为明显，分别达到 100%、100%、90%、42% 和 62%。大山口水文站秋季和冬季洪峰流量在变异后的增加幅度最大，分别达到 55% 和 109%，并且变异后大山口水文站年最大洪峰流量在塔里木河流域出现时间推迟现象最为显著，增加比例为 43%。位于塔里木河干流的阿拉尔水文站与其他水文站点最显著的区别在于冬季洪峰流量变异后在下降，且下降幅度较为明显，比例达到 38%。

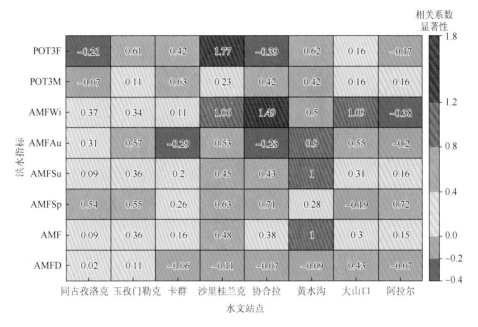

图 13-3　各水文站点洪水指标变异后序列相对于变异前变化比例

13.2.2　不同时期洪水指标的趋势特征

图 13-4 展示了塔里木河流域 8 个水文站点 AMFD、AMF、AMFSp、AMFSu、AMFAu、AMFWi 和 POT3F 距平值变化特征。从图 13-4 中可以详细地看出洪水指标每一年的变化情况。几乎所有水文站点年最大洪水量级（AMF）在 20 世纪 90 年代中后期以后均高于整个时间段的均值。玉孜门勒克、卡群、沙里桂兰克、黄水沟和大山口水文站几乎所有洪水指标均位于整个时期均值之上，说明这一时期洪水量级和发生次数明显增加，处于洪水多发时期；相比较 90 年代中后期，70 年代中后期至 80 年代中后期，几乎所有洪水指标则位于整个时期均值之下，洪水发生次数和量级均较少，处于洪水减少期。同古孜洛克水文站在 70 年代洪水量级和发生处于均值之上，洪水较为丰富。协合拉水文站在 80 年代之后，年和季节性

洪水发生量级一直处于均值水平之上，但是发生次数却低于整个时期的均值。阿拉尔水文站冬季洪峰流量在 1990 年之后，大部分处于整个时期均值水平之下，洪水较为贫乏。

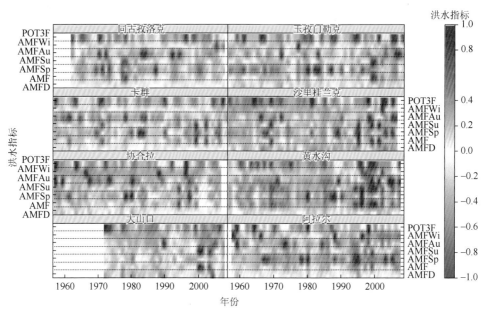

图 13-4　各水文站点洪水指标距平值时间变化图

绿色表示洪水指标低于均值，红色表示洪水指标高于均值

　　不同时期内洪水量级和频率发生特征处于不同的状态："丰富"或者"贫乏"。因此，采用基于 21 年时间窗口的滑动 Mann-Kendall 来识别洪水特征处于"丰富"或者"贫乏"的状态是否达到显著性水平及持续时间的长短（图 13-5）。同古孜洛克水文站秋季和冬季洪峰流量在 1962～1972 年滑动到 1972～1992 年呈下降或者显著下降趋势，而年、春季和夏季最大洪峰流量则在 1963～1987 年滑动到 1978～1998 年呈下降或者显著下降趋势；值得注意的是，冬季洪峰流量从 1975 年开始呈持续显著上升趋势（图 13-5，同古孜洛克）。玉孜门勒克大部分洪水指标体现在 3 个阶段：1957 年滑动到 1972 年（持续上升趋势，"丰富"）、1973 年滑动到 1981 年（持续下降趋势，"贫乏"）和 1982 年滑动到 1988 年（持续显著上升趋势，"丰富"）（图 13-5，玉孜门勒克）。卡群水文站在 1983 年以后，大部分洪水指标由 1970 年滑动到 1982 年持续下降（"贫乏"）转变为 1983 年以后持续上升（"丰富"）（图 13-5，卡群）。沙里桂兰克和黄水沟水文站洪水指标则具有相似的变化特征，在 1963 年滑动到 1974 年呈持续下降状态，在 1975 年之后转变为持续显著上升，处于稳定"丰富"状态（图 13-5，沙里桂兰克和黄水沟）。协合

拉水文站所有洪水指标自 1972 年开始,处于持续上升趋势,但是趋势强度不稳定,处于减弱状态（图 13-5,协合拉）。大山口水文站所有洪水指标自 1972 年开始处于持续显著上升趋势,洪水稳定处于"丰富"状态（图 13-5,大山口）。阿拉尔水文站洪水变化特征较为复杂,几乎不存在持续上升或者下降的趋势特征,因此洪水不具有明显的"丰富"或者"贫乏"状态。

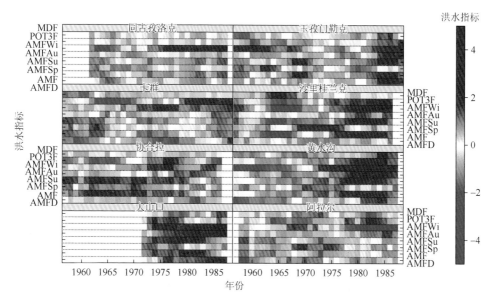

图 13-5　各水文站点洪水指标滑动 M-K 统计值时间变化图

以 21 年为时间窗口,依次向前滑动

13.2.3　洪水发生量级和次数分析

一般来讲,大洪水在成灾程度和范围上要远大于小规模洪水,因此图 13-6 给出了年和各季节量级大于 10 年一遇和实测以来最大 3 场洪水的时间和空间分布特征。同古孜洛克站年及各季节最大 3 场洪水集中在 1969～1978 年,2000 年以后冬季集中暴发大于 10 年一遇,以及出现了实测以来最大 3 场的洪水（图 13-6,同古孜洛克）。玉孜门勒克水文站重现期大于 10 年的洪水主要均匀分布在 1972 年以前,但是除春季洪水外（实测以来最大 3 场洪水连续出现在 1979～1982 年）,其他实测以来最大 3 场洪水集中暴发在 1998 年以后（图 13-6,玉孜门勒克）。卡群水文站和协合拉水文站实测以来最大三场洪水和重现期大于 10 年基本在整个实测时期内均匀分布,但是在 1993 年之后次数均较之前有所增加（图 13-6,卡群、协合拉）。沙里桂兰克、黄水沟和大山口 3 个水文站实测以来最大 3 场洪水和重现期大于 10 年的洪水几乎全部集中在 1993 年以后，它们面临着越来越大的洪水威胁（图 13-6，沙里桂兰克、黄水沟和大山口）。阿拉尔年最大和季节实测以来最大 3 场洪水，以及重现期大于 10 年的洪水在整个观测期内分布较为均匀，但是 1993～1999 年集中了 8 场实测以来的年及季节最大 3 场洪水（图 13-7，阿拉尔）。

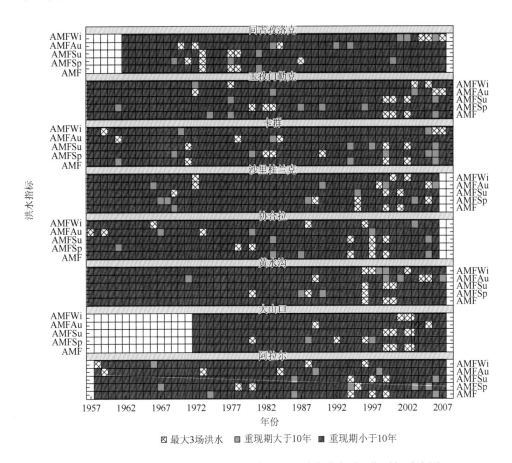

图 13-6 基于 GEV 分布的各水文站点年以及季节洪水重现期时间分布图

实测以来各水文站点最大 3 场洪水均表现为在时间上容易集中在某一时期（如同古孜洛克集中在 1969～1978 年，图 13-6），并且在同一年份同时发生在多个水文站点（如 1999 年，除同古孜洛克站外，其他 7 个水文站点均暴发了实测以来的最大 3 场洪水，图 13-6）。1999 年 7 月 13～30 日整个新疆高空气温迅速升高，导致高山积雪大量消融，与此同时，部分山区相继连降暴雨，导致新疆大部分地区发生融雪和降水混合型洪水灾害。阿克苏河、开都河等 25

条河流洪峰达到历史实测最大流量（新疆维吾尔自治区地方志编纂委员会，2002，2003）。因此，分析不同成因类型导致的洪水灾害对正确认识塔里木河洪水变化特征具有重要意义。图 13-7 统计了 1950～2000 年覆盖塔里木河流域 5 个地区（州）暴雨型（暴雨加融雪型）、升温型、溃坝型、以及三者累计洪水次数，同时给出了单场洪水造成严重灾害的分布年份和成因类型。单场洪水造成的灾害达到王秋香等划分的新疆洪水灾害分区标准——次重洪灾区标准（刘颖秋等，2005），即视为造成严重灾害。覆盖塔里木河流域 5 个地区（州）全称为阿克苏地区（阿克苏）、克孜勒苏柯尔克孜自治州（克州）、喀什地区（喀什）、和田地区（和田），以及巴音郭楞蒙古自治州（巴州）。从图 13-7 中可以看出，阿克苏地区洪水发生次数在所有地区中是最多、最频繁的，几乎每年都有洪水发生，喀什地区次之。克州、喀什、和田和巴州在 1980 年不管是暴雨型还是升温型，年洪水发生系数均较少，一般为 1～2 次，并且断断续续出现；进入 1980 年后，几乎每年都有洪水发生，暴雨使洪水发生次数明显上涨，一些年份暴雨使洪水每年发生 3～4 次。所有地区进入 1980 年以后，暴雨型和升温型洪水灾害发生次数都较之前明显增加，尤其是暴雨型洪水增加次数最为显著。从造成严重灾害的单场洪水来看，阿克苏地区受到的洪水灾害最为严重，达到 19 次；所有地区造成严重灾害的单场洪水均集中在 1985 年后，并且多由暴雨导致的洪水产生。

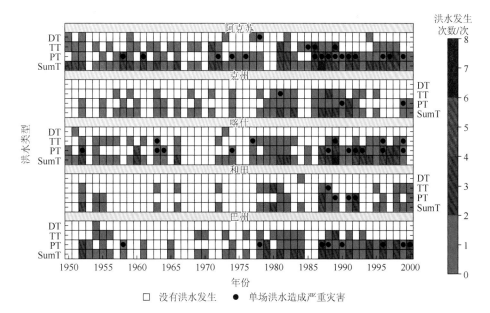

图 13-7　塔里木河流域 5 个地区（州）暴雨型（PT）、升温型（TT）、溃坝型（DT）及年发生总次数（SumT）的时间分布图

塔里木河流域各地区暴雨型、升温型、溃坝型、年发生洪水总次数时间趋势，以及每年因洪水灾害造成损失的时间趋势情况如下：克州升温型洪水发生次数呈显著上升趋势，其他 4 个地区暴雨型洪水发生次数及年洪水发生总次数均呈显著上升趋势。塔里木河流域暴雨次数的增加导致洪水灾害频发，其成为近几十年来塔里木河流域洪水暴发的主要原因，应该引起足够的重视。塔里木河流域 5 个地区每年因洪水造成的灾害损失（农作物受灾面积、倒塌房屋及损失牲畜）也呈上升趋势。阿克苏地区农作物受灾面积及死亡牲畜均呈显著上升趋势，巴州和喀什地区死亡牲畜也呈显著上升趋势。

13.3　洪水变化成因及影响研究

新疆洪水主要受降水、气温和山区积雪 3 个因素影响。暴雨型、升温型和暴雨升温混合型洪水分别占总洪水次数的 24%、39% 和 34%，总比例为 97%（温克刚和史玉光，2006）。本章所选塔里木河流域水文测站除阿拉尔水文站外，其余测站均位于流域出山口，较少受到人类活动干扰。以往的研究一致认为，新疆从 20 世纪 80 年代中期以后，气候由"暖干"向"暖湿"转换（施雅风等，2002）。近 50 年来，降水和气温均在增加，平均每年上升 0.67mm/a 和 0.27℃/10a（Tasker，1987）。因此，本章选择与 8 个水文站点最相近的 8 个气象站点 1961～2010 年的降水和气温数据，采用 21 种降水和气温指标来反映各个子流域的气候变化（图 13-8 和图 13-9）。位于南疆的和田河和叶尔羌河流域积雪深度比较浅薄，大部分都在 10cm 以下，但其却有着丰富的冰川，冰川面积分别为 5336.98km^2、5313.31km^2（沈永平等，2013a）。因此和田河和叶尔羌河流域补给来源主要为冰川消融，温度常常是洪水发生的主要成因。同古孜洛克水文站、玉孜门勒克水文站及卡群水文站各气温指标在 1991 年之后均呈明显上升趋势（图 13-9），其加剧了冰川消融，与此同时，CWD、PRCPTOT、R1 和 R5 在 80 年代中期也呈增加趋势（图 13-8），因而导致夏季、秋季和冬季洪峰流量呈上升或者显著上升趋势（图 13-2）。

阿克苏河位于天山南脉，主要受融雪和降水混合型补给。沙里桂兰克水文站和协合拉水文站 1993 年之后各降水指标明显增加（图 13-8），与此同时，各温度指标也呈上升趋势（图 13-9），因此年及夏季洪峰流量均呈上升趋势，洪水发生日期向前移动，并且受温度上升影响，融雪加剧，春季洪峰流量呈显著上升趋势（图 13-2）。开都河位于天山北脉，积雪量较大，最深处可达到 30cm 以上（Tasker，1987），是重要的径流补给来源。黄水沟和大山口水文站各降水指标和气温指标在 20 世纪 90 年代之后均呈上升趋势（图 13-8 和图 13-9），降水和融雪加强，导致年及四季洪峰流量均呈上升趋势或者呈显著上升趋势（图 13-2）。阿拉尔水文站位

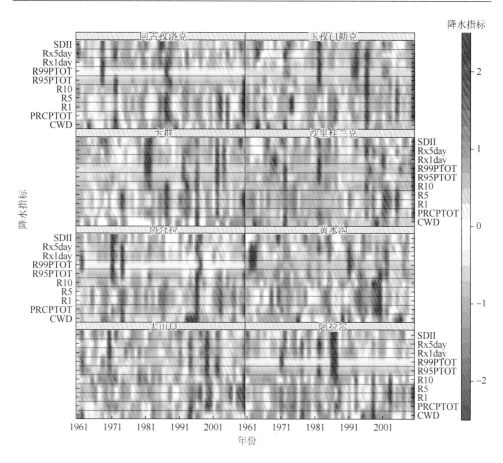

图 13-8　塔河流域各气象站点降水指标时间趋势变化图

绿色表示下降趋势，红色表示上升趋势

于塔里木河流域干流，汇集和田河、叶尔羌河和阿克苏河径流，上游存在大量灌区及多座大中型水库，洪峰流量受人类活动干扰较大，变化较为复杂。

由图 13-8 和图 13-9 可以看出，塔里木河流域位于中国西北内陆干旱区，自然灾害以干旱灾害为主，但是各降水和气温指标均在 20 世纪 90 年代之后有明显的上升趋势，导致塔里木河流域冰川退缩加剧，融雪量加大，径流补给加强，洪水灾害呈多发趋势，大量级洪水在 90 年代以后接连出现（图 13-6），降水和升温导致的洪水发生次数呈显著上升趋势（图 13-7），造成的灾害损失也呈显著上升趋势，与 50 年代相比，80 年代和 90 年代洪灾农田成灾面积分别增加 5.45 倍和 6.99 倍，受灾人口分别增加 190 倍和 198 倍（Durrans，1996）。因此，塔里木河流域气候变化引起的洪水响应，需要在未来水资源管理中加以考虑，并制定相应的对策。

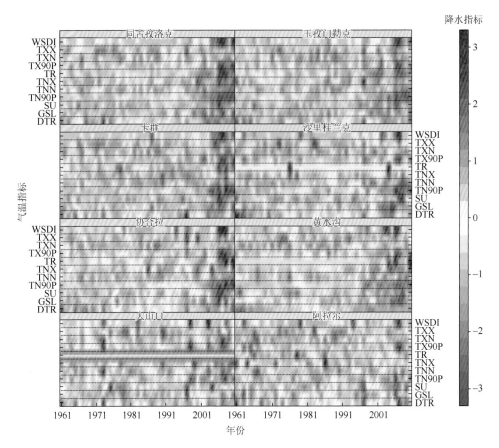

图 13-9　塔里木河各气象站点气温指标时间变化趋势图

绿色表示下降趋势，红色表示上升趋势

13.4　本 章 小 结

　　分析了新疆塔里木河流域洪水量级、频率和峰现时间变化特征，以及大量级洪水（重现期大于 10 年）发生的时间和空间分布特征，采用 21 种降水和气温指标分析气候变化对洪水特征的影响，得出以下结论。

　　（1）由于降水和温度普遍在 20 世纪 90 年代之后明显增加，塔里木河流域年及各季节洪水量级均普遍呈增加趋势或者显著增加趋势，年及夏季和冬季洪峰流量基本在 80 年代中后期之后发生突变。阿克苏河由于温度升高、融雪提前，年最大洪峰流量发生时间向前推移。

　　（2）1980 年之后，整个塔里木河流域年及季节最大洪峰流量均呈持续增加趋势，洪水处于"丰富"期，量级位于整个观测时期均值水平之上。其中，玉孜门勒克、沙里桂兰克、黄水沟和大山口持续增加趋势达到显著性水平，并且在 1980 年之前处于持续减少趋势，洪水处于"贫乏"期，量级位于整个观测时期均值水平之下。

（3）同古孜洛克水文站、卡群水文站和协合拉水文站大量级洪水（最大 3 场洪水和重现期大于 10 年的洪水）在整个观测时期内较为均匀分布，但是其余各水文站则集中在 1990 年以后，并且大量级洪水易在塔里木河流域多个流域水文站点同时出现。整个塔里木河流域各个地区在 1980 年之后暴雨型和降水型洪水发生次数与引发的洪水灾害损失明显增加，并均呈显著增加趋势。各个地区造成严重洪灾的洪水也集中在 1980 年之后，并且主要为暴雨型洪水所引发。气候变化使塔里木河流域洪水特征发生剧烈响应，洪水发生量级、频率及峰现时间均有较大改变，造成的洪灾损失显著增加，在未来的水资源管理和水利工程设计中应该充分加以考虑。

第 14 章　塔里木河流域洪水发生率变化特征及成因分析

气候变化加速水循环，导致极端水文气象事件（如洪水和干旱）发生更频繁、量级更大。Milly 等（2008）指出，气候变化逐渐破坏历史数据可以有效应用于供水、需水和风险管理这一基本假设。在洪水管理中，平稳性假设受到越来越多的挑战，以往的研究多集中于洪水量级的非平稳性分析（顾西辉等，2014b）。本章主要分析塔里木河流域洪水发生率演变特征及平稳性假设的有效性。所选 8 个水文站点除阿拉尔水文站外，其余站点均位于出山口，较少受到人类活动干扰，所以可以有效分析气候变化对洪水发生频率的影响。基于上述分析，本章将为塔里木河流域洪水管理、水资源分配和利用提供科学依据。

大气环流是影响气候变化的一个主要因素，新疆水文水资源受到大气环流背景的重要影响（温克刚和史玉光，2006）。陈亚宁等（2014）指出，冬季北大西洋涛动（North Atlantic oscillation，NAO）、北极涛动（Arctic oscillation，AO）与新疆降水和气温有密切关系。Ran 等（2015）指出，南方涛动指数（Southern oscillation index，SOI）和 NAO 对新疆气候和水文变化有一定影响。Kalra 等（2003）利用 NAO、SOI、大西洋年代际振荡（Atlantic multidecadal oscillation，AMO）和太平洋年代际振荡（Pacific decadal oscillation，PDO）对开都河径流进行预测。因此，本章选择冬季（12 月至翌年 3 月）NAO、AO、SOI 和 AMO 作为气候指标，分析大气环流对新疆塔里木河流域洪水发生次数的影响。1950～2010 年月尺度 NAO、AO、SOI 和 AMO 值来自 http://www.esrl.noaa.gov/psd/data/climateindices/list/。

14.1　研　究　方　法

14.1.1　非参数洪水发生率估计方法

核估计是用来平滑 POT 序列点过程数据的一种非参数方法。对于点过程数据密度的估计，如时间依赖性的极端事件发生率 $\lambda(t)$ 的计算如下（Mudelsee et al.，2003）：

$$\lambda(t) = h^{-1} \sum_{i=1}^{m} K\left(\frac{t - T_i}{h}\right) \tag{14-1}$$

式中，T_i 为第 i 场洪水发生的时间，单位为天；m 为 POT 抽样的洪水个数；$K(\cdot)$

为核函数；h 为核函数的窗宽。Gaussian 核函数是应用最广泛的核函数，能够有效利用傅里叶空间并对极端事件发生率 $\lambda(t)$ 产生一个平滑的估计：

$$K(y) = \frac{1}{\sqrt{2\pi}} \exp\left(-\frac{y^2}{2}\right) \tag{14-2}$$

式中，$y = \dfrac{t - T_i}{h}$。极端事件发生率 $\lambda(t)$ 表示在给定的时间 t，平均每天超过阈值的极端事件发生次数，单位为 d^{-1}。由于洪水发生次数常常以年尺度为单位，因此将洪水发生率 $\lambda(t)$ 乘以 365.25，表征意义为给定的时间 t，平均每年超过阈值的洪水发生次数。

POT 抽样数据的时间区间为 $[t_1, t_m]$，由于不存在区间以外的数据，在进行 $\lambda(t)$ 的计算时，往往会低估在边界附近的 $\lambda(t)$。因此，采取产生"虚拟数据"（pseudodata）的方法来有效减小边界处的估计误差。"映射"方法作为一种直接有效的方法用来产生"虚拟数据"（黄领梅等，2002）；pT 为 POT 抽样数据的时间区间 $[t_1, t_m]$ 边界之外的"虚拟数据"；在时间区间 $[t_1, t_m]$ 的左边，对于 $t < t_1$，$pT[i] = t_1 - [T_i - t_1]$；同理，对于边界右边数据（$t > t_m$）的延长采取同样的方式。延长后的数据长度是延长前数据长度的 1.5 倍。用延长后的数据估计 $\lambda(t)$ 的计算过程如下：

$$\lambda(t) = h^{-1} \sum_{i=1}^{m^*} K\left(\frac{t - T_i^*}{h}\right) \tag{14-3}$$

式中，T_i^* 为延长后序列的第 i 场洪水发生的时间，单位为天；m^* 为延长后序列的样本长度。在 $\lambda(t)$ 的估计中窗宽 h 的选择是一个重要的问题。窗宽 h 选择太小，则随机性影响太大，产生极不规则的形状；窗宽 h 选择太大，则过度平滑，淹没了密度的细节地方，所以应采用交叉验证方法确定窗宽 h（Buchanan and Davies，1995）。为了分析 $\lambda(t)$ 年际间的演变规律，去除年内季节性变化，窗宽 h 的取值应该大于 365.25 天。

14.1.2 Bootstrap 技术确定置信区间

用非参数核估计方法计算点过程数据-极端事件发生率 $\lambda(t)$，如果给出相应的不确定性分析，则可以进一步直观地展示极端事件发生率 $\lambda(t)$ 的置信度。用 Bootstrap 技术结合式（14-3）进行极端事件发生率 $\lambda(t)$ 的不确定性分析，过程如下（黄领梅等，2002）。

（1）对于延长后序列 T_i^*，用 Bootstrap 技术产生具有相同样本长度的模拟数据 T^+；

（2）用式（14-3）计算样本 T^+ 的极端事件发生率 $\lambda^+(t)$；

（3）重复第（1）步和第（2）步 2000 次，产生 2000 个样本 $\lambda^+(t)$；

（4）用分位数法计算样本 $\lambda^+(t)$ 90%置信度区间。

14.1.3 泊松回归

基于 T_{ij}（第 i 年第 j 场极端事件发生的时间），则极端事件每年发生的次数为

$$N_i(t) = \sum_{j=1}^{n_i} 1(T_{ij} \leqslant t) \tag{14-4}$$

t 的取值范围为[0，365 或 366]。极端事件发生次数序列常常符合泊松分布：

$$P(N_i = k | \Lambda_i) = \frac{e^{-\Lambda_i} \Lambda_i^k}{k!} \quad (k = 0,1,2,\cdots) \tag{14-5}$$

式中，Λ_i 为一个非负随机变量。泊松回归的响应变量是发生次数数据。在泊松回归中，Λ_i 与协变量的关系如下：

$$\Lambda_i = \exp[\beta_0 + \beta_1 h_1(x_{1,i}) + \beta_2 h_2(x_{2,i}) + \cdots + \beta_n h_n(x_{n,i})] \tag{14-6}$$

式中，$(x_{1,i}, x_{2,i}, \cdots, x_{n,i})$ 为协变量向量，如气候指标（本章为冬季 NAO、AO、SOI 和 AMO）。$(\beta_0, \beta_1, \cdots, \beta_n)$ 为协变量系数向量。广义可加模型（generalized additive models for location，scale and shape，GAMLSS）被广泛用来构建响应变量和协变量之间的回归关系，并识别最显著的协变量因子（Rigby and Stasinopoulos，2005；江聪和熊立华，2012）。

协变量的选择是关键的问题，协变量跟响应变量之间要具有物理成因意义。由于本章所选站点除阿拉尔水文站外，其余站点均位于出山口区域，因此水文水资源主要受气候变化的影响。而选择冬季 NAO、AO、SOI 和 AMO 作为反映大气环流背景对塔里木河流域水文水资源影响的指标，有研究已经证明上述指标对新疆气候和水文有重要影响（陈亚宁和徐宗学，2004；陈忠升等，2011；施雅风等，2002）。新疆塔里木河流域洪水发生季节一般集中在 5~9 月，选择冬季气候指标能够对当年洪水发生次数的信息做短期预测，从而有利于促进洪水管理。另外，新疆洪水主要受降水、气温和山区积雪融水 3 个因素的影响。暴雨型、升温型和暴雨升温混合型洪水分别占总洪水次数的 24%、39%和 34%，总比例为 97%（施雅风等，2003）。因此，选择年总降水量、极端降水发生次数和冬季平均日平均温度（冬季温度的升高有效拉升了年均温度）（施雅风等，2002）作为表征降水和气温对新疆塔里木河流域水文水资源影响的指标。综上所述，本章考虑 4 种形式的协变量：Λ_i 为不变的常量（稳定性模型 Model 0）；Λ_i 以时间 t 为协变量，随时间 t 而变化（非稳定性模型 Model 1）；Λ_i 以气候指标（冬季 NAO、AO、SOI 和 AMO）为协变量（非稳定性模型 Model 2）；Λ_i 以年总降水量、极端降水发生次数（日降水序列的 POT 抽样序列）和冬季（12 月至翌年 3 月）平均日平均温度为协变量（Model 3）。

三次立方样条函数被用来作为平滑函数$[h_n(x_{n,i})]$，最小信息准则（Akaike information criterion，AIC）用来判别最优模型和最显著协变量，残差诊断（Worm）图用来判断 AIC 识别的最优模型的拟合质量（Chow et al.，1988；Tasker，1987；Pearson，1995）。

14.2　洪水发生率的变化特征

14.2.1　POT 抽样数据的初步分析

通过试算，分别绘制洪水平均每年发生次数（AOA）与阈值曲线、超定量样本超过部分均值（MRL）与阈值曲线和分散指数（DI）与阈值曲线变化图（图 14-1）。以同古孜洛克水文站为例［图 14-1（a）］，AOA 与阈值曲线显示阈值处于 200～300m³/s 时，洪水平均每年发生次数处于 2.4～3.0。与此同时，超定量样本超过部分均值随着阈值的增加而下降，且存在较好的线性函数关系。从分散指数与阈值的曲线图可知，当阈值为 292m³/s 时，分散指数处于 95%置信度区间内，即年超定量发生次数符合泊松分布。因此，综合判定同古孜洛克水文站阈值取 292m³/s。采用与同古孜洛克水文站阈值判定相同的过程，由图 14-1 判定玉孜门勒克、卡群、沙里桂兰克、协合拉、黄水沟、大山口、阿拉尔各水文站［图 14-1（b）～图 14-1（h）］阈值应分别为 137m³/s、659m³/s、330m³/s、290m³/s、40.5m³/s、225m³/s 和 534m³/s（表 13-1）。极端降水发生次数 POT 抽样过程与洪水发生次数 POT 抽样是相同的，同古孜洛克、玉孜门勒克、卡群、沙里桂兰克、协合拉、黄水沟、大山口和阿拉尔各水文站降水阈值分别为 3.43mm、4.77mm、4.49mm、14.46mm、5.53mm、17.48mm、13.82mm 和 3.89mm。

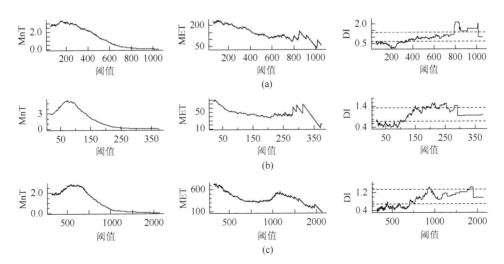

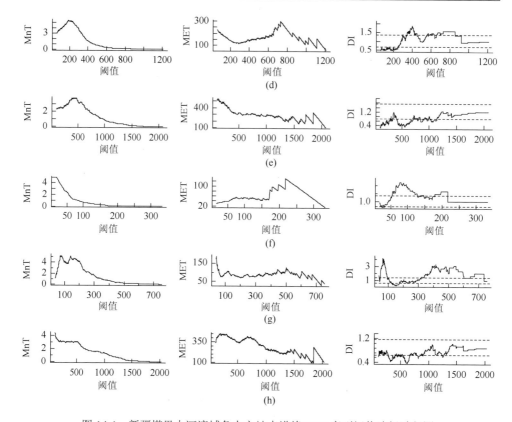

图 14-1　新疆塔里木河流域各水文站点洪峰 POT 序列阈值选择过程图

（a）～（h）依次为同古孜洛克、玉孜门勒克、卡群、沙里桂兰克、协合拉、黄水沟、大山口、阿拉尔

通过 POT 抽样技术对日流量和日降水序列进行抽样，可以获取极端事件发生时间序列和每年极端事件发生次数序列。通过 5 年滑动平均和 loess 函数对极端事件发生次数序列分别做平滑和拟合，分析极端事件发生次数的变化特征。同时，用修正 Mann-Kendall 法对 5 年滑动平均序列进行趋势分析。图 14-2 给出了洪水发生次数序列的时间变化特征图。塔里木河流域几乎所有水文站点洪水发生次数均有两个高峰期：20 世纪 60 年代左右和 90 年代左右。所有水文站点在 20 世纪 70～80 年代均表现为在 2～3 次进行震荡。由 loess 曲线可知，进入 21 世纪后，除大山口水文站，其余各水文站洪水发生次数均有不同程度的回落趋势。就整个观测时期总的来看，同古孜洛克水文站、协合拉水文站和阿拉尔水文站洪水发生次数呈下降趋势（修正 Mann-Kendall 统计值 Z 值小于 0），其中协合拉水文站和阿拉尔水文站呈显著下降趋势（修正 Mann-Kendall 统计值 Z 值小于 -1.96）；其余各水文站呈上升趋势（修正 Mann-Kendall 统计值 Z 值大于 0），除卡群水文站外均呈显著上升趋势（修正 Mann-Kendall 统计值 Z 值大于 1.96）。

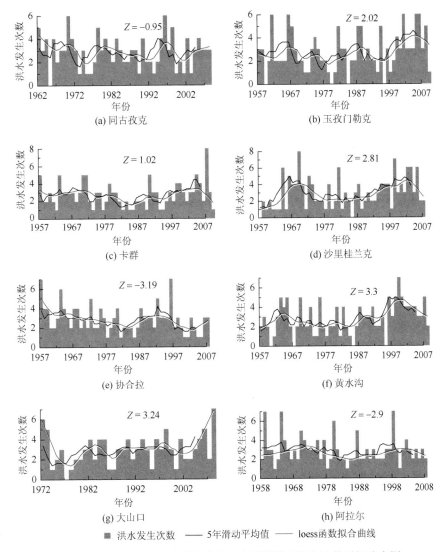

图 14-2　新疆塔里木河流域各水文站点极端洪水发生次数时间分布图

黑色线为 5 年滑动平均值，Z 值为 5 年滑动平均值的 M-K 统计值，
Z 绝对值大于 1.96 表示趋势具有显著性。红色线为 loess 函数拟合值，自由度 $f = 0.2$

　　通过统计覆盖整个塔里木河流域 5 个州实际发生的洪水次数，研究区域洪水发生次数的时间演变规律（图 14-3）。阿克苏地区、克州和喀什地区洪水发生次数具有相似的时间演变特征：分别在 1960 年和 1990 年左右达到两个顶峰；从 1980 年开始洪水发生次数有一个迅猛增长的过程，洪水集中大量发生，其规模是 1980 年以前的 2 倍左右；从 1995 年开始有一个回落过程。和田地区在 1980 年以前洪水发生次数较少，甚至多数年份没有发生洪水，但是 1980 年以后几乎每年都有洪水发

生，在 1990 年左右达到顶峰，洪水发生次数一年最高有 5 次之多。巴州洪水发生次数在 1955 年和 1988 年左右达到两个顶峰；从 1960 年开始直到 1988 年洪水发生次数有一个快速上升过程，1988 年达到顶峰后一直在高位震荡，没有出现回落过程。就整个记录时期（1950~2000 年）总的来看，覆盖塔里木河流域 5 个州的洪水发生次数均呈显著增加趋势（修正 Mann-Kendall 统计值 Z 值大于 1.96）。塔里木河流域洪水发生次数已经呈现非平稳性过程，这将对洪水资源管理和防洪提出新的挑战。

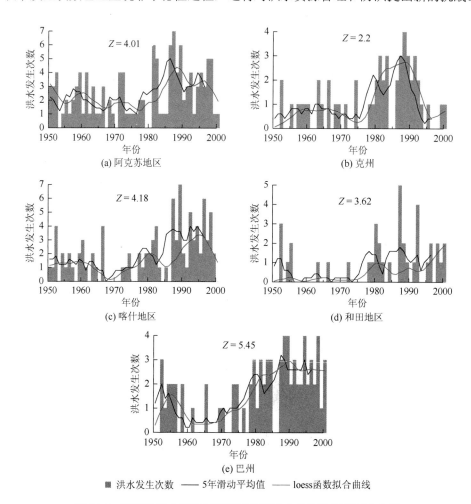

图 14-3　新疆塔里木河流域各区域极端洪水发生次数时间分布图

黑色线为 5 年滑动平均值，Z 值为 5 年滑动平均值的 M-K 统计值，Z 绝对值大于 1.96 表示趋势具有显著性。
红色线为 loess 函数拟合值，自由度 $f = 0.2$

　　对于极端降水发生次数时间演变特征的分析有助于理解洪水发生次数的规律（图 14-4）。从 5 年滑动平均曲线可知，各站点极端降水发生次数在 20 世纪 90 年代是一个集中增加并达到顶峰的时期。除大山口站，1970～1990 年极端降水发生次数多在 2 次左右进行震荡，并且在进入 21 世纪后均有一个回落的过程。这一过程与站点洪水发生次数基本是吻合一致的。

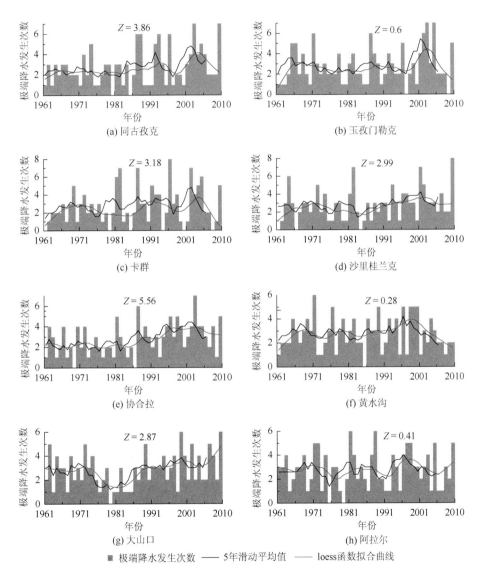

图 14-4　新疆塔里木河流域各气象站点极端降水发生次数时间分布图

黑色线为 5 年滑动平均值，Z 值为 5 年滑动平均值的 M-K 统计值，
Z 绝对值大于 1.96 表示趋势具有显著性。红色线为 loess 函数拟合值，自由度 $f = 0.2$

POT 时间序列基础分析的另一个方面主要集中在泊松过程的发生率参数。具

有固定独立的增量的发生次数序列，也就是说，事件在某个区间的发生总量大小仅仅取决于区间的长度，则事件发生次数序列是一个稳定的泊松过程，其发生率参数 λ 是常量。反之，在泊松过程中，如果引进时间依赖性的变量，即泊松过程的发生率参数 λ 是时间的函数 $\lambda(t)$，则泊松过程是非平稳性过程。当泊松过程是平稳性过程时，变量 $w_i = (T_i - t_1)/(T_m - t_1)$（POT 时间序列的标准化）则服从区间 $[0, 1]$ 的均匀分布。通过 Kolmogorov-Smirnov 检验 w_i 的经验分布函数 $\hat{F}(w_i)$（empirical distribution function）是否服从均匀分布函数 $F(w) = w$，$0 \leqslant w \leqslant 1$，以此判别极端事件发生时间序列是否具有非平稳性（表 14-1）。从表 14-1 中可以看出，玉孜门勒克、沙里桂兰克及黄水沟水文站 K-S D 值大于 0.1 显著性，POT 抽样时间序列具有非平稳性，卡群、协合拉及阿拉尔水文站 K-S D 值基本接近 90% 的显著性检验，表明洪水发生率具有非平稳性特征。对于降水 POT 抽样时间序列，同古孜洛克、卡群、沙里桂兰克、协合拉及大山口水文站 K-S D 值大于 0.1 临界值，表明极端降水发生率具有非平稳性特征。值得注意的是，所有区域 K-S D 值都明显高于 0.1 临界值，表明区域洪水发生率有强烈的非平稳性特征。

表 14-1　极端事件发生时间的 Kolmogorov-Smirnov 统计检验（K-S D 值）

站点	径流序列		降水序列		区域	区域洪水发生次数	
	K-S D 值	0.1 临界值	K-S D 值	0.1 临界值		K-S D 值	0.1 临界值
同古孜洛克	0.047	0.092	**0.116**	0.091	阿克苏	**0.164**	0.094
玉孜门勒克	**0.092**	0.088	0.079	0.091	克州	**0.222**	0.125
卡群	0.071	0.089	**0.107**	0.091	喀什	**0.242**	0.102
沙里桂兰克	**0.112**	0.087	**0.107**	0.090	和田	**0.309**	0.130
协合拉	0.079	0.089	**0.130**	0.090	巴州	**0.266**	0.110
黄水沟	**0.120**	0.088	0.042	0.091			
大山口	0.070	0.102	**0.098**	0.090			
阿拉尔	0.061	0.087	0.044	0.091			

注：加粗数字表示 K-S D 值大于 0.1 临界值，极端事件发生时间序列不服从均匀分布。

14.2.2　洪水发生率的非平稳性特征

基于日流量和日降水数据，通过 POT 抽样获取极端事件发生时间数据，然后用核估计和 Bootstrap 技术估计极端事件发生率 $\lambda(t)$ 及相应的不确定性（置信区间）。图 14-5 给出了塔里木河流域各水文站点洪水发生率 $\lambda(t)$ 的时间变化特征。从图 14-6 中可以看出，通过"虚拟数据"可以有效矫正 $\lambda(t)$ 的边界估计误差。另外，洪水发生率呈现明显的年际间变化特征，如玉孜门勒克水文站进入 21 世纪后，洪水发生率达到最高峰，甚至高于 1990 年的 90%置信区间的上限。除同古孜洛克水文站洪水发生率表现较为平稳外，其余站点均表现出较强的非平稳性泊松过程：①洪水发生率从 1990 年左右开始，均有一个上升的过程，并达到峰值，意味着洪水发生频率更高、强度更大；②除大山口水文站外，其余站点洪水发生率在 1970 年左右达到一个小峰值，然后下降，直到 1980 年左右降到最低；③所有站点在 2000 年以后洪水发生率开始下降，意味着洪水发生频率回落，强度降低。

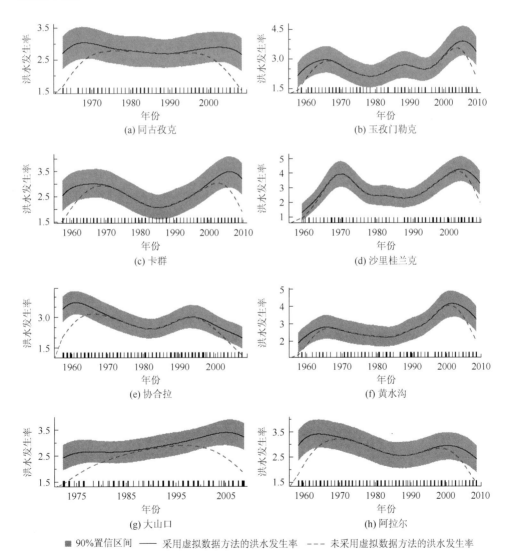

图 14-5　新疆塔里木河流域各水文站点洪水发生率时间分布图

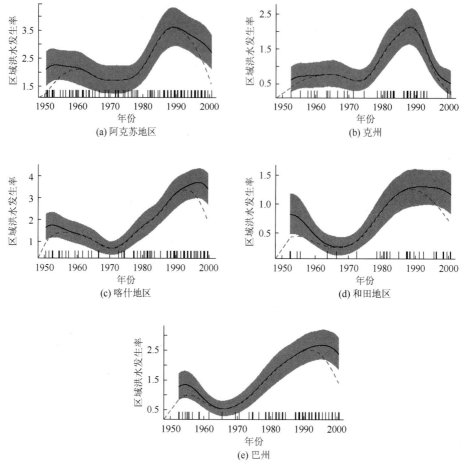

图 14-6　新疆塔里木河流域各区域洪水发生率时间分布图

　　从区域洪水发生率来看，洪水发生率的非平稳性更加显著（图 14-6）。覆盖整个塔里木河流域的 5 个区域洪水发生率的时间变化特征具有非常高的相似性：①1950～1970 年处于下降趋势，到 1970 年左右洪水发生率达到最低值，意味着洪水发生频率达到记录以来的最低水平，洪水活动的强度最低；②1970 年左右，洪水发生率有一个陡然升高的过程，一直持续到 1995 年左右，并在 1995 年左右达到峰值，意味着洪水发生频率达到记录以来的最高值，强度最强；从 1995 年开始，洪水发生率又开始回落，洪水发生频率减弱。由于 5 个区域均表现相似的特征，可以认为整个塔里木河流域 1950～2000 年洪水发生率具有跟上述 5 个区域相同的过程。

　　新疆洪水主要受降水、气温和山区积雪融水 3 个因素的影响。暴雨型、升温

型和暴雨升温混合型洪水分别占总洪水次数的 24%、39% 和 34%，总比例为 97%
（施雅风等，2003）。分析极端降水发生率的时间变化特征（图 14-7），有助于理解
站点洪水发生率是否受到极端降水发生率的主导。极端降水发生率的非平稳性特
征要比极端洪水发生率更加明显。比较图 14-5 和图 14-7，玉孜门勒克、沙里桂兰
克和黄水沟水文站洪水和极端降水发生率具有相似的特征，可以初步认为极端降
水过程对洪水发生有重要影响。同古孜洛克水文站、卡群水文站、协合拉水文站
和大山口水文站极端降水发生率和洪水发生率具有较大的差异性，洪水发生应该
还受到其他因子的重要影响，如温度、冰湖溃决等。

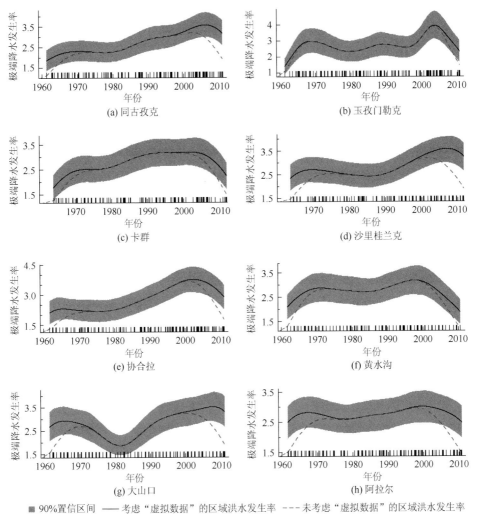

图 14-7　新疆塔里木河流域各气象站点极端降水发生率时间分布图

14.3　洪水发生次数归因分析

14.3.1　洪水发生次数与气候变化之间的关系

由于塔里木河流域各水文站点主要位于出山口区域，所以洪水过程主要受到气候变化的影响。冬季 AO 与新疆冬季温度呈正相关，且对降水有一定影响（施雅风等，2002），因此图 14-8 初步展示了冬季 AO 与塔里木河流域各水文站点洪水发生次数的关系。从图 14-8 中可以看出，除大山口水文站外，其余站点在冬季 AO 位于负相位时有更多的洪水发生，相比冬季 AO 位于正相位洪水发生的次数。尽管冬季 AO 没有展现出与洪水发生次数有很强的相关关系，但是大部分站点均表现出如下特征：①低于平均水平的洪水发生次数（MNF<1）的年份主要集中在冬季 AO 的负相位；②洪水发生次数高于平均水平的年份（MNF>1）也集中在冬季 AO 的负相位。冬季 AO 与塔里木河流域洪水发生次数的关系还需要进一步定量化研究。除了冬季 AO 对新疆洪水有一定影响外，冬季 NAO、SOI 和 AMO 对新疆洪水也有一定的影响（施雅风等，2002；陈亚宁和徐宗学，2004；陈忠升等，2011）。因此，采用 GAMLSS 模型定量建立塔里木河流域洪水发生次数与气候指标之间的回归关系（Model 2），并识别与洪水发生次数最显著的气候因子。

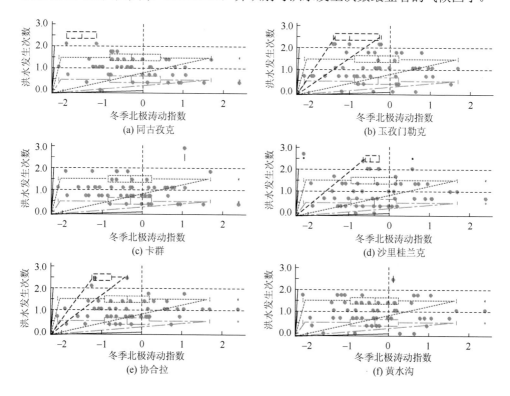

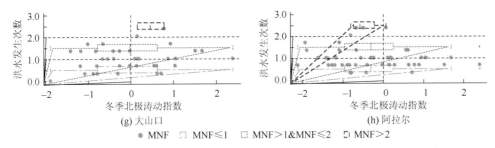

图 14-8　新疆塔里木河流域各水文站点洪水发生次数随冬季 AO 指标时间分布图

本章构建 4 种 GAMLSS 模型分析水文站点洪水发生次数序列和协变量之间的关系：平稳性模型（Model 0）和非平稳性模型（Model 1、Model 2 和 Model 3）。表 14-2 综合了 4 种 GAMLSS 模型的拟合 AIC 值、Filliben 系数及和协变量之间的函数关系等信息。在表 14-2 Model 3 中，$x1$、$x2$ 和 $x3$ 分别表示 POT 抽样的极端降水发生次数、年平均降水量及冬季日平均温度的均值。从表 14-2 中可以看出，在 Model 2 中，AMO 是最优协变量站点最多的气候指标，共有 4 个站点，其次是 AO，共有 3 个站点；在 Model 3 中，年平均降水量和冬季日平均温度的均值是最优协变量站点最多的气候指标，均分别有 4 次。从 AIC 值上看，仅以时间为协变量的 Model 1 的 AIC 在大部分站点均高于平稳性模型 Model 0，说明 Model 1 没有改善站点洪水发生次数的拟合质量。在大部分站点，分别以气候指标及降水和气温指标为协变量的 Model 2 和 Model 3 的 AIC 值小于平稳性模型 Model 0，尤其是考虑降水和气温指标的 Model 3，其 AIC 值明显低于平稳性模型 Model 0，说明在分析站点洪水发生次数时，考虑物理成因的协变量能够有效地改善模型的拟合效果，从而有利于对洪水发生次数的理解。

表 14-2　4 种不同的 GAMLSS 模型对站点洪水发生次数序列的拟合信息

站点	Model 0		Model 1		Model 2			Model 3		
	AIC	Filliben	AIC	Filliben	AIC	Λ_i	Filliben	AIC	Λ_i	Filliben
同古孜洛克	168	0.99	174	0.99	**165**[*]	AO+AMO	0.98	169	$x3$	0.99
玉孜门勒克	203	0.98	205	0.99	**203**	AMO	0.99	**186**[*]	$x1$	1.00
卡群	186	0.98	188	0.99	**182**	AMO	0.98	**174**[*]	$x3$	0.98
沙里桂兰克	205	0.99	**197**	0.99	**200**	SOI	0.99	**183**[*]	cs($x2$)	0.99
协合拉	180	0.99	181	0.99	182	AO	0.98	**162**[*]	$x2$	0.99
黄水沟	197	0.98	197	0.99	**195**	AMO	0.99	**169**[*]	$x2+x3$	1.00
大山口	138	0.99	139	0.98	139	AO	0.99	**138**[*]	$x3$	0.99
阿拉尔	181	0.96	186	0.97	**179**	NAO+SOI	0.99	**168**[*]	$x2$	0.96

注：加黑数值表示 AIC 小于或者等于 Model 0，带*的数字表示 AIC 值在 4 种模型中最小。AIC 值为最终确定的最优模型的 AIC 值，Filliben 系数用来判别最优模型的拟合效果（Filliben 系数大于 0.95，表明模拟拟合效果较好），cs（）表示三次立方样条函数，没有 cs 表示线性关系。

图 14-9 给出了塔里木河流域各水文站点 4 种 GAMLSS 模型拟合质量残差判

别图（与表 14-2 相对应）。残差图的判别标准为橙色圆点随红色实线而变化，且在两条黑色虚线之间（95%置信区间），说明模型拟合质量较好。从图 14-9 中可以看出，4 种模型的拟合质量均满足要求，且从 Filliben 系数来看（表 14-2），所有模型的 Filliben 系数均高于 0.95，同样说明模型拟合质量满足分析要求。

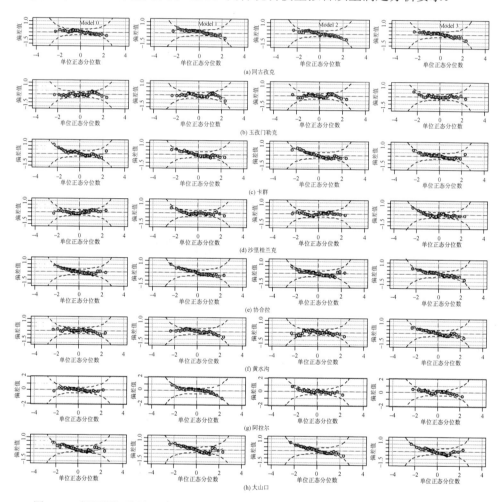

图 14-9　新疆塔河流域 4 种 GAMLSS 模型（Model 0、Model 1、Model 2 和 Model 3）
对水文站点洪水发生次数拟合质量残差图

图 14-10 给出了分别以时间（Model 1）和气候指标（Model 2）为协变量的水文站点洪水发生次数拟合效果。Model 1 能够初步反映洪水发生次数的时间特征。从 Model 1 中可以看出，从 1990 年左右开始，洪水发生次数有一个阶梯上升的过程；但是大部分站点在 1990 年前，洪水发生次数分位数（5%和 95%）是一个较为平稳的直线，较难反映洪水发生次数的随机过程。将额外的协变量气候指标纳

入到模型中（Model 2）则能明显改善这种情况，能更充分地抓住洪水发生次数的波动和离散特征。例如，同古孜洛克水文站，洪水发生次数从 1990 年开始处于波动上升趋势，而以时间为协变量的模型 Model 0 则一直为平稳性直线，无法体现出洪水发生次数的起伏状态。Model 2 同时反映出最显著识别因子对洪水发生次数的拟合有非常好的效果。由于冬季气候指标（12 月至翌年 3 月）往往可以先于当年洪水发生时间（一般为 5～9 月）。因此，可以基于这种较好的拟合效果和回归关系，用冬季气候指标对当年洪水发生次数做一个概率预测，从而对防洪减灾进行指导。

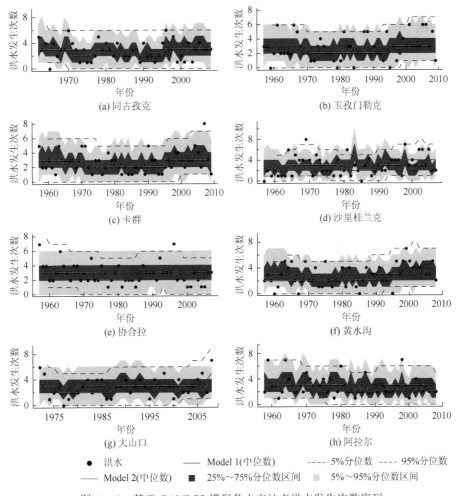

图 14-10　基于 GAMLSS 模型各水文站点洪水发生次数序列

图 14-11 给出了以降水和气温指标为协变量（Model 3）水文站点洪水发生率效果。从图 14-11 中可以看出，Model 3 对洪水发生次数的拟合效果相比 Model 2 具有波动性和离散性。从表 14-2 中也可以看出，Model 3 的 AIC 值是 4 种模型中

最小的，进一步说明了 Model 3 应该更充分地抓住洪水发生次数序列的时间变化特征。尤其对于玉孜门勒克水文站、沙里桂兰克水文站及黄水沟水文站，Model 3 对洪水发生次数序列的波动特征反映得更充分。例如，20 世纪 70 年代是洪水活动加强的一个波峰，90 年代洪水活动达到一个更强的水平。大气环流因子一般更直接影响降水和气温，从而间接影响洪水过程，而降水和气温能够直接影响洪水发生，因此，洪水发生过程对降水和气温的变化更敏感。由于降水和气温对洪水发生次数具有较好的拟合效果，因此可以基于 GCMs（global circulation models）未来情景降水和气温资料对洪水发生次数进行中长期概率预测，为未来中长期洪水资源管理提供一个参考指南。尽管这种预测有很大的不确定性，但是"粗糙的正确远比精确的错误重要"（Maia and Meinke，2010）。

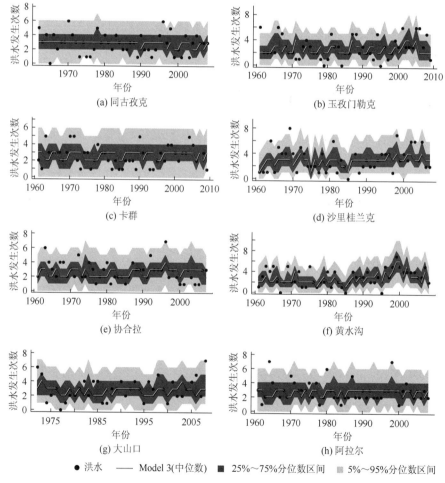

图 14-11　基于 GAMLSS 模型以降水和气温指标为协变量（Model 3）
拟合各水文站点洪水发生次数序列

对于区域洪水发生次数，本章构建了 3 种 GAMLSS 模型（除去降水和气温为协变量的 Model 4）分析区域洪水发生次数序列与协变量之间的关系。与表 14-2 一致，表 14-3 综合了 3 种 GAMLSS 模型的拟合 AIC 值、Filliben 系数及和协变量之间的函数关系等信息。从表 14-3 中可以看出，在 Model 2 中 NAO 和 SOI 是 5 个区域最显著的协变量，AO 和 AMO 则对区域洪水发生次数没有显著影响。从 AIC 值来看，不论是以时间为协变量的 Model 1，还是以气候指标为协变量的 Model 2，两者 AIC 值均明显比平稳性 Model 0 小，说明区域洪水发生次数呈现无可争议的非平稳性。

表 14-3　3 种不同的 GAMLSS 模型对站点洪水发生次数序列的拟合信息

区域	Model 0		Model 1		Model 2		
	AIC	Filliben	AIC	Filliben	AIC	参数	Filliben
阿克苏	201	0.972	**197**[*]	0.989	**199**	NAO	0.988
克州	141	0.997	**131**[*]	0.989	**139**	NAO+SOI	0.991
喀什	196	0.977	**179**[*]	0.996	**190**	cs（NAO）+cs（SOI）	0.989
和田	132	0.985	**123**[*]	0.994	**123**	cs（SOI）	0.990
巴州	169	0.984	**153**[*]	0.977	**157**	NAO+SOI	0.986

注：加黑数值表示 AIC 小于或者等于 Model 0，带*的数字表示 AIC 值在 4 种模型中最小。AIC 值为最终确定的最优模型的 AIC 值，Filliben 系数用来判别最优模型的拟合效果（Filliben 系数大于 0.95，表明模拟拟合效果较好），cs（）表示三次立方样条函数，没有 cs 表示线性关系。

图 14-12 给出了塔里木河流域各区域 3 种 GAMLSS 模型拟合质量 worm 判别图（与表 14-3 相对应）。从图 14-12 中可以看出，3 种模型的拟合质量均满足要求，且从 Filliben 系数来看（表 14-3），所有模型的 Filliben 系数均高于 0.95，同样说明模型拟合质量满足分析要求。

图 14-13 给出了分别以时间（Model 1）和气候指标（Model 2）为协变量的区域洪水发生次数拟合效果。从 Model 1 来看，以时间为协变量的模型拟合区域洪水发生次数从 1980 年代开始有一个阶梯上升过程，然后在 1995 年之后有一个阶梯下降的趋势，尤其是 95%分位数线。对于 Model 2，区域洪水发生次数无论是 50%分位数线还是 95%分位数线均是剧烈波动的，且在波动中上升。尤其是 95%分位数线，能够有效地抓住极端值的变化特征。NAO 和 SOI 是仅有的两个对区域洪水发生次数有显著影响的气候因子，其能够有效地抓住区域洪水发生次数的变化特征，从而有利于对区域洪水发生次数做短期预测。

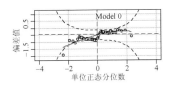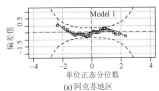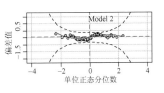

(a) 阿克苏地区

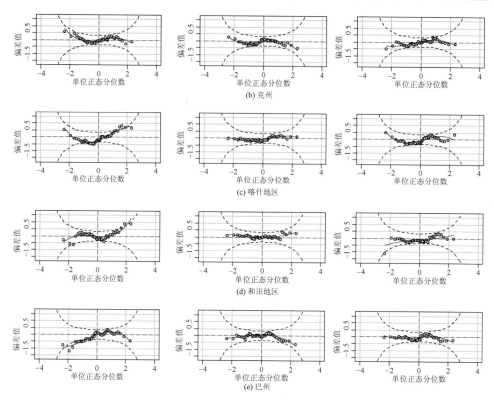

图 14-12　新疆塔河流域 3 种 GAMLSS 模型（Model 0、Model 1、Model 2 和 Model 3）对区域洪水发生次数拟合质量残差图

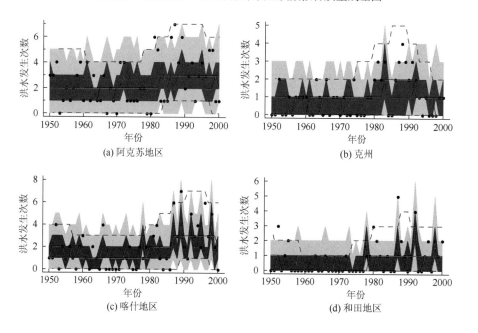

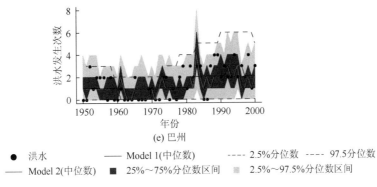

(e) 巴州

- ● 洪水　　　── Model 1(中位数)　　　---- 2.5%分位数　---- 97.5分位数
- ── Model 2(中位数)　　■ 25%~75%分位数区间　　▨ 2.5%~97.5%分位数区间

图 14-13　基于 GAMLSS 模型各区域洪水发生次数序列

14.3.2　非平稳性模型的预测效果

在洪水管理中，如果能够对洪水有一定程度的预测，将会有效地提升人类社会应对洪水的能力。在通过 GAMLSS 模型建立洪水发生次数与协变量之间的关系后，基于这种关系，用协变量就能够对洪水发生次数进行概率分位数预测。以气候指标为协变量为例，分别预测实测期后 15 年水文站点和区域洪水发生次数的分位数（图 14-14 和图 14-15）。从图 14-14 中可以看出，用水文站点前期实测洪水发生次数数据识别最显著的气候指标，基于已经建立的非平稳性模型，能够很好地抓住后 15 年洪水发生次数的分位数特征。所有水文站点预测的后 15 年分位数（5%~95%分位数）均能反映 20 世纪 90 年代以来洪水发生次数增多、呈上升趋势的特征，同时能够体现出洪水发生次数的波动性和离散性特征，而且 5%~95%分位数区间几乎包含所有实测的洪水发生次数序列，表明基于气候指标的非平稳性模型能够对洪水发生次数提供一个较好的预测效果。

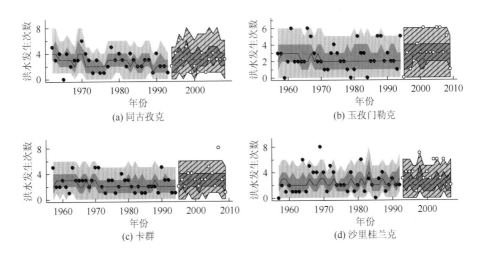

(a) 同古孜克

(b) 玉孜门勒克

(c) 卡群

(d) 沙里桂兰克

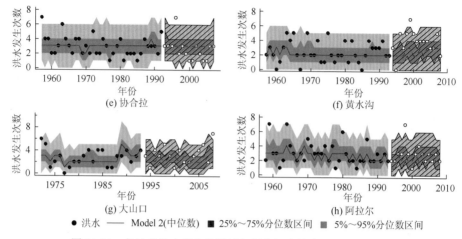

图 14-14　各站点洪水发生次数以气候指标为协变量（Model 2）
概率预测后 15 年洪水发生次数分位数图

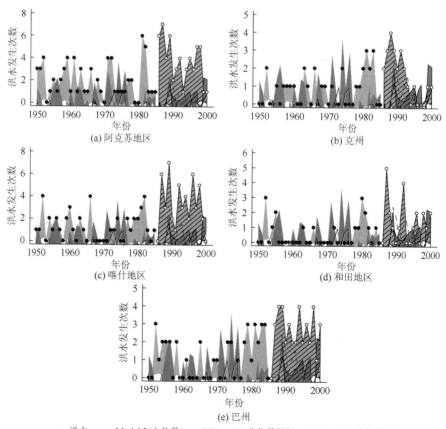

图 14-15　各区域洪水以气候指标为协变量（Model 2）预测后 15 年洪水发生次数分位数图

图 14-15 给出了基于气候指标为协变量,以 1950～1985 年为率定期拟合非平稳性模型,预测 1986～2000 年洪水发生次数分位数。与图 14-15 一致,非平稳性模型能够预测洪水发生次数是否存在较大的波动性和离散性。区域洪水发生次数与水文站点洪水发生次数有一个显著不同点:区域洪水发生次数在 20 世纪 80 年代之后有一个陡然增长的过程,在这之前均处于较低水平。因此,在预测洪水发生的变化时,如果不考虑物理因子为协变量(如气候指标等),则很难反映出预测期洪水发生次数的剧烈变化特征。从图 14-25 中可以看出,95%分位数对于极端值的模拟具有非常好的效果。但是在预测时,常常会面临一个难题:我们往往需要协变量的预测值,如气候指标的预测值,才能对洪水发生次数做一个中长期的预测。在本章的分析中,由于采用的是冬季气候指标值,所以可以采用这种方式对当年的洪水发生次数做一个短期预测。

14.4　本　章　小　结

采用 POT 抽样获得了洪水和极端降水事件发生时间和发生次数两种要素信息,采用核估计和 Bootstrap 技术分别评价极端事件发生时间的非平稳性和不确定性,并用 GAMLSS 模型建立极端事件发生次数与时间、气候指标和降水、气温指标等协变量之间的模型并识别最显著的协变量,从中得出一些有意义的结论。

(1)塔里木河流域水文站点洪水发生次数几乎存在两个高峰期:20 世纪 60 年代左右和 90 年代左右。在两个峰期之间,洪水发生次数在 2～3 次进行震荡。覆盖塔里木河流域 5 个区域的洪水发生次数变化过程出现的两个峰期与水文站点洪水发生次数基本吻合,但是区域洪水发生次数在 1980 年之后的增加速率和增加次数远高于水文站点洪水发生次数。极端降水发生次数过程尤其在 90 年代与水文站点有较高的相似性。

(2)塔里木河流域水文站点洪水发生率已经出现不均匀的泊松过程,即洪水发生率是非平稳性的,如玉孜门勒克、沙里桂兰克及黄水沟水文站等。区域洪水发生率非平稳性过程更显著。水文站点和区域洪水发生率均具有相似的变化特征:从 1990 年左右持续上升并达到峰值,意味着洪水发生频率更高、强度更大。区域洪水发生率在这一时期的上升速率远高于水文站点。

极端降水发生率过程跟大部分水文站点并不完全一致,塔里木河流域洪水发生率还受其他因子的影响。

(3)以气候指标或者降水、气温指标为协变量的模型,均能很好地抓住洪水发生次数的变化特征。对于水文站点洪水发生次数,冬季 AMO 和 AO 是最显著的影响因子;对于区域洪水发生次数,冬季 NAO 和 SOI 是仅有的最显著的影响因子。从 AIC 值来看，相比气候指标，洪水发生次数对降水和气温指标更敏感，拟合效果更好。

（4）考虑物理影响因子（如气候指标、降水指标、气温指标等）的非平稳性模型在对洪水发生次数进行预测时，往往具有较好的预测效果，能够充分抓住洪水发生次数序列的离散性和波动性特征，以及极端值的变化特征。这一性质将对以后的洪水管理具有重要的预测和指导价值。

第15章 塔里木河流域洪水发生的时间集聚性及成因研究

新疆洪水发生次数和量级趋势特征在前文中已做了相关研究，即洪水发生频次增加和洪峰流量增大（陈亚宁等，2009；顾西辉等，2015）。这种频次和量级的增加在时间上的集聚性特征则缺少研究。一般认为，洪水发生次数符合泊松过程，即洪水发生次数在时间上是随机的，洪水发生率是常量（平稳性泊松过程）（Silva et al.，2012）。由于洪水发生成因，如降水等在空间和时间上具有集聚性，洪水发生时间和次数则具有非平稳性泊松过程特征，即洪水发生率随时间动态变化，集聚性用来表征洪水发生时间和次数的泊松过程的非平稳性（Villarini et al.，2013）。极端事件发生时间的集聚性特征将对社会、经济和生态产生重要影响。在实际应用中，保险公司在设计与洪水有关的保险时，常认为洪水发生过程是随机的和平稳的，因此每个时间段的洪水保险费用基于这一点在设计上是恒定不变的；在考虑洪水发生时间的集聚性后（非平稳性泊松过程），将有效改善保险公司设计洪水有关的保险的合理性（Vitolo et al.，2009）。本章从洪水发生时间和发生次数两个方面分析洪水过程的时间集聚性：①洪水发生时间过程的集聚性特征分析；②筛选洪水发生率的最佳气候影响因子，分析洪水发生率的时间演变特征；③以最佳拟合气候因子为基础，对洪水发生时间的概率进行预测；④洪水发生次数过程的集聚性特征分析，以期为新疆塔里木河流域防洪救灾、农业生产等提供科学指导，为未来可能开展的洪水保险提供依据。

本章选择 NAO、AO 作为气候指标，分析大气环流对新疆塔里木河流域洪水发生时间的影响。1950～2010 年日尺度 NAO、AO 值来自 http：//www.esrl.noaa.gov/psd/data/climateindices/list/。将日尺度 NAO 和 AO 值，分别按照洪水发生日期前 15 天和前 30 天求取平均值（分别记为"NAO15""NAO30""AO15"和"AO30"），以分析气候指标在长时间尺度上对洪水发生时间的影响（表 15-1）。

表 15-1　新疆塔里木河流域水文站点和区域洪水记录数据详细信息

序号	水文站	简称	径流数据（年份）	区域	洪水记录数据（年份）
1	同古孜洛克	TG	1962～2008	阿克苏地区	1950～2000
2	玉孜门勒克	YZ	1957～2009	克州	1950～2000

序号	水文站	简称	径流数据（年份）	区域	洪水记录数据（年份）
3	卡群	KQ	1957~2009	喀什地区	1950~2000
4	沙里桂兰克	SL	1956~2007	和田地区	1950~2000
5	协合拉	XH	1956~2007	巴州	1950~2000
6	黄水沟	HS	1957~2008		
7	大山口	DS	1972~2008		
8	阿拉尔	AL	1958~2008		

15.1　研　究　方　法

15.1.1　Cox 回归模型

Cox 模型用来模拟点过程数据，并将外在的时间变化的成因信息纳入到洪水频率分析中（Smith，1986）。简而言之，Cox 回归模型就是洪水发生率随时间变化的泊松过程（非平稳性泊松过程）；在特殊的情况下，洪水发生率是恒定时，Cox 回归模型可简化为平稳性的泊松过程。平稳性的泊松过程表示洪水发生过程不具有时间集聚性，非平稳性的泊松过程则相反。Cox 回归模型自 Smith 和 Karr 于 1986 年改进用于洪水频率分析后，则鲜有应用。Villarini 等于 2013 年重新将 Cox 回归模型应用到美国爱荷华地区的洪水分析中。然而，在这期间，Cox 回归模型被大量应用到"幸存"（survival）分析中（Zivanovic et al.，2015），近些年来，一些研究者将 Cox 回归模型作为一种创新的方法来模拟自然科学中时间变化的事件（time-to-event）：Anthony 等将 Cox 模型用来分析珊瑚死亡的风险对温度、光线和沉积机制的响应（邓铭江，2009）；Angilletta 等将 Cox 模型用来分析巴西一种蚂蚁的热耐受性（黄领梅等，2002）。Cox 模型是一个非常有用的、功能强大的模型，本章则用其来检验洪水发生过程的发生率是否依赖协变量过程，并进一步预测洪水发生时间的概率。

对于 POT 抽样洪水发生过程序列，洪水发生时间和相应量级为

$$\{T_{i,j}, X_{i,j}; i = 1, \cdots, n; j = 1, \cdots, M_i\} \tag{15-1}$$

式中，n 为洪水记录的总年数；M_i 为第 i 年洪水发生的总次数；$T_{i,j}$ 为第 i 年第 j 场洪水发生的时间（天）；$X_{i,j}$ 第 i 年第 j 场洪水发生的量级（m^3/s）。洪水发生的点过程计算如下：

$$N_i(t) = \sum_{j=1}^{M_i} 1(T_{i,j} \leqslant t) \tag{15-2}$$

式中，$t \in [0,T]$，0 为每年的起始时间，T 为每年结束的最后一天：365 或者 366。通过洪水每次发生的量级 x，式（15-2）可以细化为

$$N_i^x = \sum_{j=1}^{M_i} 1(X_{i,j} \leqslant t) \tag{15-3}$$

$\{N_i^x, t \in [0,T]\}$ 是具有独立离散区间的泊松过程，并且符合泊松分布：

$$\Pr\{N_i^x(t) = k\} = \frac{\exp\left\{-\int_0^t \lambda(u)\mathrm{d}u\right\}\left[\int_0^t \lambda(u)\mathrm{d}u\right]^k}{k!} \tag{15-4}$$

式中，$\lambda(u)$（$u \in [0,T]$）为一个非负函数，代表洪水发生过程的时间变化的发生率。如果 $\lambda(u)$ 在 $u \in [0,T]$ 的区间中为常量，则洪水发生过程为平稳性泊松过程。集聚性用来表征洪水发生过程不符合平稳性泊松过程，洪水发生率 $\lambda(u)$ 随时间或者协变量而变化。Cox 过程是双重随机泊松过程：具有泊松过程的随机性和泊松过程中发生率的随机变化。在 Cox 过程中，$\lambda(u)$ 是一个随机过程。在离散区间中，给定 $\lambda(u)$，洪水发生次数 $N_i^x(t)$ 符合条件泊松分布：

$$\Pr\{N_i^x(t) = k | \lambda(u), u \leqslant t\} = \frac{\exp\left\{-\int_0^t \lambda(u)\mathrm{d}u\right\}\left[\int_0^t \lambda(u)\mathrm{d}u\right]^k}{k!} \tag{15-5}$$

在 Cox 过程中，一个事件的发生概率与另一个事件有紧密联系，并且概率是变大还是变小，取决于泊松分布的性质。在给定 $\lambda(u)$ 时，洪水发生次数符合泊松分布，非条件分布则不满足泊松过程。Cox 模型可以用来模拟展示事件的随机暴发和沉寂。在 Smith 和 Karr 构建的 Cox 洪水频率分析模型中，洪水发生率 $\lambda(u)$ 依赖于协变量过程（陈亚宁和徐宗学，2004）：

$$\lambda_i(t) = \lambda_0(t)\exp\left[\sum_{j=1}^m \beta_j Z_{ij}(t)\right] \tag{15-6}$$

式中，$\lambda_0(t)$（$t \in [0,T]$）为非负的时间函数，也称为基准风险函数；$Z_{ij}(t)$ 为第 i 年第 j 个协变量函数；β_j 为第 j 个协变量函数的系数；$\lambda_i(t)$ 为第 i 年洪水发生率过程，也称为条件密度函数或者风险函数。对于第 i 年和第 i' 年，风险率（hazard ratio，HR）计算公式如下：

$$\frac{\lambda_i(t)}{\lambda_{i'}(t)} = \frac{\lambda_0(t)\exp[Z_i(t)\beta]}{\lambda_0(t)\exp[Z_{i'}(t)\beta]} = \frac{\exp[Z_i(t)\beta]}{\exp[Z_{i'}(t)\beta]} \tag{15-7}$$

式中，HR 对各个时段的事件发生是独立的，此时 Cox 模型变成了比例风险模型（proportion-hazards model，PHM）。采用局部似然函数估计式（15-6）和式（15-7）中的协变量系数 β：

$$\ell(\beta) = \prod_{i=1}^{n} \prod_{t \geq 0} \left(\frac{\exp[Z_i(t_i)\beta]}{\sum_j \exp[Z_j(t_j)\beta]} \right)^{dN_i(t)} \tag{15-8}$$

式中，$N_i(t)$ 为第 i 年在时间 $[0,t]$ 内发生的洪水次数。在 Cox 回归模型中，事件的随机暴发或者沉积明确由协变量过程 Z_{ij} 驱动［式（15-6）］。在实际应用中，洪水发生时间的集聚性也是由协变量代表的外在的物理过程引发的。使用 Efron 计算洪水发生时间中发生结点的情况（不同的年份，在同一天发生了洪水）；Efron 法具有精度高和有效性好等性能（Buchanan and Davies，1995）。

在"幸存"分析中的 Cox 模型中，基准风险函数 $\lambda_0(t)$ 是一个讨厌的函数。由于要估计每年洪水发生率 $\lambda_i(t)$，因此必须首先计算基准风险函数 $\lambda_0(t)$。第一步计算多年平均洪水发生率 $m(t)$：

$$m(t) = \frac{d}{dt} E[N_i(t)] \tag{15-9}$$

式中，$m(t)$ 的估计值用 $\hat{m}(t)$ 表示。如果对于所有协变量，$\beta_j = 0$，则

$$\frac{1}{n} \sum_{i=1}^{n} \lambda_i(t) = \hat{m}(t) \tag{15-10}$$

如果 $\beta_j \neq 0$，就可以通过式（15-11）计算给定 β_j 和 $Z_{ij}(t)$ 的基准风险函数 $\lambda_0(t)$：

$$\frac{1}{n} \sum_{i=1}^{n} \lambda_i(t) = \frac{1}{n} \sum_{i=1}^{n} \lambda_0(t) \exp\left[\sum_{j=1}^{m} \beta_j Z_{ij}(t) \right] = \hat{m}(t) \tag{15-11}$$

通过式（15-9）估计多年平均发生率 $\hat{m}(t)$，并采用 loess 拟合函数平滑 $\hat{m}(t)$，再通过公式（15-11）计算基准风险函数 $\lambda_0(t)$，最后通过式（15-6）计算每年洪水发生率 $\lambda_i(t)$。

对于协变量 Z_j（$j = 1, \cdots, m$），以最小 AIC 值为准则，采用阶梯式逐步筛选最佳拟合协变量。协变量能否充分拟合洪水发生时间数据，则采用 3 种诊断方法：卡方检验、舍恩菲尔德（Schoenfeld）残差图和 Dfbeta 参数图。卡方检验和 Schoenfeld 残差图用来检验最终拟合模型是否满足风险比例模型（PHM）假设：卡方检验 P 值大于 0.05 和 Schoenfeld 残差在时间上无线性趋势，则表明满足 PHM 假设。Dfbeta 参数图则用来检查洪水发生时间数据本身对于协变量参数估计是否有重要影响：通过一次移除一个观察值，看 Dfbeta 残差量级是否较大，如果 Dfbeta 残差量级多位于 0 附近，说明观察值对于协变量系数估计无重要影响。

在确定最佳协变量和建立最终的 Cox 回归模型后，就可以计算每个协变量值对应下的洪水发生概率 $P(T > t)$（超过概率），并根据协变量值做相应的预测（Chow et al.，1988）：

$$P(T > t; Z_j) = [P_0(t)]^{\exp[\beta_j Z_j(t)]} \tag{15-12}$$

式中，$P_0(t)$ 为 $P(T>t;Z_j)$ 的基准函数。

15.1.2　洪水发生次数的时间集聚性

Cox 回归模型用来分析 POT 抽样序列的洪水发生时间的集聚性特征，POT 抽样的洪水发生次数信息对于分析洪水发生的机制和集聚性也具有重要作用。对于新疆塔里木河流域来说，洪水发生主要受到冰雪融化的影响，加上新疆降水主要集中在夏季，所以洪水多发于春末和夏季，此时温度升高、冰雪融化、降水增加（陈亚宁等，2009）。因此，通过洪水发生的月频率分析洪水发生的活跃期和贫乏期具有重要价值（Mediero et al.，2015）。在无季节性模型中，洪水在所有月份中发生的概率是相同的；在季节性模型中，洪水在某给定的月份中发生的概率较大。通过式（15-13）可以计算洪水每月发生的频率（Cunderlik et al.，2004）：

$$FF_m = \frac{F_m}{N}\frac{30}{n_m} \tag{15-13}$$

式中，F_m 为第 m 个月多年累积洪水发生次数；N 为 POT 抽样中洪水发生的总次数；n_m 为第 m 个月的天数；FF_m 为第 m 个月洪水发生的频率。如果洪水发生无季节性，则 FF_m 应该为 1/12；如果洪水发生呈现季节性特征，则 FF_m 超过 95%置信区间范围如下：

$$\begin{cases} L_U^N = \dfrac{N+11.491}{0.048N^{1.131}} \\ L_L^N = \dfrac{N-27.832}{0.199N^{0.964}} \end{cases} \tag{15-14}$$

洪水发生次数的年际集聚性特征可以采用离散系数 D 进行评价。离散系数表示每年洪水发生次数偏离预期的程度。Mumby 等（2011）用离散系数分析了飓风发生次数的时间集聚性及生态系统的影响：

$$D = \frac{\mathrm{Var}(N_i)}{E(N_i)} - 1 \tag{15-15}$$

式中，N_i 为第 i 年洪水发生的次数；$E(N_i)$ 为洪水发生次数的均值；$\mathrm{Var}(N_i)$ 为洪水发生次数的方差；D 为离散系数。D 大于 0，表示 POT 抽样的洪水发生次数序列过度离散，洪水发生次数存在时间集聚性，洪水发生次数出现丰富期和贫乏期。采用 Bootstrap 技术计算 D 的置信区间，同时采用拉格朗日乘数法（Lagrange multiplier statistic，LM）计算 D 是否达到显著性水平（Flynn et al.，2010）：

$$\mathrm{LM} = 0.5 \times \frac{\left[\sum_{i=1}^{N}[(N_i-\hat{\lambda})^2-N_i]\right]^2}{N\hat{\lambda}^2} \tag{15-16}$$

式中，$\hat{\lambda}$ 为多年平均洪水发生次数。

15.2　POT 抽样及模型适用性

15.2.1　POT 抽样研究

通过试算，分别绘制洪水平均每年发生次数（AOA）与阈值曲线、超定量样本超过部分均值（MRL）与阈值曲线和分散指数（DI）与阈值曲线变化图（图 15-1）。以同古孜洛克站为例［图 15-1（a）］，AOA 与阈值曲线显示阈值处于 200～300m³/s 时，洪水平均每年发生次数处于 2.4～3.0。与此同时，超定量样本超过部分均值随着阈值的增加而下降，且存在较好的线性函数关系。从分散指数与阈值的曲线图可知，当阈值为 292m³/s 时，分散指数处于 95%置信区间内，即年超定量发生次数符合泊松分布。因此综合判定同古孜洛克水文站阈值取 292m³/s。采用与同古孜洛克站阈值判定相同的过程，由图 15-1 判定玉孜门勒克、卡群、沙里桂兰克、协合拉、黄水沟、大山口、阿拉尔各水文站［图 15-1(b)～图 15-1(h)］阈值应分别为 137m³/s、659m³/s、330m³/s、290m³/s、40.5m³/s、225m³/s 和 534m³/s（表 15-1）。极端降水发生次数 POT 抽样过程与洪水发生次数 POT 抽样是相同的，同古孜洛克站、玉孜门勒克、卡群、沙里桂兰克、协合拉、黄水沟、大山口和阿拉尔各水文站降水阈值为 3.43mm、4.77mm、4.49mm、14.46mm、5.53mm、17.48mm、13.82mm 和 3.89mm。

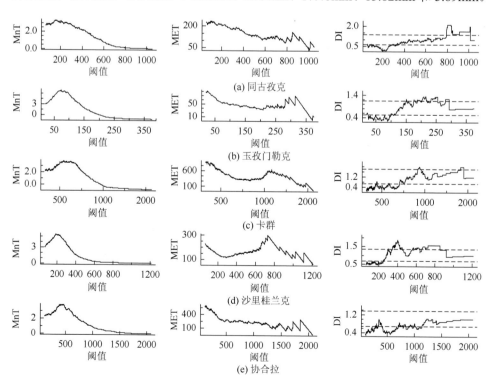

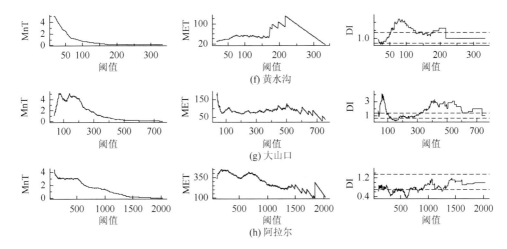

图 15-1 新疆塔里木河流域水文站点 POT 抽样阈值选择过程图

（a）～（h）依次为同古孜洛克、玉孜门勒克、卡群、沙里桂兰克、协合拉、黄水沟、大山口、阿拉尔

15.2.2 Cox 回归模型分析

Cox 模型被用来分析水文站点洪水发生率，以及各地区洪水发生率与气候指标的关系（表 15-2 和表 15-3）。从表 15-2 中可以看出，NAO30 和 AO30 是两个选择最多的最佳气候指标。同古孜洛克、协合拉、黄水沟和大山口 4 个水文站点洪水发生率是 NAO30 的线性函数（通过对数连接函数），而卡群和沙里桂兰克水文站洪水发生率是 AO30 的线性函数（通过对数函数连接）。气候指标值在洪水发生日期前的一个月的平均值状态对洪水事件发生率的影响比提前半个月的平均值状态更重要。从系数值来看，5 个水文站点（玉孜门勒克、卡群、沙里桂兰克、黄水沟和大山口站）气候指标系数值为正值，表明洪水发生率随着气候指标值的增加而上升，意味着气候指标值处于高位时，洪水发生的概率更大、活动更频繁；同古孜洛克、协合拉和阿拉尔水文站气候指标系数值为负值，气候指标对洪水发生率的影响则相反。从 HR 来看，玉孜门勒克、卡群、沙里桂兰克和协合拉 4 个水文站对单位气候指标值的变化更敏感，HR 较大，分别为 1.27、1.3、1.46 和 0.74。从标准误差来看，各水文站点 Cox 回归模型估计的标准误差较为相似，大部分站点位于 0.18 左右。在各水文站点进行了独立的 Cox 回归分析后，将各水文站点整合到一块，进行分层 Cox 分析，以用来寻找对整个塔里木河流域 8 个水文站点整体洪水发生率最佳拟合的气候指标。分层 Cox 回归模型是 Cox 回归模型的扩展，每个水文站点洪水发生时间数据为一层，每层均共享相同的协变量系数值，但是每层拥有独立的基准风险函数。最终模型中显示的最佳拟合气候指标为 NAO30。

表 15-2　　新疆塔里木河流域各水文站点 Cox 回归模型以气候指标为协变量的详细统计信息

水文站	最佳气候指标	AIC	系数值	标准误差	HR	卡方检验 P 值
同古孜洛克	NAO30	1052.42	−0.18	0.18	0.84	0.75
玉孜门勒克	NAO15	1178.91	0.24	0.13	1.27	0.6
卡群	AO30	1159.61	0.26	0.17	1.3	0.66
沙里桂兰克	AO30	1197.78	0.38	0.18	1.46	0.08
协合拉	NAO30	1169.3	−0.3	0.18	0.74	0.31
黄水沟	NAO30	1191.21	0.17	0.19	1.18	0.34
大山口	NAO30	813.17	0.07	0.24	1.07	0.58
阿拉尔	AO15	1206.55	−0.29	0.12	0.76	0.8
站点分层	NAO30	8972.89	0.08	0.06	1.09	0.06

表 15-3　　新疆塔里木河流域各区域 Cox 回归模型基于气候指标为协变量的详细统计信息

站点	最佳气候指标	AIC	系数值	标准误差	HR	卡方检验 P 值
阿克苏	AO30	964.0438	0.1907	0.1484	1.2101	0.1042
克州	AO15	313.5139	0.2244	0.2028	1.2516	0.691
喀什	NAO15	682.853	0.1455	0.1651	1.1566	0.0726
和田	AO30	213.515	−0.3914	0.2939	0.6761	0.5497
巴州	AO30	526.6694	−0.6184	0.2703	0.5388	0.8973
站点分层	NAO30	2701	0.1497	0.1078	1.1615	0.1386

表 15-3 与表 15-2 相似,表 15-3 给出了新疆塔里木河流域各区域洪水发生率与气候指标值的关系。从表 15-3 中可以看出,5 个区域中,3 个区域最佳拟合气候指标是 AO30:阿克苏、和田和巴州洪水发生率是 AO30 的线性函数(通过对数连接)。跟水文站点相似,洪水发生日期前 30 天的气候指标状态相比提前 15 天的气候指标状态对区域洪水发生率具有更重要的影响。新疆塔里木河流域西北部地区(阿克苏、喀什和和田地区)气候指标值系数均为正值,区域洪水发生率随着气候指标值的增加而上升,意味着气候指标值处于高位时,洪水发生的概率更大、活动更频繁;东部和南部地区(和田和巴州地区)气候指标系数值为负值,气候指标对洪水发生率的影响则相反。除喀什地区外,其他地区洪水发生率均对气候指标值的变化较为敏感,单位气候指标增加引起的 HR 值较高,阿克苏、克州、和田和巴州 HR 值分别为 1.21、1.25、0.67 和 1.16。从标准误差来看,Cox 回归模型对区域洪水发生率的模拟误差比水文站点较大,大部分在 0.2 以上。将各地区洪水发生时间信息进行整合,用分层 Cox 回归模型寻找对整个塔里木河流域洪水发生率最优影响的气候指标。NAO30 同样是区域分层 Cox 回归模型优选的最佳拟合气候指标。

在对 Cox 回归模型优选的最终模型进行进一步分析前,用卡方检验、

Schoenfeld 残差和 Dfbeta 残差分别检验 Cox 风险比例回归假设的有效性和实际观察值对气候指标系数值估计的影响。从表 15-2 和表 15-3 中卡方检验的 P 值可以看出，各水文站点和各区域洪水发生率 Cox 回归模型 P 值均大于 0.05，均满足风险比例回归的假设。为了更直观地观察检验效果，分别从水文站点和区域中挑出卡方检验 P 值最小和最大的站点（沙里桂兰克和同古孜洛克水文站）与区域（喀什和巴州地区），绘制 Cox 回归模型拟合的 Schoenfeld 残差图和 Dfbeta 残差图（图 15-2）。从图 15-2 中可以看出，无论站点和区域，Schoenfeld 残差随时间均无明显的线性趋势，各残差点均在整个时间尺度内随机分布 [图 15-2（a）、图 15-2（c）、图 15-2（e）、图 15-2（g）]，再次证明 Cox 风险比例回归的假设是有效的。从 Dfbeta 残差的分布情况来看，各站点和各区域残差点均大部分位于 0 值附近，洪水观察时间序列对气候指标的参数值的影响较小。卡方检验、Schoenfeld 残差和 Dfbeta 残差均表明，表 15-2 和表 15-3 中 Cox 回归模型最终优选的气候指标值是合理有效的。所以，新疆塔里木河流域各水文站点和区域洪水发生率均受大尺度气候指标的影响，低频气候变化对新疆塔里木河流域洪水发生率有重要影响。同时，NAO 和 AO 是新疆塔里木河流域各站点和区域洪水发生过程的显著协变量指标，表明洪水发生过程是非平稳性独立过程，洪水事件彼此不独立，展现了时间集聚性。

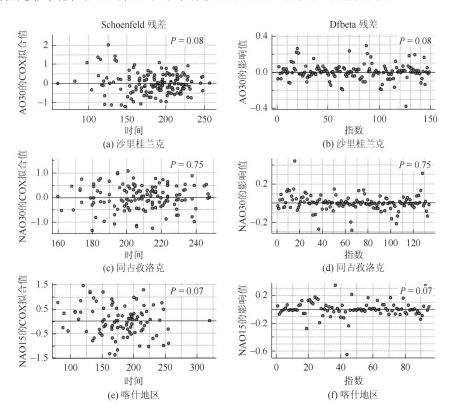

（a）沙里桂兰克　　　　　　　　　　（b）沙里桂兰克

（c）同古孜洛克　　　　　　　　　　（d）同古孜洛克

（e）喀什地区　　　　　　　　　　（f）喀什地区

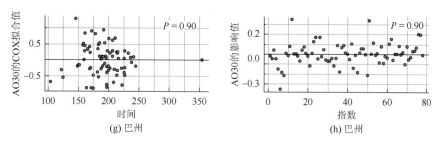

图 15-2　新疆塔里木河流域水文站点和区域洪水发生时间 Cox 回归模型拟合效果验证图

15.3　洪水发生率的时间分布特征

在建立最终的 Cox 回归模型和优选出最佳气候指标后，可以计算基准风险函数 $\lambda_0(t)$ 和气候指标系数值 β，从而最终求得每个水文站点每一年洪水发生率[图 15-3，为了参考，添加了多年平均洪水发生率 $\hat{m}(t)$，用来展示非平稳性泊松过程]。从图 15-3 中可以看出，所有水文站点洪水发生率均呈现出单峰或者双峰形状，最高洪水发生率均在 0.15 左右。同古孜洛克、沙里桂兰克、协合拉、黄水沟、大山口及阿拉尔水文站每一年洪水发生率均呈现规律的单峰形状，洪水发生率的高值均出现在 7 月和 8 月，意味着这两个月洪水发生的概率较高，大部分处于 0.05 以上，洪水发生频繁且集中。玉孜门勒克和卡群水文站，洪水发生率形状较为复杂，呈现多峰形状，表明洪水成因较为复杂，洪水发生概率较高的日期分布较广。对于玉孜门勒克站，洪水发生率分别在 180 天、210 天和 225 天达到峰值；而卡群水文站洪水发生率分别在 190 天和 220 天达到峰值。从图 15-3 中还可以看出，每一年的洪水发生率均不相同，一些年份洪水发生率明显高于其他年份。

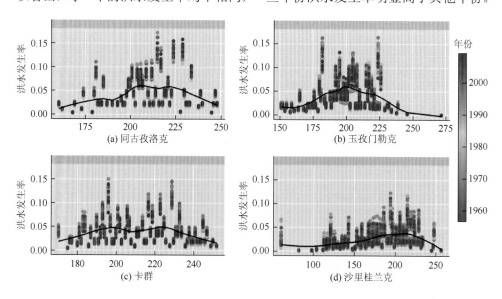

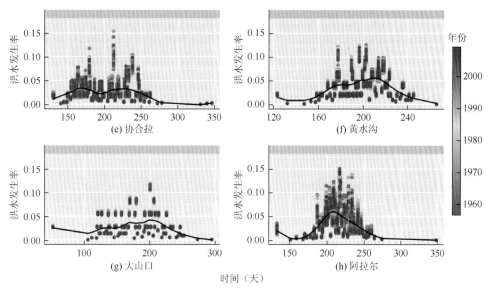

图 15-3　新疆塔里木河流域各水文站点各年份洪水发生率时间变化图

黑色曲线为洪水发生率多年平均值

　　绘制 POT 抽样洪水发生量级序列和时间的分布图来验证各水文站点估计的洪水发生率是否符合实际情况（图 15-4，图中同时添加了多年平均日流量曲线）。从图 15-4 中可以看出，几乎所有水文站点的洪水发生时间在年内尺度上都聚集在一段时间以内，如同古孜洛克、玉孜门勒克、卡群、协合拉、黄水沟和阿拉尔水文站 POT 抽样洪水集中在 6～9 月，洪峰和多年日平均流量呈单峰形状，相应地，上述站点洪水发生率的分布形状和高洪水发生率的时间均与其吻合。沙里桂兰克和大山口水文站洪水发生时间较广，洪峰和多年日平均流量呈波动上升趋势，相应地，洪水发生率没有明显的波峰，在时间尺度上分布较为均匀。洪峰和多年平均日流量随时间的变化情况（图 15-4）与洪水发生率（图 15-3）的分布较为吻合一致，所以其有效地支持了洪水发生率估计的准确性。而且从图 15-4 中可以初步地看出，同古孜洛克、卡群和阿拉尔水文站洪峰发生时间和多年平均日流量明显呈单峰形状，洪水发生时间较短，洪水发生量级较大，而且洪水发生概率较高，不利于防洪救灾。

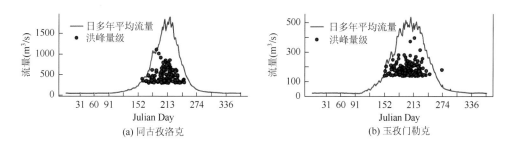

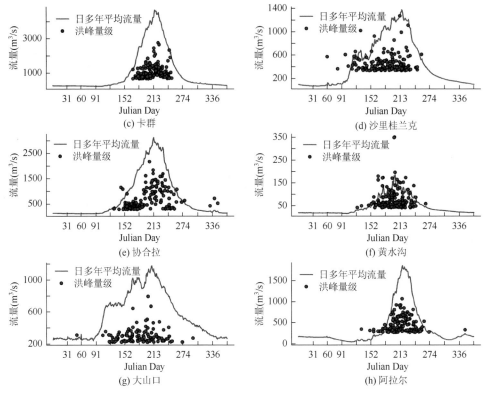

图 15-4　新疆塔里木河流域各水文站点 POT 抽样洪峰量级和日多年平均流量时间变化图

为了增强图形显示效果，日多年平均流量 = 实际日多年平均流量×5

　　相比于水文站点 POT 抽样的洪水发生率的估计，区域记录洪水发生率的估计更能反映一个地区洪水真实发生的时间特征（图 15-5）。从图 15-5 中可以看出，各区域洪水发生率的分布形状有较大差别。阿克苏和喀什地区洪水发生率均呈单峰形状，峰值均位于 7 月，洪水发生率最高值均在 0.1 附近，表明上述两个地区 7 月洪水发生概率较大，洪水发生较为频繁，洪水的集中发生有利于制定防洪规划，集中人力和各种资源防洪，但是引起的灾害量级一般较大。克州洪水发生率在 3～8 月均较为平均，没有明显的波峰，洪水在整个时间段内的发生概率差别较小，不利于集中精力防洪。和田地区洪水发生率在 5 月达到最高，随后逐渐降低，初步表明，和田地区洪水来源主要受到气温的影响，气温升高，冰川融雪加剧融化，导致洪水发生概率和频率在 5 月达到峰值。巴州地区洪水发生率在 150～250 天（5～8 月）一直在高位震荡，大部分位于 0.05，相当一部分位于 0.1 以上，最大达到 0.2 左右，远比其他地区洪水发生率高。从和田地区洪水发生率高值集中在 5～8 月可以初步判定冰川融雪和降水是洪水发生的主要原因。5 月气温升高，冰川融雪加剧融化，洪水发生率突然增加，到 7～8 月降水增多，叠加冰川融雪的补给，洪水发生率达到峰值。

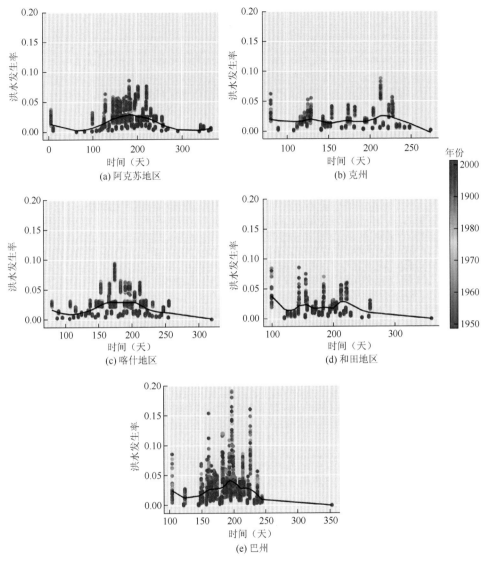

图 15-5　新疆塔里木河流域各区域各年份洪水发生率时间变化图

黑色曲线为洪水发生率多年平均值

　　将洪水发生事件叠加上洪水发生率，直观观察区域洪水发生率的估计和实际洪水发生事件是否一致（图 15-6）。从图 15-6 中可以看出，大部分洪水发生事件出现在洪水发生率较高的时间。阿克苏和喀什地区洪水事件主要集中在 7 月和 8 月，克州洪水发生事件分布较为均匀，巴州洪水事件主要分布在 5～8 月。图 15-6 区域洪水发生事件的分布事件与洪水发生率的估计较为吻合。结合图 15-5 和图 15-6 还可以看出，一些年份的洪水发生次数和发生率要高于另外一些年份，如 20 世纪 90 年代要高于 70 年代。

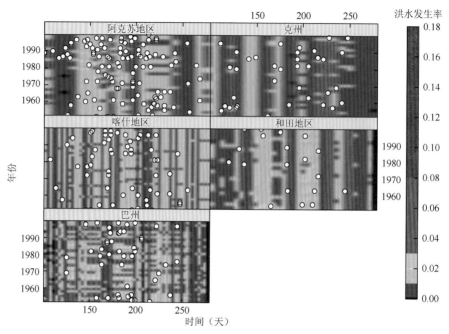

图 15-6　新疆塔里木河流域各地区洪水发生率各年分布图

白色黑圈圆点为相应时间发生了一场洪水（记录洪水）

15.4　洪水发生时间的超过概率

　　洪水风险管理是政府决策中的一项重要内容，而累积概率分布或者超过概率则对洪水风险管理提供了一项重要的信息。洪水发生概率的预测能够有效地帮助决策者选择治理方式。Cox 回归模型在建立最佳气候指标的最终模型后，能够对站点和区域洪水发生时间对应每一个气候指标值的超过概率进行预测（图 15-7 和图 15-8）。绘制每个水文站点最佳拟合气候指标值[−2.5，2.5]内每一个值对应的洪水发生时间超过概率（图 15-7），以此分析气候指标对洪水发生时间的具体影响，从而为未来洪水风险管理提供参考依据。从图 15-7 中可以看出，同古孜洛克、协合拉和阿拉尔水文站（最佳拟合气候指标值系数为负数，表 15-2）随着气候指标值的增加，洪水发生时间超过概率依次向右推移，意味着相同的时间下，超过这一时间洪水发生的概率随着气候指标值的增加而增加；同一超过概率下，洪水发生的起始时间随着气候指标值的增加而延后。其余 5 个水文站（玉孜门勒克、卡群、沙里桂兰克、黄水沟和大山口水文站，最佳拟合气候指标值系数为正数，表 15-2），洪水发生时间超过概率跟气候指标值的关系则为负相关。玉孜门勒克、卡群、沙里桂兰克和协合拉 4 个水文站，气候指标值引发的洪水发生时间超过概率的变化幅度较大，说明这 4 个水文站对气候指标值的变化较为敏感，能够积极地响应气候指标的改变，从而有利于气候指标值作为洪水发生管理的重要的参考指标。大山口水文站气候指标引发的洪水发生时间超过概率预测变化范围较窄,洪水发生时间对气候指标值的变化响应较差,不利于气候指标值作为洪水风险管理的决策依据。

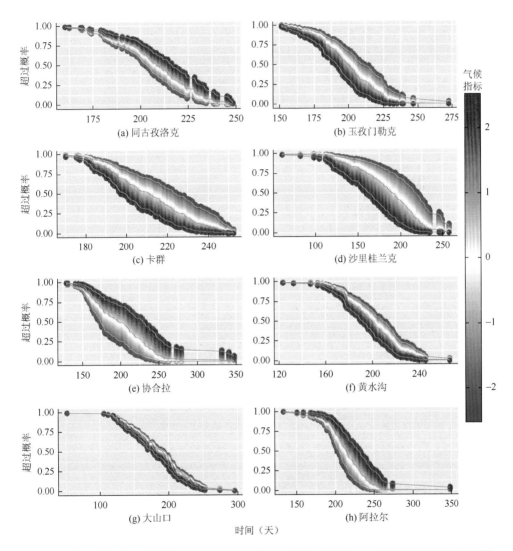

图 15-7　新疆塔里木河流域各水文站点基于最佳气候指标值的洪水发生时间超过概率预测图
3 条灰色实线从左到右依次为 5%、50% 和 95% 分位数线

　　区域洪水发生时间的超过概率预测相比较水文站点(图 15-8),更有利于区域防洪救灾、农业发展和居民生命财产安全。从图 15-8 中可以看出,新疆塔里木河流域西北地区(阿克苏、克州和喀什地区)洪水发生时间超过概率随着最佳拟合

气候指标值的增加向左推移（最佳拟合气候指标值系数为正值）。在高气候指标值下，新疆西北地区在同一时间下，洪水发生时间的超过概率较低；在同一超过概率下，洪水发生的起始时间推前。新疆塔里木河流域东南部地区（和田和巴州地区）洪水发生时间超过概率随着最佳拟合气候指标值的增加向右推移（最佳拟合气候指标值系数值为负值），在高气候指标值下，洪水发生时间超过概率对气候指标值的响应跟新疆塔河流域西北地区相反。相比于水文站点，新疆塔里木河流域各地区洪水发生时间超过概率随着气候指标值的改变均有明显的变化幅度，其对气候指标值的响应较好。其中，新疆东南部地区（和田和巴州地区）气候指标值引发的洪水发生时间超过概率变化幅度最明显，气候指标值是洪水发生时间的一个敏感因子，有利于基于气候指标值作洪水风险管理的决策。

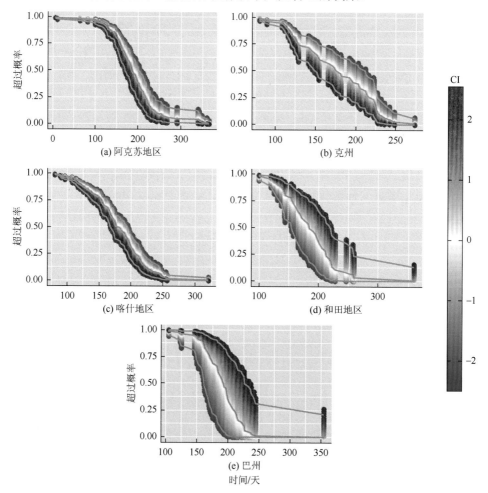

图 15-8　新疆塔里木河流域各区域基于最佳拟合气候指标值的洪水发生时间超过概率预测图

3 条灰色实线从左到右依次为 5%、50% 和 95% 分位数线

15.5　洪水发生次数的集聚性特征

Cox 回归模型针对 POT 抽样的每场洪水发生时间的信息进行了分析，POT 抽样的每年洪水发生次数信息在年内和年际上有无集聚性现象，则需要进行进一步分析，极端事件发生次数信息及时间的集聚特征对于决策者同样是一个重要而不可忽视的信息。在年内尺度上，采用月频率法分析洪水发生频率年内分布的季节性特征，识别洪水活跃期和沉寂期（图 15-9）。从图 15-9（a）中可以看出，几乎所有站点洪水发生频率最高的两个月份是 7 月和 8 月（协合拉水文站洪水发生频率最高位于 6 月），月频率位于 0.4~0.5。7 月和 8 月是洪水发生的活跃期，这两个月份位于夏季，温度为全年最高，冰川积雪融化加剧，加之又是全年降水最丰富的时期，易导致洪水多发。各水文站点洪水发生次数在年内分布上还有一个较长的沉寂期——1~4 月和 9~12 月。沉寂期洪水发生的月频率接近于 0，沉寂期温度较低，降水稀少，不具备洪水发生的物理成因条件。从区域洪水发生的月频率来看 [图 15-9（b）]，其年内分布形状与水文站点大致相同。区域洪水发生的活跃期位于 6~8 月，月频率多位于 0.2~0.3。克州地区明显有两个峰值，5 月和 8 月，表明气温升高和降水增加在不同的时期均导致洪水多发。相比水文站点的沉寂期，区域洪水发生的沉寂期较短，洪水发生的年内分布也较均匀一些，一般沉寂期位于 1~2 月和 10~12 月。水文站点和区域洪水发生的月频率均超出了 5%的显著性水平，说明洪水发生次数在年内分布有明显的活跃时期，而不是均匀分布。

离散系数 D 常被用来评价洪水发生次数在年际上有无集聚性现象。各水文站点和区域洪水发生次数的年际集聚性统计信息见表 15-4 和表 15-5。从表 15-4 中可以看出，大部分水文站点（同古孜洛克、卡群、协合拉、黄水沟、大山口和阿拉尔）

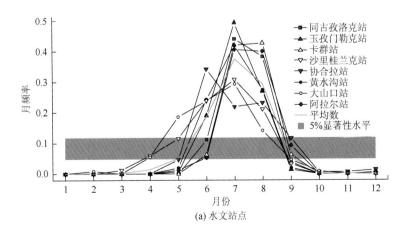

(a) 水文站点

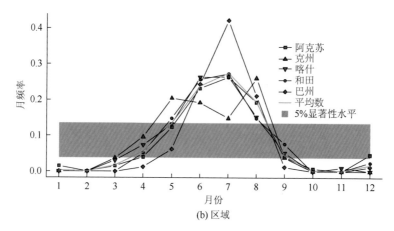

(b) 区域

图 15-9　新疆塔里木河流域各水文站点和区域洪水发生的月频率图

洪水发生次数 D 值小于 0，表明洪水发生次数在年内无集聚性现象，其中同古孜洛克水文站 D 值达到了 0.1 的显著性水平。玉孜门勒克和沙里桂兰克水文站 D 值大于 0，洪水发生次数在年内出现了线性集聚，但是均没有达到显著性水平。

表 15-4　新疆塔里木河各水文站点洪水发生次数分散指数详细统计信息

水文站	D	95%置信区间上限	95%置信区间下限	P
同古孜洛克	−0.329 33	−0.570 43	−0.073 23	**0.095 779**
玉孜门勒克	0.021 193	−0.292 37	0.336 809	0.992 092
卡群	−0.266 84	−0.574 44	0.089 732	0.148 494
沙里桂兰克	0.201 854	−0.181 24	0.580 945	0.367 954
协合拉	−0.301 1	−0.596 52	−0.013 25	0.111 911
黄水沟	−0.099 1	−0.402 28	0.227 451	0.552 747
大山口	−0.190 11	−0.521 26	0.160 143	0.361 847
阿拉尔	−0.287 2	−0.617 22	0.008 154	0.128 293

注：黑色加粗数字表示离散系数 D 达到了 0.1 的显著性水平。

表 15-5　新疆塔里木河各区域记录洪水发生次数分散指数详细统计信息

区域	D	95%置信区间上限	95%置信区间下限	P
阿克苏	0.359 68	−0.039 05	0.743 66	0.092 634
克州	0.156 923	−0.171 43	0.499 561	0.497 854
喀什	0.765 957	0.188 152	1.319 566	0.000 222
和田	0.704 615	0.028	1.361 739	0.000 701
巴州	0.16	−0.178 75	0.508 923	0.488 245

区域洪水发生次数的真实记录能够更准确地反映区域水平的洪水信息，结合区域洪水发生次数离散系数 D 分析区域洪水的集聚性特征（表 15-5）。与水文站点明显不同，新疆塔里木河流域各个区域洪水发生次数离散系数 D 值均大于 0，在年际尺度上出现了集聚性现象。其中，阿克苏、喀什和和田 3 个地区离散系数 D 值均达到了 0.1 的显著性水平，喀什和和田地区甚至达到了 0.001 的显著性水平，有着强烈的时间集聚性。洪水发生次数在年际尺度上的时间集聚性表明，洪水在某些年份发生次数明显比其他年份更加频繁，因此，不利于这些年份的防洪救灾，但是根据生态扰动理论（Durrans，1996），有可能对于这些区域的生态健康较为有利。

15.6　本 章 小 结

基于新疆塔里木河流域 8 个水文站点 POT 抽样的洪水发生时间和年发生次数信息，以及各个地区实际记录的洪水信息，运用 Cox 回归模型分析了洪水发生时间的集聚性、洪水发生率的分布特征，同时用月频率法和离散系数分析了洪水发生次数在年内和年际的时间集聚性特征。研究结果如下。

（1）NAO 和 AO 被选择用来描述新疆塔里木河流域洪水发生率的变化过程。8 个水文站点中有 6 个选择 NAO30 和 AO30 作为最显著的协变量因子，5 个区域中有 3 个选择 AO30 作为最显著的协变量因子。气候指标值相对于洪水发生时间前的 30 天状态对站点和区域洪水过程的影响均高于提前 15 天的气候指标值状态。

（2）新疆塔里木河流域水文站点和区域洪水发生率均是气候指标的函数，洪水发生率过程为平稳性泊松过程，出现了时间集聚性现象。水文站点洪水发生率较高值一般集中出现在 6~8 月，大部分位于 0.1 以上，POT 抽样洪水也多发于这一时期，高量级洪峰也多出现于同一时期，不利于防洪救灾；区域洪水发生率分布差异较大，不同因素主导下的洪水发生率过程有着明显差别。

（3）相应气候指标值下的洪水发生时间的超过概率为洪水风险管理提供了重要的信息和指导。新疆塔里木河流域水文站点和区域洪水发生时间与气候指标值 Cox 回归模型拟合系数为正值时（如玉孜门勒克水文站、卡群水文站及沙里桂兰克等），高气候指标值下，洪水发生时间超过概率向左推移，超过确定时间的洪水发生概率降低，确定洪水发生概率下洪水发生的超过时间提前。大部分水文站点和全部 5 个地区洪水发生时间超过概率对气候指标值的变化的改变幅度较大，对气候指标值变化较敏感，有利于基于气候指标值的概率预测和洪水风险管理。

（4）水文站点和区域洪水发生次数在年内分布上具有相似的特征，洪水活跃期集中在 6～8 月。相比于水文站点，区域洪水发生次数在年内分布上更均匀，沉寂期更短。从洪水发生次数年际集聚性看，水文站点 POT 抽样洪水发生次数多，不具有集聚性特征，而区域洪水发生次数集聚性特征比较明显，其中阿克苏、喀什和和田地区达到了显著性水平。区域洪水发生率在年际尺度上的集聚性特征有利于区域生态系统的健康。

参 考 文 献

陈红，吴世新，冯雪力.2010. 基于遥感和 GIS 的新疆耕地变化及驱动力分析. 自然资源学报，
    25（4）：614-624.

陈明昌，张藕珠.1994. 降水，温度和日照时数的随机生成模型和验证. 干旱地区农业研究,12(2)：
    17-26.

陈守煜.1998.工程模糊集理论与应用. 北京：国防工业出版社.

陈守煜.2005.水资源与防洪系统可变模糊集理论与方法. 大连：大连理工大学出版社.

陈守煜，袁晶瑄.2007. 可变模糊集模型及论可拓方法用于水科学的错误. 水资源保护，23（6）：1-6.

陈晓宏，涂新军，谢平, 等.2010. 水文要素变异的人类活动影响研究进展. 地球科学进展,25(8)：
    800-811.

陈亚宁.2010. 新疆塔里木河流域生态水文问题研究. 北京：科学出版社.

陈亚宁，李稚，范煜婷, 等.2014. 西北干旱区气候变化对水文水资源影响研究进展. 地理学报，
    69（9）：1295-1304.

陈亚宁，徐长春，杨余辉, 等.2009. 新疆水文水资源变化及对区域气候变化的响应. 地理学报，
    64（11）：1331-1341.

陈亚宁，徐宗学.2004. 全球气候变化对新疆塔里木河流域水资源的可能性影响. 中国科学，
    34（11）：1047-1053.

陈永勤，黄国如.2005. 基于线性矩法的东江流域区域枯水频率分析. 应用基础与工程科学学
    报，13（4）：409-416.

陈永勤，孙鹏，张强, 等.2013. 基于 Copula 的鄱阳湖流域水文干旱频率分析. 自然灾害学报，
    22（1）：75-84.

陈育峰.1995. 我国旱涝空间型的马尔科夫概型分析. 自然灾害学报，4（2）：66-72.

陈志恺.2003. 中国水资源的可持续利用问题. 水文，1：1-5.

陈忠升，陈亚宁，李卫红, 等.2009. 和田河流域土地利用变化及其生态环境效应分析. 干旱区
    资源与环境，23（3）：49-54.

陈忠升，陈亚宁，李卫红, 等.2011. 塔里木河干流径流损耗及其人类活动影响强度变化. 地理
    学报，66（1）：89-98.

褚桂红，史文娟，王娟.2010. 和田河上游径流变化特征及影响因子分析. 干旱区资源与环境，
    24（11）：83-87.

慈晖，张强，张江辉, 等.2014.1961—2010 年新疆极端降水过程时空特征. 地理研究，33（10）：
    1881-1891.

邓铭江.2008. 塔里木河流域径流与耗水变化及其综合治理对策研究. 干旱区地理，31（4）：
    550-559.

邓铭江.2009. 中国塔里木河治水理论与实践. 北京：科学出版社.

邓自旺，林振山.1997. 西安市近 50 年来气候变化多时间尺度分析. 高原气象，16（1）：81-93.

丁伟钰，陈子通. 2004. 利用 TRMM 资料分析 2002 年登陆广东的热带气旋降水分布特征. 应用气象学报，15（4）：436-444.

杜涛，毕银丽，贾春香. 2011. 新疆耕地集约利用时空特征及其变化规律研究. 新疆农垦经济，26（9）：32-35.

杜晓梅，琪美格，瓦哈甫·哈力. 2008. 新疆有效灌溉面积动态变化. 农业系统科学与综合研究，24（3）：284-288.

冯国章. 1994. 极限水文干旱历时概率分布的解析与模拟研究. 地理学报，49（5）：457-464.

冯国章，王双银. 1995. 河流枯水流量特征研究. 自然资源学报，10（2）：127-135.

冯平，黄凯. 2015. 水文序列非一致性对其参数估计不确定性影响研究. 水利学报，46（10）：1145-1154.

冯平，李新. 2013. 基于 Copula 函数的非一致性洪水峰量联合分析. 水利学报，44（10）：1137-1147.

冯平，曾杭，李新. 2013. 混合分布在非一致性洪水频率分析的应用. 天津大学学报，46（4）：298-303.

冯思，黄云，许有鹏. 2006. 全球变暖对新疆水循环影响分析. 冰川冻土，28（4）：500-505.

富飞. 2012. 石羊河流域水文生态特征及治理规划研究. 长安大学硕士学位论文.

高前兆，王润，Giese E. 2008. 气候变化对塔里木河来自天山的地表径流影响. 冰川冻土，30（1）：1-11.

高鑫，叶柏生，张世强，等. 2010. 1961～2006 年塔里木河流域冰川融水变化及其对径流的影响. 中国科学：地球科学，（5）：654-665.

顾西辉，张强. 2014. 考虑水文趋势影响的珠江流域非一致性洪水风险分析. 地理研究，33（9）：1680-1693.

顾西辉，张强，陈晓宏，等. 2014a. 气候变化和人类活动联合影响下东江流域非一致性洪水频率. 热带地理，34（6）：746-757.

顾西辉，张强，刘剑宇，等. 2014b. 变化环境下珠江流域洪水频率变化特征、成因及影响（1951-2010 年）. 湖泊科学，26（5）：661-670.

顾西辉，张强，孙鹏，等. 2015. 新疆塔河流域洪水量级、频率及峰现时间变化特征、成因及影响. 地理学报，70（9）：1390-1401.

郭靖. 2010. 气候变化对流域水循环和水资源影响的研究. 武汉大学博士学位论文.

郭生练，闫宝伟，肖义，等. 2008. Copula 函数在多变量水文分析计算中的应用及研究进展. 水文，28（3）：1-7.

韩春光. 2009. 新疆植被指数与气象因子的响应关系研究. 新疆大学硕士学位论文.

韩萍，薛燕，苏宏超. 2005. 新疆降水在气候转型中的信号反应. 冰川冻土，25（2）：179-182.

胡春宏，王延贵，郭庆超，等. 2005. 塔里木河干流河道演变与整治. 北京：科学出版社.

胡义明，梁忠明，赵卫民，等. 2014. 基于跳跃性诊断的非一致性水文频率分析. 人民黄河，36（6）：51-54.

黄崇福. 2005. 自然灾害风险评价：理论与实践. 北京：科学出版社.

黄领梅，沈冰，尹如洪. 2002. 和田绿洲蒸发能力及影响因素分析. 西北农林科技大学学报（自然科学版），30（6）：181-185.

嵇涛，刘睿，杨华，等. 2015. 多源遥感数据的降水空间降尺度研究——以川渝地区为例. 地球信息科学，17（1）：108-117.

江聪，熊立华. 2012. 基于 GAMLSS 模型的宜昌站年径流序列趋势分析. 地理学报，67（11）：
　　1505-1514.

江志红，常奋华，丁裕国. 2013. 基于马尔可夫链转移概率极限分布的降水过程持续性研究. 气
　　象学报，71（2）：286-294.

姜逢清，杨跃辉. 2004. 新疆洪旱灾害与大尺度气候强迫因子的联系. 干旱区地理，27（2）：
　　148-153.

姜逢清，朱诚，胡汝骥. 2002a. 新疆 1950-1997 年洪旱灾害的统计与分形特征分析. 自然灾害学
　　报，11（4）：96-100.

姜逢清，朱诚，穆桂金，等. 2002b. 当代新疆洪、旱灾害扩大化：人类活动的影响分析. 地理
　　学报，57（1）：57-66.

蒋勇军，况明生，匡鸿海，等. 2001. 区域易损性分析、评估及易损度区划——以重庆市为例. 灾
　　害学，16（3）：59-64.

雷红富，谢平，陈广才，等. 2007. 水文序列变异点检验方法的性能比较分析. 水电能源科学，
　　25（4）：36-40.

李凤娟，刘吉平. 2015. 近百年长春市旱涝的马尔可夫链分析. 吉林农业大学学报，27（6）：
　　594-598.

李剑锋，张强，陈晓宏，等. 2012. 基于标准降水指标的新疆干旱特征演变. 应用气象学报，23（3）：
　　322-330.

李江风. 1991. 新疆气候. 北京：气象出版社.

李庆平，李彬彬，向延清，等. 2015. 变化环境下宣恩城区洪水变异及其成因分析. 南水北调与
　　水利科技，13（4）：630-634.

李新，曾杭，冯平. 2014. 洪水序列变异条件下的频率分析与计算. 水力发电学报，33（6）：11-19.

梁虹，王在高. 2002. 喀斯特流域枯水径流频率分析——以贵州省河流为例. 中国岩溶，21（2）：
　　106-113.

凌红波，徐海量，张青青，等. 2011. 新疆塔里木河三源流径流量变化趋势分析. 地理科学，31（6）：
　　728-733.

刘海涛，张向军，郭全水，等. 2010. 和田河流域半世纪来气温、降水突变分析. 干旱区资源与
　　环境，24（1）：58-62.

刘俊峰，陈仁升，卿文武，等. 2011. 基于 TRMM 降水数据的山区降水垂直分布特征. 水科学
　　进展，22（4）：447-454.

刘天龙，杨青，秦榕，等. 2008. 新疆叶尔羌河源流区气候暖湿化与径流的响应研究. 干旱区资
　　源与环境，22（9）：49-53.

刘卫国，王曼，丁俊祥，等. 2013. 帕默尔干旱指数在天山北坡典型绿洲干旱特征分析中的适用
　　性. 中国沙漠，33（1）：249-257.

刘希林，莫多闻. 2002. 泥石流易损度评价. 地理研究，21（5）：569-577.

刘星. 1999. 新疆灾荒史. 乌鲁木齐：新疆人民出版社.

刘燕华，李钜章，赵跃龙. 1995. 中国近期自然灾害程度的区域特征. 地理研究，14（3）：14-25.

刘颖秋，宋建军，张庆杰. 2005. 干旱灾害对我国社会经济影响研究. 北京：中国水利水电出版社.

罗岩，王新辉，沈永平，等. 2006. 新疆内陆干旱区水资源的可持续利用. 冰川冻土，28（2）：

283-287.

马金辉, 屈创, 张海筱, 等. 2013. 2001-2010 年石羊河流域上游 TRMM 降水资料的降尺度研究. 地理科学进展, 23 (9): 1423-1432.

满苏尔•沙比提, 努尔卡木里•玉素甫. 2010. 塔里木河流域绿洲耕地变化及其河流水文效应. 地理研究, 29 (12): 2251-2260.

孟钲秀, 陈喜. 2009. 喀斯特流域枯水频率分析线型的比较研究. 人民黄河, 31 (2): 34-37.

莫淑红, 沈冰, 张晓伟, 等. 2009. 基于 Copula 函数的河川径流丰枯遭遇分析. 西北农林科技大学学报: 自然科学版, 37 (6): 131-136.

木沙如孜, 白云岗, 雷晓云, 等. 2012. 塔里木河流域气候及径流变化特征研究. 水土保持研究, 19 (6): 122-126.

牛晓蕾, 李万彪, 朱元竞. 2006. TRMM 资料分析热带气旋的降水与水汽潜热的关系. 热带气象学报, 22 (2): 113-120.

潘承毅, 何迎晖. 1992. 数理统计的原理和方法. 上海: 同济大学出版社.

普宗朝, 张山清, 王胜兰, 等. 2011. 近 48a 新疆干湿气候时空变化特征. 中国沙漠, 31 (6): 1563-1572.

钱正英, 张光斗. 2001. 中国可持续发展水资源战略研究. 北京: 中国水利水电出版社.

秦大河. 2016. 气候变化科学与可持续发展. 中国地理与资源国情快报, 1 (1): 1-8.

沈永平, 苏红超, 王国亚, 等. 2013a. 新疆冰川、积雪对气候变化的响应 (I): 水文效应. 冰川冻土, 35 (3): 513-527.

沈永平, 苏红超, 王国亚, 等. 2013b. 新疆冰川、积雪对气候变化的响应 (II): 灾害效应. 冰川冻土, 35 (6): 1355-1370.

沈镇昭, 梁书升. 2000. 中国农业年鉴. 北京: 中国农业出版社.

施仁杰. 1992. 马尔可夫链基础及其应用. 西安: 西安电子科技大学出版社.

施雅风. 2003. 中国西北气候由暖干向暖湿转型问题评估. 北京: 气象出版社.

施雅风, 沈永平, 胡汝骥. 2002. 西北气候由暖干向暖湿转型的信号、影响和前景初步探讨. 冰川冻土, 24 (3): 219-226.

施雅风, 沈永平, 李栋梁, 等. 2003. 中国西北气候由暖干向暖湿转型的特征和趋势探讨. 第四纪研究, 23 (2): 152-163.

史玉光. 2008. 中国气象灾害大典新疆卷. 北京: 气象出版社.

宋莉莉, 王秀东. 2012. 美国世纪大旱引发的思考——农业生产如何应对气候变化. 中国农业科技导报, 14 (6): 1-5.

宋怡, 马国明. 2008. 基于 GIMMS AVHRR NDVI 数据的中国寒旱区植被动态及其与气候因子的关系. 遥感学报, 12 (3): 499-505.

孙本国, 毛炜峄, 冯燕茹, 等. 2006. 叶尔羌河流域气温, 降水及径流变化特征分析. 干旱区研究, 23 (2): 203-209.

孙本国, 沈永平, 王国亚. 2008. 1954-2007 年叶尔羌河上游山区径流和泥沙变化特征分析. 冰川冻土, 30 (6): 1068-1072.

孙鹏, 张强, 陈晓宏, 等. 2010. 鄱阳湖流域水纱时空演变特征及其原理. 地理学报, 65 (7): 828-840.

孙鹏, 张强, 陈晓宏, 等. 2013. 塔里木河流域枯水径流演变特征、成因与影响研究. 自然灾害学报，22（3）：135-143.

孙鹏，张强，陈晓宏.2011a. 鄱阳湖流域枯水径流演变特征、成因与影响. 地理研究，30（9）：
　　1702-1712.

孙鹏，张强，陈晓宏.2011b. 基于 Copula 函数的鄱阳湖流域极值流量遭遇频率及灾害风险. 湖
　　泊科学，23（2）：183-190.

孙晓娟，赵成义，郑金丰.2011. 阿克苏河流域近46年气候变化研究. 干旱区资源与环境，25（3）：
　　78-83.

孙艳玲，郭鹏，延晓冬，等.2010. 内蒙古植被覆盖变化及其与气候、人类活动的关系. 自然资
　　源学报，3（25）：407-414.

陶辉，王国亚，邵春，等.2007. 开都河源区气候变化及径流响应. 冰川冻土，29（3）：413-417.

王春林，郭晶，薛丽芳，等.2011. 改进的综合气象干旱指数 CInew 及其适用性分析. 中国农业
　　气象，32（4）：621-626.

王春乙.2010. 中国重大农业气象灾害研究. 北京：气象出版社.

王劲松，郭江勇，倾继祖.2007. 一种 K 干旱指数在西北地区春旱分析中的应用. 自然资源学报，
　　22（5）：709-717.

王劲松，李耀辉，王润元，等.2009. 我国气象干旱研究进展评述. 干旱气象，30（4）：52.

王凯，陈璐，马金辉，等.2015.TRMM 数据在中国降雨侵蚀力计算中的应用. 干旱区地理，38（5）：
　　948-959.

王莉萍.2010. 西南干旱的成因与对策. 中国农村水利水电，8：68-69.

王秋香，崔彩霞，姚艳丽.2008. 新疆不同区域洪灾受灾面积变化趋势及多尺度分析. 地理学报，
　　63（7）：769-779.

王顺德，李红德，胡林金.2004.2002 年塔里木河流域四条源流区间耗水分析. 冰川冻土，26（4）：
　　496-502.

王顺德，王彦国，王进，等.2003. 塔里木河流域近 40a 来气候、水文变化及其影响. 冰川冻土，
　　25（3）：315-320.

王维霞，王秀君，姜逢清，等.2013. 近 30a 来开都河上游径流量变化的气候响应. 干旱区研究，
　　30（4）：743-748.

王文圣，丁晶，金菊良.2008. 随机水文学. 北京：中国水利水电出版社.

魏凤英.2007. 现代气候统计诊断与预测技术. 北京：气象出版社.

温克刚，史玉光.2006. 中国气象灾害大典：新疆卷. 北京：气象出版社.

吴素芬，韩萍，李燕，等.2003. 塔里木河源流水资源变化趋势预测. 冰川冻土，25（6）：708-711.

吴友均，师庆东，常顺利.2011.1961-2008 年新疆地区旱涝时空分布特征. 高原气象，30（2）：
　　391-396.

西北内陆河区水旱灾害编委会.1999. 西北内陆河区水旱灾害. 郑州：黄河水利出版社.

夏乐天.2005. 马尔可夫链预测方法及其在水文序列中的应用研究. 河海大学博士学位论文.

夏乐天，朱元甡.2007. 马尔可夫链预测方法的统计试验研究. 水利学报，增刊：372-378.

肖名忠，张强，陈晓宏.2012. 基于多变量概率分析的珠江流域干旱特征研究. 地理学报，67（1）：
　　83-92.

肖义.2007. 基于 Copula 函数的多变量水文分析计算研究. 武汉大学博士学位论文.

谢平，陈广才，雷红富，等.2010. 水文变异诊断系统. 水力发电学报，（1）：85-91.

谢平, 陈广才, 夏军. 2005. 变化环境下非一致性年径流序列的水文频率计算原理. 武汉大学学报, 38 (6): 6-10.

辛渝, 陈洪武, 张广兴, 等. 2008. 新疆年降水量的时空变化特征. 高原气象, 27 (5): 993-1003.

辛渝, 毛炜峄, 李元鹏, 等. 2009. 新疆不同季节降水气候分区及变化趋势. 中国沙漠, 29 (5): 948-959.

新疆减灾四十年编委会. 1993. 新疆减灾四十年. 北京: 地震出版社.

新疆维吾尔自治区地方志编纂委员会. 2002. 新疆年鉴. 乌鲁木齐: 新疆人民出版社.

新疆维吾尔自治区地方志编纂委员会. 2003. 新疆年鉴. 乌鲁木齐: 新疆人民出版社.

新疆维吾尔自治区人民政府人口普查领导小组办公室. 2012. 新疆维吾尔自治区 2010 年人口普查资料. 北京: 中国统计出版社.

新疆维吾尔自治区统计局. 2010. 新疆统计年鉴 2010. 北京: 中国统计出版社.

新疆自然灾害研究课题组. 1994. 新疆自然灾害研究. 北京: 地震出版社.

熊立华, 郭生练, 肖义, 等. 2005. Copula 联结函数在多变量水文频率分析中的应用. 武汉大学学报: 工学版, 38 (6): 16-19.

徐长春, 陈亚宁, 李卫红, 等. 2006. 塔里木河流域近 50 年气候变化及其水文过程响应. 科学通报, 51 (1): 21-30.

徐羹慧, 毛炜峄, 陆帼英. 2006. 重要战略机遇期新疆防灾减灾对策综合研究. 气象软科学, (1): 33-39.

徐海量, 叶茂, 宋郁东, 等. 2005. 塔里木河流域水资源变化的特点与趋势. 地理学报, 60 (3): 487-494.

徐新创, 刘成武. 2010. 干旱风险评估研究综述. 咸宁学院学报, 30 (10): 5-9.

徐宗学, 米艳娇, 李占玲, 等. 2008. 和田河流域气温与降水量长期变化趋势及其持续性分析. 资源科学, 30 (12): 1833-1838.

许月萍, 张庆庆, 楼章华, 等. 2010. 基于 Copula 方法的干旱历时和烈度的联合概率分析. 天津大学学报, 43 (010): 928-932.

闫宝伟, 郭生练, 肖义, 等. 2007. 基于两变量联合分布的干旱特征分析. 干旱区研究, 24 (4): 537-542.

闫桂霞, 陆桂华, 吴志勇, 等. 2009. 基于 PDSI 和 SPI 的综合气象干旱指数研究. 水利水电技术, 40 (4): 10-13.

严登华, 翁白沙, 王浩, 等. 2014. 区域干旱形成机制与风险应对. 北京: 科学出版社.

严华生, 李艳, 曹杰, 等. 2001. 近百年中国汛期雨带类型气候变化. 热带气象学报, 17 (4): 462-468.

么枕生. 1966. 湿日与干日随机变化的概率. 气象学报, 36 (2): 249-260.

姚蕊, 陈子燊. 2013. 基于标准降水指数的广西旱涝特征演变分析. 中山大学学报 (自然科学版), 52 (2): 115-120.

叶长青, 陈晓宏, 张家鸣, 等. 2013a. 具有趋势变异的非一致性东江流域洪水序列频率计算研究. 自然资源学报, 28 (12): 2105-2116.

叶长青, 陈晓宏, 张家鸣, 等. 2013b. 水库调节地区东江流域非一致性水文极值演变特征、成因及影响. 地理科学, 33 (7): 851-858.

殷贺, 李正国, 王仰麟, 等. 2011. 基于时间序列植被特征的内蒙古荒漠化评价. 地理学报, 66 (5): 653-661.

尹嘉珉，乔俊军. 2004. 新疆维吾尔自治区地图册. 北京：中国地图出版社.

于玲玲，成敏，廖允成，等. 2010. 马尔科夫链法在分析旱灾规律中的应用. 西北农业学报，(5)：52-56.

翟禄新，冯起. 2011. 基于 SPI 的西北地区气候干湿变化. 自然资源学报，26（5）：847-857.

张波，陈润，张宇. 2009. 旱情评价综合指标研究. 水资源保护，25（1）：21-24.

张殿发，张祥华. 2003. 中国北方牧区草原牧业生态经济学透视. 干旱区资源与环境，16(1)：37-42.

张广兴，杨莲梅，杨青. 2005. 新疆 43 a 来夏季 0℃层高度变化和突变分析. 冰川冻土，27（3）：376-380.

张丽娟，陈晓宏，叶长青，等. 2013. 考虑历史洪水的武江超定量洪水频率分析. 水利学报，44（3）：268-275.

张利平，夏军，胡志芳. 2009. 中国水资源状况与水资源安全问题分析. 长江流域资源与环境，2（18）：117-120.

张强，李剑锋，陈晓宏，等. 2011. 基于 Copula 函数的新疆极端降水概率时空变化特征. 地理学报，66（1）：3-12.

张强，孙鹏，白云岗，等. 2013. 塔里木河流域枯水流量频率及其成因与影响研究. 地理科学，33（4）：465-472.

张天峰，王劲松，郭江勇. 2007. 西北地区秋季干旱指数的变化特征. 干旱区研究，24(1)：87-92.

张学文，张家宝. 2006. 新疆气象手册. 北京：气象出版社.

张一弛，李宝林，程维明，等. 2004. 开都河流域径流对气候变化的响应研究. 资源科学，26（6）：69-76.

张永，陈发虎，勾晓华，等. 2007. 中国西北地区季节间干湿变化的时空分布——基于 PDSI 数据. 地理学报，62（11）：1142-1152.

赵传成，丁永建，叶柏生，等. 2011. 天山山区降水量的空间分布及其估算方法. 水科学进展，22（3）：315-322.

中华人民共和国水利部. 1998. 水文基本术语和符号标准. 北京：中国计划出版社.

钟政林，曾光明. 1997. 马尔可夫过程在河流综合水质预报中的应用. 环境工程，15（2）：41-44.

周芬. 2005. Kendall 检验在水文序列趋势分析中的比较研究. 人民珠江，2：35-37.

周芬，郭生练，熊立华，等. 2006. 枯水频率分析线型的比较研究. 水文，26（1）：28-33.

周聿超. 1999. 新疆河流水文水资源. 乌鲁木齐：新疆科技卫生出版社.

朱慧，焦广辉，王哲，等. 2011. 新疆 31 年来耕地格局时空演变研究. 干旱地区农业研究，29（2）：185-190.

庄常陵. 2003. 相关系数检验法与方差分析的一致性讨论. 高等函授学报，16（4）：11-14.

庄晓翠，杨森，赵正波，等. 2010. 干旱指标及其在新疆阿勒泰地区干旱监测分析中的应用. 灾害学，25（3）：81-85.

庄晓翠，杨森，赵正波，等. 2011. SPI 与 K 指数在阿勒泰地区应用的对比分析. 沙漠与绿洲气象，5（4）：81-85.

邹旭恺，张强. 2008. 近半个世纪我国干旱变化的初步研究. 应用气象学报，19（6）：679-687.

Agam N，Kustas W P，Anderson M C. 2007. A vegetation index based technique for spatial sharpening of thermal imagery. Remote Sensing of Environment，107（4）：545-558.

Akyuz D E，Bayazit M，Onoz B. 2012. Markov chain models for hydrological drought characteristics.

Journal of Hydrometeorology，13（1）：298-309.

Allen M R，Smith L A. 1996. Monte Carlo SSA：detecting irregular oscillations in the presence of colored noise. Journal of Climate，9（12）：3373-3404.

Ashkar F，Mahdi S. 2006. Fitting the log-Logistic distribution by generalized moments. Journal of Hydrology，328：694-703.

Banik P，Mandal A，Rahman M S. 2002. Markov chain analysis of weekly rainfall data in determining drought-proneness. Discrete Dynamics in Nature and Society，7（4）：231-239.

Bhalme H N，Mooley D A. 1980. Large-scale droughts/floods and monsoon circulation. Monthly Weather Review，108（8）：1197-1211.

Bord R J，Connor R E. 1997. The gender gap in environmental attitudes：the case of perceived vulnerability to risk：research on the environment. Social Science Quarterly，78（4）：830-840.

Botterill L C. 2003. Uncertain climate：the recent history of drought policy in Australia. Australian Journal of Politics and History，49（1）：61-74.

Bowman K P. 2005. Comparison of TRMM precipitation retrievals with rain gauge data from ocean buoys. Journal of Climate，18：178-190.

Buchanan S M，Davies S. 1995. Famine Early Warming and Response-the Missing Link. London：IT Publications.

Chebana F，Ouarda T B M J，Duong T C. 2013. Testing for multivariate trends in hydrological frequency analysis. Hydrol.，486：519-530.

Chen Y N，Li W H，Xu C C，et al. 2007. Effects of climate change on water resources in Tarim River Basin，Northwest China. Journal of Environmental Sciences，19（4）：488-493.

Chow V T，Maidment D R，Mays L W. 1988.Applied Hydrology. New York：Tata McGraw-Hill Education.

Council. 2000. World Water Vision 2025. London：Earthscan Publications.

Cunderlik J M，Ouarda T B M J，Bobée B. 2004.On the objective identification of flood seasons. Water Resource Research，40（1）：WR002295.

da Silva T L，Feijão D，Reis A. 2010. Using multi-parameter flow cytometry to monitor the yeast Rhodotorula glutinis CCMI 145 batch growth and oil production towards biodiesel. Applied Biochemistry and Biotechnology，162（8）：2166-2176.

Donat M，Lowry A L，Alexander L V，et al. 2016. More extreme precipitation in the world's dry and wet regions. Nature Climate Change，6：508-514.

Duan Z，Bastiaanssen W G M. 2013. First results from Version 7 TRMM 3B43 precipitation product in combination with a new downscaling-calibration procedure. Remote Sensing of Environment，131（5）：1-13.

Dupuis D J. 2007. Using copulas in hydrology：benefits，cautions，and issues. Journal of Hydrologic Engineering，12（4）：381-393.

Durrans S R. 1996. Low-flow analysis with a conditional Weibull tail model. Water Resource Research，32（6）：1749-1760.

Easterling D E，Meehl A G，Parmesan C，et al. 2000. Climate extremes：observations，modeling，and impacts. Science，689：2068-2074.

Erdman C, Emerson G W. 2007. Bcp: an R package for performing a bayesian analysis of change point problems. Journal of Statistical Software, 23 (3): 1-13.

Eyton J R. 1984. Complementary-color, two-variable maps. Annals of the Association of American Geographers, 74 (3): 477-490.

Farge M. 1992. Wavelet transforms and their applications to turbulence. Annual Review of Fluid Mechanics, 24 (1): 395-458.

Favre A C, Adlouni S E, Perreault L, et al. 2004. Multivariate hydrological frequency analysis using copulas. Water Resources Research, 40 (1): 1-12.

Fleming K, Awange J L, Kuhn M, et al. 2011. Evaluating the TRMM 3B43 monthly precipitation product using gridded raingauge data over Australia. Journal of Australian Meteorological and Oceanographic, 61: 171-184.

Flynn D F B, Uriarte M, Crk T, et al. 2010. Hurricane disturbance alters secondary forest recovery in Puerto Rico. Biotropica, 42: 149-157.

Galloway G E. 2011. If stationarity is dead, what do we do now? Journal of the American Water Resources Association, 47 (3): 364-371.

Gamage N, Blumen W. 1993. Comparative analysis of low-level cold fronts: wavelet, fourier, and empirical orthogonal function decompositions. Monthly Weather Review, 121(10): 2867-2878.

Garbrecht J D, Liew M W V, Arnold J G, et al. 2003. Hydrologic simulation on agricultural watersheds: choosing between two models. Transactions of the Asabe, 46 (6): 1539-1551.

Genest C, Rivest L P. 1993. Statistical inference procedures for bivariate Archimedean copulas. Journal of the American statistical Association, 88 (423): 1034-1043.

Gilroy K L, McCuen R H. 2012. A nonstationary flood frequency analysis method to adjust for future climate change and urbanization. Journal of Hydrology, 414-415: 40-48.

Gottschalk L, Yu K X, Leblois E, et al. 2013. Statistics of low flow: theoretical derivation of the distribution of minimum streamflow series. Journal of Hydrology, 481: 204-219.

Grimaldi S, Serinaldi F. 2006. Asymmetric copula in multivariate flood frequency analysis. Advances in Water Resources, 29 (8): 1155-1167.

Grinsted A, Moore J C, Jevrejeva S. 2004. Application of the cross wavelet transform and wavelet coherence to geophysical time series. Nonlinear Processes in Geophysics, 11 (5-6): 561-566.

Gu X, Zhang Q, Singh V P, et al. 2017. Changes in magnitude and frequency of heavy precipitation across China and its potential links to summer temperature. Journal of Hydrology, 547: 718-731.

Hamed K H. 2007. Trend detection on hydrologic data: the Mann-Kendall trend test under the scaling hypothesis. Journal of Hydrology, 349 (3-4): 350-363.

Hamed K H, Rao A R. 1998. A modified Mann-Kendall trend test for autocorrelated data. Journal of Hydrology, 204 (1-4): 182-196.

Heim J, Richard R. 2002. A review of twentieth-century drought indices used in the United States. Bulletin of the American Meteorological Society, 83 (8): 1149-1165.

Hosking J R M. 1990. L-moments: analysis and estimation of distributions using linear combinations of order statistics. Journal of the Royal Statistical Society. Series B (Methodological), 52: 105-124.

Ingram W. 2016. Extreme precipitation increases all round. Natrue Climate Change，6：443-444.

Isaacson D L，Madsen R W. 1985. Markov Chains：Theory and Applications. New York：RE Krieger Publishing Company.

Jia S F，Zhu W，Lü A，et al. 2011. A statistical spatial downscaling algorithm of TRMM precipitation based on NDVI and DEM in the Qaidam Basin of China. Remote Sensing of Environment，115（12）：3069-3079.

Joe H. 1997. Multivariate Models and Dependence Concepts. Boca Raton：CRC Press.

Justel A，Pefia D，Zamar R，et al. 1997. A multivariate Kolmogorov-Smirnov test of goodness of fit. Statistics and Probability Letters，35（3）：251-259.

Kalra A，Li L，Li X，et al. 2013. Improving streamflow forecast lead time using oceanic-atmospheric oscillations for Kaidu River Basin，Xinjiang，China. Journal of Hydrologic Engineering，18（8）：1031-1040.

Kao S C，Govindaraju R S. 2010. A copula-based joint deficit index for droughts. Journal of Hydrology，380（1）：121-134.

Karl T R. 1986. The sensitivity of the Palmer drought severity index and Palmer's Z-index to their calibration coefficients including potential evapotranspiration. Journal of Climate and Applied Meteorology，25（1）：77-86.

Killick P，Eckley I A. 2014. Changepoint：an R package for changepoint analysis. Journal of Statistical Software，58（3）：1-19.

Koutsoyiannis D. 2006. Nonstationarity versus scaling in hydrology. Journal of Hydrology，324：239-254.

Krishnamurti T，Kishtawal C. 2000. A pronounced continental-scale diurnal mode of the Asian summer monsoon. Monthly Weather Review，128（2）：462-474.

Kroll C N，Vogel R M. 2001. Probability distribution of low streamflow series in the United States. Journal of Hydrologic Engineering，7（2）：137-146.

Kulkarni A，Storch H V. 1995. Monte Carlo experiments on the effect of serial correlation on the Mann-Kendall test of trend. Meteorologische Zeitschrift，4（2）：82-85.

Kumar S，Merwade V，Kam J，et al. 2009. Streamflow trends in Indiana：effects of long term persistence，precipitation and subsurface drains. Journal of Hydrology，374（1）：171-183.

Lang M，Ouardab T B M J，Bobee B. 1999. Towards operational guidelines for over-threshold modeling. Journal of Hydrology，255（3-4）：103-117.

Li L，Hong Y，Wang J H，et al. 2008. Evaluation of the real-time TRMM-based multi-satellite precipitation analysis for an operational flood prediction system in Nzoia Basin，Lake Victoria，Africa. Natural Hazards，50（1）：109-123.

Liu C H，Shi Y F，Huang M H，et al. 2008. Glaciers and their distribution in China//Shi Y F. Glaciers and Related Environments in China. Beijing：Science Press：16-94.

Liu S，Mitchell S W，Davidson A. 2012. Multiple drought indices for agricultural drought risk assessment on the Canadian prairies. International Journal of Climatology，32（11）：1628-1639.

Liu T W，Xie X，Polito P S，et al. 2000. Atmospheric manifestation of tropical instability wave observed by QuikSCAT and Tropical Rain Measuring Mission. Geophysical Research Letters，27（16）：2545-2548.

Lohani V K, Loganathan G V. 1997. An Early Warning system for drought management using the palmer drought index. JAWRA Journal of the American Water Resources Association, 33 (6): 1375-1386.

Lohani V K, Loganathan G V, Mostaghimi S. 1998. Long-term analysis and short-term forecasting of dry spells by Palmer Drought Severity Index. Nordic Hydrology, 29 (1): 21-40.

Lonfat M, Marks F D, Chen S S. 2004. Precipitation distribution in tropical cyclones using the Tropical Rainfall Measuring Mission (TRMM) Microwave imager: a global perspective. Monthly Weather Review, 132 (7): 1645-1660.

López J, Franés F. 2013. Non-stationary flood frequency analysis in continental Spanish rivers, using climate and reservoir indices as external covariates. Hydrology and Earth System Sciences, 17 (8): 3189-3203.

Macdonald N, Phillips I D, Mayle G. 2010. Spatial and temporal variability of flood seasonality in Wales. Hydrological Processess, 24: 1806-1820.

Maia A H N, Meinke H. 2010. Probabilistic methods for seasonal forecasting in a changing climate: cox-type regression models. International Journal of Climatology, 30: 2277-2288.

Maidment D R. 1992. Handbook of Hydrology. New York: McGraw-Hill Inc.

Malo A R, Nicholson S. 1990. A study of rainfall and vegetation dynamics in the African Sahel using normalized difference vegetation index. Journal of Arid Environments, 19 (1): 1-24.

Mamun A A, Hashim A, Daoud J. 2010. Regionalisation of low flow frequency curves for the Peninsular Malaysia. Journal of Hydrology, 381 (1): 174-180.

Mann H B. 1945. Nonparametric tests against trend. Econometrica: Journal of the Econometric Society, 13 (3): 245-259.

Markonis Y, Koutsoyiannis D. 2016. Scale-dependence of persistence in precipitation records. Nature Climate Change, 6: 399-401.

Martins E S, Stedinger J R. 2001. Historical information in a generalized maximum likelihood framework with partial duration and maximum series. Water Resources Research, 37 (10): 2551-2557.

Martiny N, Camberlin P, Richard Y, et al. 2006. Compared regimes of NDVI and rainfall in semi-arid regions of Africa. International Journal of Remote Sensing, 27 (23): 5201-5223.

McKee T B, Doesken N J, Kleist J. 1993. The Relationship of Drought Frequency and Duration to Time Scales. Boston, M A: Roceedings of the 8th Conference on Applied Climatology, American Meteorological Society.

Mediero L, Kjeldsen T R, Macdonald N, et al. 2015. Identification of coherent flood regions across Europe by using the longest streamflow records. Journal of Hydrology, 528: 341-360.

Merlin O, Al Bitar A, Walker J P, et al. 2009. A sequential model for disaggregating near-surface soil moisture observations using multi-resolution thermal sensors. Remote Sensing of Environment, 113 (10): 2275-2284.

Merlin O, Al Bitar A, Walker J P, et al. 2010a. An improved algorithm for disaggregating microwave-derived soil moisture based on red, near-infrared and thermal-infrared data. Remote Sensing of Environment, 114 (10): 2305-2316.

Merlin O, Duchemin B, Hagolle O, et al. 2010b. Disaggregation of MODIS surface temperature over an agricultural area using a time series of Formosat-2 images. Remote Sensing of Environment，114 (11)：2500-2512.

Michele D C，Salvadori G，Canossi M，et al. 2005. Bivariate statistical approach to check adequacy of dam spillway. Journal of Hydrologic Engineering，10 (1)：50-57.

Milly P C D，Betancourt J，Falkenmark M，et al. 2008. Stationarity is dead：whither water management? Science，319：573-574.

Milly P C D，Wetherald P T. 2002. Increasing risk of great floods in a changing climate. Nature，415 (6871)：514-517.

Mishra A K，Singh V P. 2010. A review of drought concepts. Journal of Hydrology，391(1)：202-216.

Montanari A，Taqqu M S，Teverovsky V. 1999. Estimating long-range dependence in the presence of periodicity：an empirical study. Mathematical and Computer Modelling，29：217-228.

Moriasi D N，Arnold J G，van Liew M W，et al. 2007. Model evaluation guidelines for systematic quantification of accuracy in watershed simulations. Transactions of the ASABE，50 (3)：885-900.

Mudelsee M. 2004. Extreme floods in central Europe over the past 500 years：role of cyclone pathway "Zugstrasse Vb". Journal of Geophysical Research，109：D23101.

Mudelsee M，Borngen M，Tetzlaff M，et al. 2003. No upward trends in the occurrence of extreme floods in central Europe. Nature，425：166-169.

Mumby P J，Vitolo R，Stephenson D B. 2011. Temporal clustering of tropical cyclones and its ecosystem impacts. Proceedings of the National Academy of Sciences of the United States of America，108 (43)：17626-17630.

Nakken M. 1999. Wavelet analysis of rainfall-runoff variability isolating climatic from anthropogenic patterns. Environmental Modelling and Software，14 (4)：283-295.

Nelsen R B. 1999. An Introduction to Copulas. Berlin：Springer.

Nicholson S E，Davenport M L，Malo A R. 1990. A comparison of the vegetation response to rainfall in the Sahel and East Africa，using normalized difference vegetation index from NOAA AVHRR. Climatic Change，17 (2-3)：209-241.

North G R，Bell T L，Cahalan R F，et al. 1982. Sampling errors in the estimation of empirical orthogonal functions. Monthly Weather Review，110 (7)：699-706.

Nyabeze W R. 2004. Estimating and interpreting hydrological drought indices using a selected catchment in Zimbabwe. Physics and Chemistry of the Earth，Parts A/B/C，29(15)：1173-1180.

Ochola W O，Kerkides P. 2003. A Markov chain simulation model for predicting critical wet and dry spells in Kenya：analysing rainfall events in the Kano plains. Irrigation and Drainage，52 (4)：327-342.

Palmer T N，Räisänen J. 2002. Quantifying the risk of extreme seasonal precipitation events in a changing climate. Nature，415 (6871)：512-514.

Palmer W C. 1965. Meteorological Drought. Research Paper No. 45. US Department of Commerce. Washington，DC：Weather Bureau.

Panu U S，Sharma T C. 2002. Challenges in drought research：some perspectives and future directions. Hydrological Sciences Journal，47 (51)：519-530.

Paulo A A, Pereira L S. 2007. Prediction of SPI drought class transitions using Markov chains. Water Resources Management, 21 (10): 1813-1827.

Paulo A A, Pereira L S. 2008. Stochastic prediction of drought class transitions. Water Resources Management, 22 (9): 1277-1296.

Pearson C P. 1995. Regional frequency analysis of low flows in New Zealand Rivers. Journal of Hydrology, 30 (2): 53-64.

Polemio M, Petrucci O. 2012. The occurrence of floods and the role of climate variations from 1880 in Calabria (Southern Italy). Natural Hazards and Earth System Sciences, 12: 129-142.

Ran M, Zhang C, Zhao F. 2015. Climatic and hydrological variations during the past 8000 years in northern Xinjiang of China and the associated mechanisms. Quaternary International, 358: 21-34.

Redmond K T. 2002. The depiction of drought: a commentary. Bulletin of the American Meteorological Society, 83 (8): 1143-1147.

Rigby R A, Stasinopoulos D M. 2005. Generalized additive models for location, scale and shape. Applied Statistics, 54 (3): 507-554.

Salas J D. 1993. Analysis and Modeling of Hydrologic Time Series, in Handbook of Hydrolody. New York: McGraw-Hill.

Salvadori G, Michele D C. 2004. Frequency analysis via copulas: theoretical aspects and applications to hydrological events. Water Resources Research, 40 (12): W12511.

Serinaldi F, Bonaccorso B, Cancelliere A. 2009. Probabilistic characterization of drought properties through copulas. Physics and Chemistry of the Earth, Parts A/B/C, 34 (10): 596-605.

Shafer B A, Dezman L E. 1982. Development of a Surface Water Supply Index (SWSI) to Assess the Severity of Drought Conditions in Snowpack Runoff Areas. Reno, Nevada, USA: Proceedings of the Western Snow Conference.

Shahid S, Behrawan H. 2008. Drought risk assessment in the western part of Bangladesh. Natural Hazards, 46 (3): 391-413.

Shao Q X, Chen, Y Q, Zhang L. 2008. An extension of three-parameter Burr III distribution for low-flow frequency analysis. Computational Statistics and Data Analysis, 52 (3): 1304-1314.

Sharma T C, Panu U S. 2012. Prediction of hydrological drought durations based on Markov chains: case of the Canadian prairies. Hydrological Sciences Journal, 57 (4): 705-722.

Sheel M L M, Rohrer M, Huggel C, et al. 2011. Evaluation of TRMM Multi-satellite Precipitation Analysis (TMPA) performance in the Central Andes region and its dependency on spatial and temporal resolution. Hydrology and Earth System Sciences, 15 (8): 2649-2663.

Shi Y L, Wang R S, Fan L Y, et al. 2010. Analysis on land-use change and its demographic factors in the original-stream watershed of tarim river based on GIS and statistic. Procedia Environmental Sciences, 2: 175-184.

Shiau J T. 2006. Fitting drought duration and severity with two-dimensional copulas. Water Resources Management, 20 (5): 795-815.

Shukla S, Wood A W. 2008. Use of a standardized runoff index for characterizing hydrologic drought. Geophysical Research Letters, 35 (2): 1-7.

Silva A T, Portela M M, Naghettini M. 2012. Nonstationarities in the occurrence rates of flood events in Portuguese watersheds. Hydrology and Earth System Sciences，16：241-254.

Silva T L，Feijão D，Reis A. 1992. Using multi-parameter flow cytometry to monitor the yeast. Applied Biochemistry and Biotechnology，162（8）：2166-2176.

Smakhtin V U. 2001. Low flow hydrology：a review. Journal of Hydrology，240：147-186.

Smith J A，Karr A F. 1986. Flood frequency analysis using the Cox regression model. Water Resources Research，22（6）：890-896.

Smith R M. 1986. Comparing traditional methods for selecting class intervals on choropleth maps. The Professional Geographer，38（1）：62-67.

Steinemann A. 2003. Drought indicators and triggers：a stochastic approach to evaluation. JAWRA Journal of the American Water Resources Association，39（5）：1217-1233.

Sun L，Mitchell S W，Davidson A. 2012a. Multiple drought indices for agricultural drought risk assessment on the Canadian prairies. International Journal of Climatology，32（11）：1628-1639.

Sun P，Zhang Q，Lu X，et al. 2012b. Changing properties of low flow of the Tarim River basin：Possible causes and implications. Quaternary International，282（19）：78-86.

Svensson C，Kundzewicz W Z，Maurer T. 2005. Trend detection in river flow series：2. flood and low-flow index series/détection de tendance dans des séries de débit fluvial：2. séries d'indices de crue et d'étiage. Hydrological Sciences Journal，50（5）：409-436.

Tasker D G. 1987. A Comparison of methods foe estimating low flow characteristics of streams. Journal of the American Water Resources Association，23（6）：1077-1083.

Tokarczyk T，Szalińska W. 2014. Combined analysis of precipitation and water deficit for drought hazard assessment. Hydrological Sciences Journal，59（9）：1675-1689.

Torrence C，Compo G P. 1998. A practical guide to wavelet analysis. Bulletin of the American Meteorological Society，79（1）：61-78.

Torrence C，Webster P J. 1999. Interdecadal changes in the ENSO-Monsoon System. Journal of Climate，12（8）：2679-2690.

United Nations，Department of Humanitarian Affairs. 1991. Mitigating Natural Disasters：Phenomena，Effects and Options a Manual for Policy Makers and Planning. New York：United Nations.

Vaughan M. 2007. The Story of an African Famine：Gender and Famine in Twentieth-Century Malawi. Cambridge：Cambridge University Press.

Vicente S M，Gouveia C，Camarero J J，et al. 2013. Response of vegetation to drought time-scales across global land biomes. Proceedings of the National Academy of Sciences of the United States of America，110（1）：52-57.

Villarini G，Serinaldi F，Smith J A，et al. 2009a. On the stationarity of annual flood peaks in the continental United States during the 20th century. Water Resources Research，45：8417.

Villarini G，Smith J A，Serinaldi F，et al. 2009b. Flood frequency analysis for nonstationary annual peak records in an urban drainage basin. Advances in Water Resources，32：1255-1266.

Villarini G，Smith J A，Serinaldi F，et al. 2012. Analyses of extreme flooding in Austria over the period 1951-2006. International Journal of Climatology，32：1178-1192.

Villarini G，Smith J A，Vitolo R，et al. 2013. On the temporal clustering of US floods and its relationship to climate teleconnection patterns. International Journal of Climatology，33：629-640.

Vitolo R，Stephenson D B，Cook I M，et al. 2009. Serial clustering of intense European storms. Meteorologische Zeitscrift，18：411-424.

Vogel R M，Yaindl C，Walter M. 2011. Nonstationarity：flood magnification and recurrence reduction factors in the United States. Journal of the American Water Resources Association，47：464-474.

Von S，Hans N A. 1999. Analysis of Climate Variability：Applications of Statistical Techniques. Berlin：Springer.

von Storch V H. 1995. Misuses of statistical analysis in climate research//Storch H V，Navarra A. Analysis of Climate Variability：Application of Statistical Techniques. Berlin：Springer-Verlag：11-26.

Wang N L，He J Q，Jiang X，et al. 2009. Study on the zone of maximum precipitation in the north slopes of central Qilian Mountains. Journal of Glaciology and Geocryology，31（3）：395-403.

Webb R H，Betancourt J L. 1992. Climatic Variability and Flood Frequency of the Santa Cruz River，Pima County，Arizona. Washington：Geological Survey Water-Supply.

Wilby R L，Wigley T. 1997. Downscaling general circulation model output：a review of methods and limitations. Progress in Physical Geography，21（4）：530-548.

Wilhite D A. 2000. Drought as a Natural Hazard：Concepts and Defitnitions. London and New York：Routledge.

Wilhite D A. 2005. Drought and Water Crises：Science，Technology，and Management Issues. Boca Raton：CRC Press.

Wilhite D A，Glantz M H. 1985. Understanding：the drought phenomenon：the role of definitions. Water International，10（3）：111-120.

Wilks D S. 2011. Statistical Methods in the Atmospheric Sciences. Amsterdam：Elsevier.

Winsemius H C，Aerts J C J H，van Beek L P H，et al. 2016. Global drivers of future river flood risk. Nature Climate Change，6：381-385.

Woodhouse C A，Gray S T，Meko D M. 2006. Updated streamflow reconstructions for the Upper Colrado River Basin. Water Resources Research，42（5）：W05415.

Wu H，Hayes M J，Weiss A，et al. 2001. An evaluation of the Standardized Precipitation Index，the China-Z Index and the statistical Z-Score. International Journal of Climatology，21（6）：745-758.

Yang C G，Yu Z B，Lin Z H，et al. 2009. Study on watershed hydrologic processes using TRMM satellite precipitation radar products. Advances in Water Science，20（4）：461-466.

Yang Y，Zhang J Y，Qi J G，et al. 2000. Review and prospect on the application of weather radar in hydrology. Advances in Water Science，11（1）：92-98.

Yue S，Pilon P. 2004. A comparison of the power of the t test，Mann-Kendall and bootstrap tests for trend detection/Une comparaison de la puissance des tests t de Student，de Mann-Kendall et du bootstrap pour la détection de tendance. Hydrological Sciences Journal，49（1）：21-37.

Zar H J. 1999. Biostatistical Analysis. London：Pearson Education India.

Zhang Q，Gu X H，Singh V P，et al. 2014. Flood frequency analysis with consideration of hydrological alterations：changing properties，causes and implications. Journal of Hydrology，

519：803-813.

Zhang Q，Li J F，Chen Y D，et al. 2011a. Observed changes of temperature extremes during 1960-2005 in China：natural or human-induced variations?Theoretical and Applied Climatology，106（3-4）：417-431.

Zhang Q，Li J F，Singh V P. 2012a. Application of Archimedean copulas in the analysis of the precipitation extremes：effects of precipitation changes. Theoretical and Applied Climatology，107（1-2）：255-264.

Zhang Q，Li J F，Singh V P，et al. 2012b. Changing structure of the precipitation process during 1960-2005 in the Xinjiang，China. Theoretical and Applied Climatology，110（1-2）：229-244.

Zhang Q，Qi T Y，Li J F，et al. 2015. Spatiotemporal variations of pan evaporation in China during 1960-2005：changing patterns and causes. International Journal of Climatology，35（6）：903-912.

Zhang Q，Singh V P，Li J F，et al. 2012c. Spatio-temporal variations of precipitation extremes in Xinjiang，China. Journal of Hydrology，434：7-18.

Zhang Q，Sun P，Singh V P，et al. 2012d. Spatial-temporal precipitation changes（1956-2000）and their implications for agriculture in China. Global and Planetary Change，82-83：86-95.

Zhang Q，Xiao M Z，Singh V P，et al. 2013. Copula-based risk evaluation of hydrological droughts in the East River basin，China. Stochastic Environmental Research and Risk Assessment，27（6）：1397-1406.

Zhang Q，Xu C Y，Chen X H，et al. 2011b. Statistical behaviors of precipitation regimes in China and their links with atmospheric circulation 1960-2005. International Journal of Climatology，31（11）：1665-1678.

Zhang Q，Xu C Y，Zhang Z X，et al. 2009. Changes of temperature extremes for 1960-2004 in Far-West China. Stochastic Environmental Research and Risk Assessment，23（6）：721-735.

Zhang Qiang，Xu C Y，Tao H，et al. 2010. Climate changes and their impacts on water resources in the arid regions：a case study of the Tarim River basin，China. Stochastic Environmental Research and Risk Assessment，24（3）：349-358.

Ziegler A D，Sheffield J，Maurer E P，et al. 2003. Detection of intensification in global-and continental-scale hydrological cycles：temporal scale of evaluation. Journal of Climate，16（3）：535-547.

Zivanovic R，Milloy M J，Hayashi K，et al. 2015. Impact of unstable housing on all-cause mortality among persons who inject drugs. BMC Public Health，15（106）：1479.